传感器技术与应用

第3版

林若波　王娜娜　主编

陈耿新　陈炳文　林淑娜　副主编

清华大学出版社
北京

内 容 简 介

本书是"十四五"职业教育国家规划教材。全书采用模块化设计,以项目式教学模式为主线,简明扼要地介绍了传感器与检测技术的基本概念、基本原理和典型应用。全书分为传感技术基础知识、现代传感技术概述、电阻式与热电式传感器的应用、电感式与电容式传感器的应用、压电式与磁电式传感器的应用、光电式传感器的应用、半导体式传感器的应用、辐射与波式传感器的应用和综合实训项目等9章。本书体系结构清晰,内容围绕高职高专课程教学改革,注重传感器技术应用和项目制作,体现学生知识能力、实操技能和综合能力的有机结合,强调发散性思维能力、工程实践应用能力、团队合作能力与创新能力的综合运用。

本书可作为高职高专和中职教育的机电一体化、测控技术与仪器、电气工程及其自动化、自动化、电子信息工程等专业的教材,也可供其他专业学生和从事传感器与检测技术相关工作的技术人员参考。

图书在版编目(CIP)数据

传感器技术与应用 / 林若波,王娜娜主编;陈耿新,陈炳文,林淑娜副主编. -- 3 版.

北京:清华大学出版社,2025. 3. -- ISBN 978-7-302-67090-2

Ⅰ. TP212

中国国家版本馆 CIP 数据核字第 2024GW4634 号

责任编辑:冯　昕
封面设计:常雪影
责任校对:王淑云
责任印制:刘　菲

出版发行:清华大学出版社
网　　　址:https://www.tup.com.cn, https://www.wqxuetang.com
地　　　址:北京清华大学学研大厦 A 座　　　邮　编:100084
社 总 机:010-83470000　　　邮　购:010-62786544
投稿与读者服务:010-62776969, c-service@tup.tsinghua.edu.cn
质量反馈:010-62772015, zhiliang@tup.tsinghua.edu.cn
印 装 者:三河市君旺印务有限公司
经　销:全国新华书店
开　本:185mm×260mm　　印　张:17　　字　数:411千字
版　次:2016 年 9 月第 1 版　2025 年 3 月第 3 版　　印　次:2025 年 3 月第 1 次印刷
定　价:56.00 元

产品编号:104976-01

PREFACE 前 言

检测技术作为信息科学的一个重要分支,与计算机技术、自动控制技术和通信技术等一起构成信息技术的完整学科。进入信息时代的今天,人们的一切社会活动均以信息获取与信息转换为中心,而传感器作为信息获取与信息转换的重要手段,是实现信息化的基础技术之一,是连接物理世界和数字世界的桥梁。随着"工业4.0"和"中国制造2025"的提出,先进信息技术和自动化系统成为引领与衡量各个国家迈向高度现代化的支撑性技术。传感器与检测技术成为自动化系统、物联网与信息等领域的源头与基石。"没有传感器就没有现代科学技术"早已成为人们的共识。党的二十大召开以后,党和国家对仪器科学与传感技术更加高度重视,对高校课程思政的引导与教育更加深入。为此,基于本教材第1版和第2版的推广应用,第3版将进一步优化教材内容,增加课程思政元素,融入党的二十大精神,充分展示爱国情怀、工程师品质和工匠精神等。

传感器与检测技术是一门适用广泛的专业课程,传统教学由于过于注重理论性,导致教学过程相对枯燥,教学效果不佳。本教材第3版在第2版基础上进行系统修订,继续采用项目式教学模式,结合ZGL-998传感器试验台的应用,简明扼要介绍了传感器与检测技术的基本概念、基本原理和典型应用,同时在教学过程中融入课程思政元素。本书共分为上篇、中篇和下篇三部分,共9章。上篇为基础与发展介绍,主要介绍传感技术基础知识和现代传感技术;中篇为项目设计篇,主要介绍电阻与热电式传感器的应用、电感与电容式传感器的应用、压电与磁电式传感器的应用、光电式传感器的应用、半导体式传感器的应用、辐射与波式传感器的应用,每一个项目均从知识能力、实操技能、综合能力三方面进行培养,并根据任务单和考核标准进行综合评价;下篇为综合提高篇,主要介绍几个具有代表性的综合实训项目,可选择性地作为课程设计内容,着重培养学生的综合设计能力和课程报告撰写能力。

本书是在充分体现高职高专应用型人才培养的特点,提高学生分析问题及解决问题能力的基础上编写的,第3版特点更加鲜明,具有以下特点:

(1) 面向创新教学。围绕高职高专课程教学改革,对传感器技术进行整合,针对每一类传感器的应用,介绍相关知识点,采用项目式教学方式,重点突出,应用实操性强。

(2) 精选教学内容。立足基础理论,面向应用技术,以"必需、够用"为度,以掌握概念、强化应用为重点,加强理论知识和实际应用的统一,突出"教、学、做"一体,以"学、做"优先,重在引导和培养学生的自学能力。

（3）力求实用简单。中篇（项目设计篇）所选项目均为传感器基础应用项目，以 ZGL-998 传感器试验台的测试为主，结合电路制作，验证传感器的精准特性，直观性强，效果好。

（4）突出系统应用。下篇（综合提高篇）所选项目均为综合实训项目，项目从简单到复杂，循序渐进，从基础传感器应用到现代传感技术，能有效激发学生的学习兴趣和创新热情，系统培养性强、作品实用性好，能积极引导学生开拓项目设计思路，提升综合应用能力。

（5）注重能力培养。每个项目均通过任务单和考核标准，实施项目教学，通过训练学生的综合分析能力和设计能力，培养学生的团队合作意识。综合实训项目通过项目实施和综合实训报告撰写，培养学生的综合应用和写作能力，实现全面发展。

（6）融入课程思政。每章后面均增加一个课程思政元素，结合传感器技术，从科学家情怀、工程师品质、工匠精神、中国古代传统文化、近代科技创新、大国工匠等方面，培养学生的爱国情怀和职业关键能力。

（7）增加码课码书。每章节均增加相关的课件、实操视频和思政元素视频二维码，进一步提高本书的教学资源共享性和规范性。

本书可作为高职高专和中职教育的机电一体化、测控技术与仪器、电气工程及其自动化、自动化、电子信息工程等专业的教材，也可供其他专业学生和从事传感器与检测技术相关工作的技术人员参考，或作为自学用书。课程标准学时为 72 学时，教学过程可根据具体情况进行选学、选做。

本书由林若波教授主要负责并统稿，其中第 1、6、9 章由林若波编写，第 3、7 章由王娜娜编写，第 2、5 章由陈耿新编写，第 8 章由陈炳文编写，第 4 章由林淑娜编写，王娜娜、胡泽枫、林耿萱参与了实验教学视频录制、课程思政元素编辑工作。

本书由华南理工大学博士生导师刘桂雄教授主审，对本书的总体结构和内容细节等进行全面审订，提出许多宝贵的审阅意见，在此表示衷心的感谢。

本书在编写和出版过程中，得到清华大学出版社的指导和支持，对他们的辛勤劳动和无私奉献表示真挚的谢意。对本书参考文献中的有关作者，提供本实验指导的浙江浙高联传感技术有限公司，本书选用传感器大赛作品的所有作者，提供实操技能资料的相关企业，引用课程思政元素的资料原创者，以及在修订过程提出宝贵意见的朋友们，致以诚挚的感谢。

传感器与检测技术内容丰富、应用广泛，传感技术处于不断发展进步中，本书的出版是我们在此领域的一次努力尝试。限于自身的水平和学识，书中难免存在疏漏和错误之处，我们的电子邮箱是 linruobo@126.com，诚望读者不吝赐教，以便修正。

作　者

2024 年 6 月

CONTENTS 目 录

上篇 基础与发展介绍

中篇 项目设计

下篇 综合提高

上篇

基础与发展介绍

传感技术基础知识

学习目标

知识能力：熟悉传感器静态和动态特性，了解传感器标定方式，掌握测量数据处理方法。

实操技能：掌握传感器的识别和标定方法。

综合能力：提高学生分析问题和解决问题的能力，加强学生沟通能力及团队协作精神的培养。

思政目标

培养学生的爱国情怀，弘扬民族精神，树立科技报国伟大理想。

在科学技术迅速发展的今天，人类已进入瞬息万变的信息时代。人们在从事工业生产和科学实验等活动时，主要依靠对信息的开发、获取、传输和处理。检测技术就是研究自动检测系统中信息提取、信息转换及信息处理的一门技术学科，而传感器则是感知、获取与检测信息的窗口。

"检测系统"是传感技术发展到一定阶段的产物，工程需要由传感器与多台仪表或多个功能模块组合在一起，才能完成信号的检测，这样便形成了检测系统。

为了更好地掌握传感器的应用方法，有效地完成检测任务，工程人员需要掌握检测的基本概念、检测系统的特性、测量误差的基本概念及数据处理的方法等。

1.1　传感器的认识与标定

1.1.1　传感器的认知

1. 传感器的定义

根据 GB/T 7665—2005《传感器通用术语》，传感器的定义是：能感受被测量并按照一定的规律转换成可用输出信号的器件或装置。传感器是一种以一定的精确度把被测量转换为与之有确定对应关系的、便于应用的某种物理量的测量装置。

传感技术、通信技术和计算机技术是现代信息技术的三大支柱,构成信息系统的感官、神经和大脑,实现信息的获取、传递、转换和控制。传感技术是信息技术的基础,传感器的性能、质量和水平直接决定了信息系统的功能和质量。因此,国外一些著名专家评论说"征服了传感器就等于征服了科学技术"。

2. 传感器的组成与分类

如图 1-1 所示,传感器一般由敏感元件、转换元件、转换电路三部分组成。

图 1-1　传感器的组成框图

(1) 敏感元件:直接感受被测量,并输出与被测量成确定关系的某一物理量的元件。

(2) 转换元件:以敏感元件的输出为输入,把输入转换成电路参数。

(3) 转换电路:上述电路参数接入转换电路,便可转换成电量输出。

实际上,有些传感器很简单,仅由一个敏感元件组成,它感受被测量时直接输出电量,如热电偶。有些传感器由敏感元件和转换元件组成,没有转换电路。有些传感器,转换元件不止一个,要经过若干次转换。

目前,传感器通常按照两种方式分类:一种是按被测量分类;另一种是按传感器的原理分类,见表 1-1、表 1-2。

表 1-1　按被测量分类

测 量 类 别	被 测 量
热工量	温度、热量、比热容,压力、压差、真空度,流量、流速、风速
机械量	位移(线位移、角位移)、尺寸、形状、力、力矩、应力、重量、转速、线速度、振动幅度、频率、加速度、噪声
特性和成分量	气体化学成分、液体化学成分,酸碱度(pH)、盐度、浓度、黏度、密度、相对密度
状态量	颜色、透明度、磨损量、材料内部裂缝或缺陷、气体泄漏、表面质量

表 1-2　按传感器的原理分类

序　号	工 作 原 理	序　号	工 作 原 理
1	电阻式	8	光电式(红外式、光导纤维式)
2	电感式	9	谐振式
3	电容式	10	霍尔式(磁电式)
4	阻抗式(电涡流式)	11	超声式
5	磁电式	12	同位素式
6	热电式	13	电化学式
7	压电式	14	微波式

3. 传感技术的特点与作用

传感技术是现代科技的前沿技术,是现代信息技术的三大支柱之一,其水平高低是衡量一个国家科技发展水平的重要标志之一。它的特点主要体现在：

（1）属边缘学科。传感技术机理涉及多门学科与技术，包括测量学、微电子学、物理学、光学、机械学、材料学、计算机科学等。在理论上以物理学中的"效应""现象"，化学中的"反应"，生物学中的"机理"作为基础。在技术上涉及电子、机械制造、化学工程、生物工程等学科的技术。这是多种高技术的集合产物，传感器在设计、制造和应用过程中技术的多样式、边缘性、综合性和技艺性呈现出技术密集的特性。

（2）产品、产业分散，涉及面广。自然界中各种信息（如光、声、热、湿、气等）千差万别，传感器品种繁多，被测参数包括热工量、电工量、化学量、物理量、机械量、生物量、状态量等。应用领域广泛，无论是高新技术，还是传统产业，乃至日常生活，都需要应用大量的传感器。

（3）功能、工艺要求复杂，技术指标不断提高。传感器应用要求千差万别，有的量大面广，有的专业性很强，有的要求耐热、耐振动，有的要求防爆、防磁等。面对复杂的功能要求，设计制造工艺也越来越复杂，技术指标更是与时俱进。

（4）性能稳定、测试精确。传感器应具有高稳定性、高可靠性、高重复性、低迟滞、快响应和良好的环境适应性。

（5）基础、应用两头依附，产品、市场相互促进。基础依附是指传感器技术的发展依附于敏感机理、敏感材料、工艺设备和测量技术；应用依附是指传感器基本上属于应用技术，其开发多依赖于检测装置和自动控制系统，才能真正体现它的高附加效益，并形成现实市场。

分析传感技术在现代科学技术、国民经济和社会生活中的地位与作用，著名科学家、两院院士王大珩对仪器仪表做了非常精辟的论述："当今世界已进入信息时代，信息技术成为推动科学技术和国民经济发展的关键技术。测量控制与仪器仪表作为对物质世界的信息进行采集、处理、控制的基础手段和设备，是信息产业的源头和重要组成部分。仪器仪表是工业生产的'倍增器'，科学研究的'先行官'，军事上的'战斗机'，国民活动的'物化法官'，应用无所不在。"

4. 传感器技术的发展趋势

当前，传感器技术的主要发展动向包括两方面：一是开展基础研究，发现新现象，开发传感器的新材料和新工艺；二是实现传感器的集成化与智能化。

（1）发现新现象，开发新材料。新现象、新原理、新材料是发展传感器技术，研究新型传感器的重要基础，每一种新原理、新材料的发现都会伴随新的传感器种类诞生。

（2）集成化，多功能化。传感器的集成化和多功能化就是将半导体集成电路技术用于传感器的制造，并向敏感功能装置发展。如采用厚膜和薄膜技术制作传感器，采用微细加工技术制作微型传感器。

（3）向未开发的领域挑战。目前大力研究、开发的传感器大多为物理传感器，未来也将积极投入化学传感器和生物传感器的研究与开发。特别是智能机器人技术的发展，需要研制各种模拟人的感觉器官的传感器，如已有的机器人力觉传感器、触觉传感器、味觉传感器等。

（4）智能化传感器。具有判断能力、学习能力的传感器，事实上是一种带微处理器的传感器，它具有检测、判断和信息处理功能。同一般传感器相比，智能化传感器具有精度高、稳定可靠性好、检测与处理方便、功能多、性价比高的显著特点。

1.1.2 传感器的基本特性

如果把传感器看作二端口网络,即有两个输入端和两个输出端,那么传感器的输入输出特性是与内部结构参数有关的外部特性。传感器的基本特性通常可以分为静态特性和动态特性。

1. 静态特性

传感器的静态特性是指被测量值处于稳定状态时输出与输入的关系。对静态特性而言,在不考虑迟滞蠕变及其他不确定因素的情况下,传感器的输入量 x 与输出量 y 之间的关系通常可用如下的多项式表示:

$$y = a_0 + a_1 x + a_2 x^2 + \cdots + a_n x^n \tag{1-1}$$

式中:a_0——输入量 x 为零时的输出量;

$a_1, \cdots, a_n$——非线性项系数。

传感器的静态特性可以用一组性能指标来描述,如灵敏度、线性度、分辨率、迟滞、重复性和漂移等。

1) 灵敏度(sensitivity)

灵敏度是传感器静态特性的一个重要指标,其定义是输出量增量 Δy 与引起输出量增量 Δy 的相应输入量增量 Δx 之比,用 s 表示灵敏度,即

$$s = \frac{\Delta y}{\Delta x} = \frac{dy}{dx} \tag{1-2}$$

它表示单位输入量变化所引起传感器输出量的变化,灵敏度 s 越大,则传感器越灵敏。

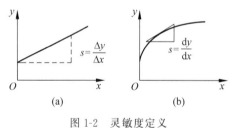

图 1-2 灵敏度定义

(a) 线性测量系统;(b) 非线性测量系统

线性传感器灵敏度就是它的静态特性斜率,其灵敏度 s 是常量,如图 1-2(a)所示;非线性传感器的灵敏度为一个变量,用 $s = dy/dx$ 表示,实际上就是输入-输出特性曲线上某点的斜率,且灵敏度随输入量的变化而变化,如图 1-2(b)所示。

2) 线性度(linearity)

线性度是指传感器输出与输入之间数量关系的线性程度。传感器理想输入-输出特性应是线性的,但实际输入-输出特性大都具有一定程度的非线性。在输入量变化范围不大的条件下,可以用切线或割线拟合、过零旋转拟合、端点平移拟合等来近似地代表实际曲线的一段,这就是传感器非线性特性的线性化,如图 1-3 所示。

所采用的直线称为拟合直线,实际特性曲线与拟合直线间的偏差称为传感器的非线性误差,取其最大值与输出满刻度值(full scale,即满量程)之比作为评价非线性误差(或线性度)的指标,即

$$\gamma_L = \pm \frac{\Delta L_{max}}{Y_{FS}} \times 100\% \tag{1-3}$$

式中:γ_L——非线性误差;

ΔL_{max}——最大非线性绝对误差;

Y_{FS}——满量程输出。

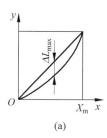 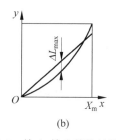 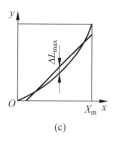

图 1-3 输入-输出特性的线性化

(a) 切线或割线；(b) 过零旋转；(c) 端点平移

3) 分辨率（resolution）

分辨率是指传感器能够感知或检测到的最小输入信号增量，反映传感器能够分辨被测量微小变化的能力。分辨率可以用增量的绝对值或增量与满量程的百分比来表示。

4) 迟滞（hysteresis）

迟滞也叫回程误差，是指在相同测量条件下，对应于同一大小输入信号，传感器正（输入量由小增大）、反（输入量由大减小）行程的输出信号大小不相等的现象。产生迟滞的原因是：传感器机械部分存在不可避免的摩擦、间隙、松动、积尘等，引起能量吸收和消耗。

迟滞特性表明传感器正、反行程期间输出-输入特性曲线不重合的程度。迟滞的大小一般由实验方法来确定。用正反行程间的最大输出差值 ΔH_{max} 占满量程输出 Y_{FS} 的百分比来表示，如图 1-4 所示。

5) 重复性（repeatability）

重复性表示传感器在输入量按同一方向进行全量程多次测试时所得输入-输出特性曲线一致的程度。实际特性曲线不重复的原因与迟滞的产生原因相同。重复性指标一般采用输出最大不重复误差 ΔR_{max} 占满量程输出 Y_{FS} 的百分比表示，如图 1-5 所示。

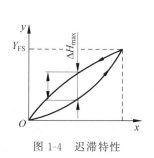 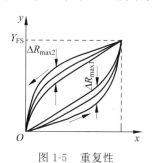

图 1-4 迟滞特性   图 1-5 重复性

6) 漂移（drift 或 shift）

漂移是指传感器在输入量不变的情况下，输出量随时间变化的现象；漂移将影响传感器的稳定性或可靠性（stability 或 reliability）。产生漂移的原因主要有两个：一是传感器自身结构参数发生老化，如零点漂移（简称零漂）；二是在测试过程中周围环境（如温度、湿度、压力等）发生变化，最常见的是温度漂移（简称温漂）。

2. 动态特性

传感器动态特性是指传感器对动态激励（输入）的响应（输出）特性，即其输出对随时间变化的输入量的响应特性。一个动态特性好的传感器,其输出随时间变化的规律(输出变化曲线),将能再现输入随时间变化的规律(输入变化曲线),即输出和输入具有相同的时间函数。但实际上由于制作传感器的敏感材料对不同的变化会表现出一定程度的惯性(如温度测量中的热惯性),因此输出信号与输入信号并不具有完全相同的时间函数,这种输入与输出间的差异称为动态误差,动态误差反映的是惯性延迟所引起的附加误差。

传感器的动态特性可以从时域和频域两个方面分别采用瞬态响应法和频率响应法来分析。在时域内研究传感器的响应特性时,一般采用阶跃函数;在频域内研究动态特性时,一般采用正弦函数。

对应的传感器动态特性指标分为两类,即与阶跃响应有关的指标和与频率响应特性有关的指标。

1) 阶跃响应特性

在采用阶跃输入研究传感器的时域动态特性时,常用延迟时间、上升时间、响应时间、超调量等来表征传感器的动态特性。

一阶或二阶传感器单位阶跃响应的时域动态特性分别如图 1-6 所示($S=1, A_0=1$)。其时域动态特性参数描述如下。

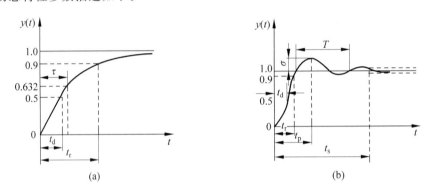

图 1-6   一阶或二阶传感器单位阶跃响应的时域动态特性
(a) 一阶传感器;(b) 二阶传感器($\zeta<1$)

时间常数 τ:一阶传感器输出上升到稳态值的 63.2% 所需的时间。

延迟时间 t_d:传感器输出达到稳态值的 50% 所需的时间。

上升时间 t_r:传感器的输出达到稳态值的 90% 所需的时间。

峰值时间 t_p:二阶传感器输出响应曲线达到第一个峰值所需的时间。

响应时间 t_s:二阶传感器从输入量开始起作用到输出指示值进入稳态值所规定的范围内所需要的时间。

超调量 σ:二阶传感器输出第一次达到稳定值后又超出稳定值而出现的最大偏差,即二阶传感器输出超过稳定值的最大值。

2) 频率响应特性

在采用正弦输入信号研究传感器的频域动态特性时,常用幅频特性和相频特性来描述传感器的动态特性。一般可以将大多数传感器简化为一阶或二阶系统,下面以一阶传感器的频率响应为例说明。

一阶传感器的微分方程为

$$a_1 \frac{\mathrm{d}y(t)}{\mathrm{d}t} + a_0 y(t) = b_0 x(t) \tag{1-4}$$

它可改写为

$$\tau \frac{\mathrm{d}y(t)}{\mathrm{d}t} + y(t) = S \cdot x(t) \tag{1-5}$$

式中：τ——传感器的时间常数(具有时间量纲)。

这类传感器的幅频特性为

$$A(\omega) = 1/\sqrt{1+(\omega\tau)^2} \tag{1-6}$$

相频特性为

$$\varphi(\omega) = -\arctan(\omega\tau) \tag{1-7}$$

图 1-7 所示为一阶传感器的频率响应特性曲线。时间常数 τ 越小，此时 $A(\omega)$ 越接近于常数 1，$\varphi(\omega)$ 越接近于 0，因此，频率响应特性越好。当 $\omega\tau \ll 1$ 时，$A(\omega) \approx 1$，输出与输入的幅值几乎相等，表明传感器输出与输入为线性关系。$\varphi(\omega)$ 很小，$\tan\varphi \approx \varphi$，$\varphi(\omega) \approx -\omega\tau$，相位差与频率 ω 呈线性关系。

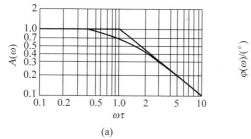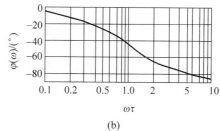

图 1-7　一阶传感器的频率响应特性

(a) 幅频特性；(b) 相频特性

总之，动态特性是传感器性能的一个重要指标。在测量随时间变化的参数时，只考虑静态性能指标是不够的，还要注意其动态性能指标。

1.1.3　传感器的标定与校准

传感器的标定是利用某种标准仪器对新研制或生产的传感器进行技术检定和标度；它是通过实验建立传感器输入量与输出量间的关系，并确定不同使用条件下的误差关系或测量精度。传感器的校准是指对使用或储存一段时间后的传感器性能进行再次测试和校正，校准的方法和要求与标定相同。

传感器的标定分为静态标定和动态标定两种。

传感器的静态标定是对输入信号不随时间变化的静态特性指标的标定，静态标定的目的是确定传感器静态特性指标，包括线性度、灵敏度、分辨率、迟滞、重复性等。

传感器的动态标定主要是研究传感器的动态响应特性，如频率响应、时间常数、固有频率和阻尼比等。对传感器的标定是根据标准仪器与被标定传感器的测试数据进行的，即利用标准仪器产生已知的非电量并输入到待标定的传感器中，然后将传感器的输出量与输入的标准量进行比较，从而得到一系列标准数据或曲线。

传感器使用一段时间或经过修理后,需要利用标准器具对其性能指标重新进行确认,看是否可继续使用或仍符合原先技术指标所规定的要求,这一性能复测过程称为校准。校准是在规定条件下,为确定测量装置或测量系统所指示的量值,或实物量具或参考物质所代表的量值,与对应的由标准所复现的量值之间关系的一组操作。校准主要确定测量仪器的示值误差,是自愿溯源行为,不具法制性。

标定和校准在许多情况下是相同的,但标定必须严格采用基准或精度高一级的标准器进行;而校准在没有基准或高一级的标准器时则可以使用同等精度的同类合格传感器,采用比对的方法对原性能是否变化作出判断。比对属于无法直接实现量值溯源时的一种计量行为,是对不同计量量具进行的同参数、同量程的相互比对。

1.2 测量误差与测量不确定度

1.2.1 测量误差

检测技术的主要任务是测量,检测是广义上的测量。在检测与测量中,必定存在测量误差。人们要获取研究对象在数量上的信息,要通过测量才能得到定量的结果。测量要达到准确度高、误差极小、速度快、可靠性强等标准,则要求测量方法精益求精。

通常把检测结果和被测量的客观真值之间的差值叫测量误差。误差主要产生于工具、环境、方法和技术等方面因素,下面主要介绍测量误差的有关概念。

1. 量值

量是物体可以从数量上进行确定的一种属性。量值有理论真值、约定真值和实际值或标称值与指示值之分。

1) 理论真值、约定真值和实际值

真值是指在一定的时间和空间条件下,能够反映被测量真实状态的数值。真值分为理论真值和约定真值两种情形。理论真值是理想情况下表征一个物理量真实状态或属性的值,它通常是客观存在但不能实际测量得到,或者是根据一定的理论所定义的数值,如三角形的三个内角和为 $180°$;约定真值是为了达到某种目的按照约定的办法所确定的值,如光速被约定为 $3×10^8 m/s$,或以高精度等级仪器的测量值约定为低精度等级仪器测量值的真值。实际值是在满足规定准确度时用以代替真值使用的值。

2) 标称值和指示值

标称值是计量或测量器具上标注的量值。指示值(即测量值)是测量仪表或量具给出或提供的量值。因受制造、测量或环境影响,标称值并不一定等于它的实际值,通常在给出标称值的同时也给出它的误差范围或精度等级。

2. 精度

反映测量结果与真值接近程度的量,称为精度。精度与误差的大小相对应,可用误差的大小来表示精度的高低,误差小则精度高,误差大则精度低。

1) 准确度

准确度反映测量结果中系统误差的影响(大小)程度,即测量结果偏离真值的程度。

2）精密度

精密度反映测量结果中随机误差的影响(大小)程度,即测量结果的分散程度。

3）精确度

精确度反映测量结果中系统误差和随机误差综合的影响程度,其定量特征可用测量的不确定度(或极限误差)来表示。

3. 误差的分类

为便于对测量数据进行误差分析和处理,根据测量数据中误差的特征或性质可以将误差分为三种:系统误差、随机误差和粗大误差。

1）系统误差

由于测量系统本身的性能不完善、测量方法不完善、测量者对仪器的使用不当、环境条件的变化等原因所引起的测量误差称为系统误差。系统误差的大小表明了测量结果的准确度。系统误差越小,则测量结果的准确度越高。

2）随机误差

对同一被测量进行多次测量时,绝对误差的绝对值和符号不可预知地随机变化,但就误差的总体而言,具有一定的统计规律性,这类误差称为随机误差。

随机误差的大小表明测量结果重复一致的程度,即测量结果的分散性。通常用精密度表示随机误差的大小。随机误差大,测量结果分散,精密度低;反之,测量结果的重复性好,精密度高。

3）粗大误差

明显偏离测量结果的误差称为粗大误差(也称疏忽误差或过失误差)。这是由于测量者粗心大意或环境条件突然变化引起的。粗大误差必须避免,含有粗大误差的测量数据应从测量结果中剔除。

4. 误差的表示

1）绝对误差 Δ

绝对误差就是测量值 x 与真值 L 间的差值,可表示为

$$\Delta = x - L$$

2）相对误差 δ

相对误差就是绝对误差与真值的百分比,可表示为

$$\delta = \frac{\Delta}{L} \times 100\%$$

由于真值 L 无法知道,实际处理时用测量值 x 代替真值 L 来计算相对误差,即

$$\delta = \frac{\Delta}{x} \times 100\%$$

3）引用误差 γ

引用误差是相对于仪表满量程的一种误差,一般用绝对误差除以满量程(即仪表的测量范围上限与测量范围下限之差)的百分数来表示,即

$$\gamma = \frac{\Delta}{x_{m}} \times 100\%$$

式中: x_m ——仪表的满量程。

仪表的精度等级就是根据引用误差来确定的。如 0.5 级表示引用误差不超过±0.5%（即其满量程的相对误差为±0.5%），1.0 级则表示引用误差不超过±1.0%。根据国家标准规定，引用误差分为 0.1、0.2、0.5、1.0、1.5、2.5 和 5.0 共七个等级。

1.2.2　测量误差的处理方法

1. 随机误差的处理方法

在等精度测量情况下，得到 n 个测量值 $x_1, x_2, \cdots, x_n$，对应的随机误差分别为 δ_1，$\delta_2, \cdots, \delta_n$。这组测量值和随机误差都是随机事件，可以用概率统计的方法来处理。

1）随机误差的正态分布曲线

随机误差有三个特征：单峰性、有界性、对称性。

当测量次数足够多时，随机误差将呈现正态分布规律，正态分布曲线如图 1-8 所示。由图可见，随机变量在 $x=L$ 或 $\delta=0$ 附近区域有最大概率。

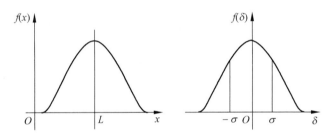

图 1-8　正态分布曲线

2）正态分布随机误差的数字特征

在实际测量中，由于真值 L 不可能得到，根据随机变量的正态分布特征，可以用其算术平均值来代替。算术平均值反映了随机变量的分布中心。

算术平均值为

$$\bar{x} = \frac{1}{n}(x_1 + x_2 + \cdots + x_n) = \frac{1}{n}\sum_{i=1}^{n} x_i \tag{1-8}$$

标准差（也称均方根偏差）为

$$\sigma = \sqrt{\frac{\sum_{i=1}^{n}(x_i - L)^2}{n}} = \sqrt{\frac{\sum_{i=1}^{n}\delta_i^2}{n}} \tag{1-9}$$

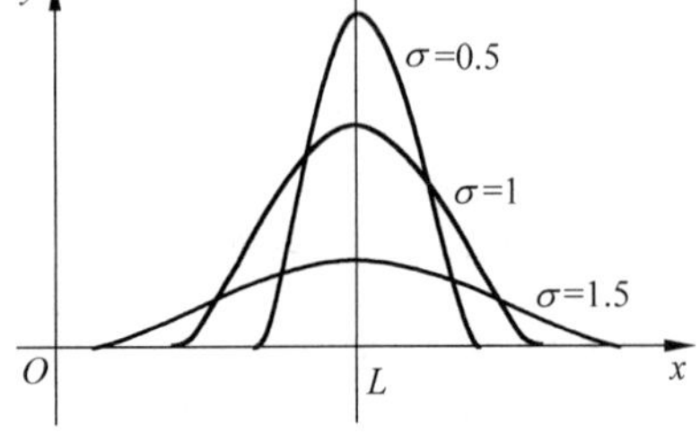

式中：n——测量次数；

x_i——第 i 次测量值。

标准差反映了随机误差的分布范围。标准差越大，测量数据的分布范围就越大。图 1-9 显示了不同标准差下的正态分布曲线。由图可见，σ 越小，分布曲线就越陡峭，说明随机变量的分散性小，接近真值 L，即精度高；反之，σ 越大，分布曲线越平坦，随机变量的分散性就越大，即精度低。

图 1-9　不同均方根偏差下正态分布曲线

在实际测量中,由于真值 L 无法知道,就用测量值的算术平均值代替。各测量值与算术平均值的差值称为残余误差 v_i,即

$$v_i = x_i - \bar{x} \tag{1-10}$$

由残余误差可计算标准差的估计值 σ_s,即著名的贝塞尔公式:

$$\sigma_s = \sqrt{\frac{\sum\limits_{i=1}^{n}(x_i - \bar{x})^2}{n-1}} = \sqrt{\frac{\sum\limits_{i=1}^{n} v_i^2}{n-1}} \tag{1-11}$$

算术平均值的精度可由算术平均值的标准差 $\sigma_{\bar{x}}$ 来表示,由误差理论可以证明,它与 σ_s 的关系如下:

$$\sigma_{\bar{x}} = \frac{\sigma_s}{\sqrt{n}} \tag{1-12}$$

3)正态分布的概率计算

为了确定测量的可靠性,需要计算正态分布在不同区间的概率。

由于标准差 σ 是正态分布的特征参数,误差区间通常表示成 σ 的倍数,如 $t\sigma$。由于正态分布的对称性特点,计算概率通常取成对称区间的概率,即

$$P(-t\sigma \leqslant v \leqslant t\sigma) = \frac{1}{\sigma\sqrt{2\pi}} \int_{-t\sigma}^{+t\sigma} e^{-\frac{v^2}{2\sigma^2}} \mathrm{d}v \tag{1-13}$$

式中:t——置信系数;

P——置信概率。

表 1-3 给出几个典型的 t 值及其对应的概率。

表 1-3 t 值及其对应的概率

t	0.6745	1	1.96	2	2.58	3	4
P	0.5	0.6827	0.95	0.9545	0.99	0.9973	0.999 94

由表 1-3 可知,当 $t=1$ 时,$P=0.6827$,即测量结果中随机误差出现在 $-\sigma \sim +\sigma$ 的概率为 68.27%;当 $t=3$ 时,出现在 $-3\sigma \sim +3\sigma$ 间的概率为 99.73%;相应地,$|v|>3\sigma$ 的概率为 0.27%。因此一般认为绝对值大于 3σ 的误差是不可能出现的,通常把这个误差称为极限误差 $\sigma_{\lim}$。

按照上述分析,测量结果常表示为

$$x = \bar{x} \pm \sigma_{\bar{x}} (P = 0.6827)$$

或

$$x = \bar{x} \pm 3\sigma_{\bar{x}} (P = 0.9973)$$

2. 系统误差的处理方法

系统误差是由测量系统本身的缺陷或测量方法不完善造成的,使得测量值中含有固定不变或按一定规律变化的误差。

系统误差可以通过实验对比法、残余误差观察法、准则检查法等进行判别。

系统误差的消除主要通过下面几方面进行:①消除系统误差产生的根源;②在测量系统中采用补偿措施;③实时反馈修正;④在测量结果中进行修正。

3. 粗大误差的处理方法

粗大误差是由于测量人员粗心大意导致测量结果明显偏离真值的误差,含有粗大误差的数据必须被剔除。在对测量数据进行误差处理时,首先要完成粗大误差的处理。判断粗大误差一般可以采用 3σ 准则,通常把 3σ 作为极限误差(σ 为标准差)。如果一组测量数据中某个测量值的残余误差的绝对值 $|v| > 3\sigma$ 时,则可认为该值含有粗大误差,应舍弃。

1.2.3　测量不确定度

由于测量误差的存在,被测量的真值难以确定,测量结果带有不确定性。长期以来,人们不断追求以最佳方式估计被测量的值,以最科学的方法评价测量结果质量高低的程度。而测量不确定度就是评定测量结果质量高低的一个重要指标。不确定度越小,测量结果的质量越高,使用价值越大,其测量水平也越高;不确定度越大,测量结果的质量越低,使用价值越小,其测量水平也越低。

1. 测量不确定度的基本概念

1) 测量不确定度定义

测量不确定度是指对测量结果不确定性的评价,是表征被测量的真值在某个量值范围的一个估计,测量结果中所包含的测量不确定度用以表示被测量值的分散性。所有的不确定度分量均用标准差表征,它们或者由随机误差引起,或者由系统误差引起,都对测量结果的分散性产生相应的影响。一个完整的测量结果应包含被测量值的估计与分散性参数两部分。例如被测量 Y 的测量结果为 $y \pm U$,其中 y 是被测量值的估计,它具有的测量不确定度为 U。在测量不确定度的定义下,被测量的测量结果表示一个可能值区间。

根据测量不确定度定义,在测量实践中如何对测量不确定度进行合理的评定,这是必须解决的基本问题。测量不确定度一般包含若干个分量,各不确定度分量无论其性质如何,皆可用两类方法进行评定,即 A 类评定和 B 类评定。其中一些分量由一系列观测数据的统计分析来评定,称为 A 类评定;另一些分量不是用一系列观测数据的统计分析法,而是基于经验或其他信息所认定的概率分布来评定,称为 B 类评定。所有不确定度分量均用标准差表征,它们或是由随机误差引起的,或是由系统误差而引起的,都对测量结果的分散性产生相应的影响。

2) 测量不确定度的来源

测量过程中有许多引起不确定度的来源。测量不确定度常见的 10 项可能来源包括:①被测量的定义不完整;②被测量的定义复现不理想;③抽样可能不完全代表定义的被测量;④对环境条件的影响或测量程序的认识不足,或对环境条件的测量和控制不完善;⑤模拟式仪器的读数偏差;⑥测量仪器分辨率和鉴别阈值不够;⑦计量标准器和标准物质不准确;⑧用于数据计算的常量和其他参量不准确;⑨测量方法、测量系统和测量程序中的近似和假设;⑩在表面上看来相同的条件下,被测量在重复观测中的变化。

3) 测量不确定度与误差

测量不确定度与误差都是评价测量结果质量高低的重要指标,都可作为测量结果的精度评定参数,但两者有一定的区别。

(1) 从定义上讲,误差是测量结果与真值之差,它以真值或约定真值为中心;测量不确定度是以被测量的估计值为中心。因此误差是一个理想的概念，一般不能准确知道，难以定量；而测量不确定度是反映人们对测量认识不足的程度，是可以定量评定的。

（2）在分类上，误差按自身特征和性质分为系统误差、随机误差和粗大误差，并可采取不同的措施来减小或消除各类误差对测量结果的影响。但由于各类误差之间并不存在绝对界限，故在分类判别和误差计算时不易准确掌握。测量不确定度不按性质分类，而是按评定方法分为 A 类评定和 B 类评定，两类评定方法不分优劣，按实际情况的可能性加以选用。由于不确定度的评定不论影响不确定度因素的来源和性质，只考虑影响结果的评定方法，从而简化了分类，便于评定与计算。

不确定度与误差有区别，也有联系。误差是不确定度的基础，研究不确定度首先需研究误差，只有对误差的性质、分布规律、相互联系及对测量结果的误差传递关系等有了充分的认识和了解，才能更好地估计各不确定度分量，正确得到测量结果的不确定度。用测量不确定度代替误差表示测量结果，易于理解、便于评定，具有合理性和实用性。但测量不确定度的内容不能包罗更不能取代误差理论的所有内容，如传统的误差分析与数据处理等均不能被取代。客观地说，不确定度是对经典误差理论的一个补充，是现代误差理论的内容之一，但它还有待进一步研究、完善与发展。

2. 标准不确定度的评定

用标准差表征的不确定度，称为标准不确定度，用 u 表示。测量不确定度所包含的若干个不确定度分量，均是标准不确定度分量，用 u_i 表示，其评定方法如下。

1）标准不确定度的 A 类评定

A 类评定是用统计分析法评定，其标准不确定度 u 等同于由系列观测值获得的标准差 σ，即 $u=\sigma$。标准差 σ 的基本求法有贝塞尔法、别捷尔斯法、极差法、最大误差法等。

当被测量 Y 取决于其他 N 个量 $X_1,X_2,\cdots,X_N$ 时，则 Y 的估计值 y 的标准不确定度 u_y 将取决于 X_i 的估计值 x_i 的标准不确定度 u_{x_i}，为此要首先评定 x_i 的标准不确定度 u_{x_i}。其方法是：在其他 $X_j(j\neq i)$ 保持不变的条件下，仅对 X_i 进行 n 次等精度独立测量，用统计法由 n 个观测值求得单次测量标准差 σ_i，则 x_i 的标准不确定度 u_{x_i} 的数值按下列情况分别确定：如果用单次测量值作为 X_i 的估计值 x_i，则 $u_{x_i}=\sigma_i$；如果用 n 次测量的平均值作为 X_i 的估计值 x_i，则 $u_{x_i}=\dfrac{\sigma_i}{\sqrt{n}}$。

2）标准不确定度的 B 类评定

B 类评定不用统计分析法，而是基于其他方法估计概率分布或分布假设来评定标准差并得到标准不确定度。B 类评定在不确定评定中占有重要地位，因为有的不确定度无法用统计方法来评定，或者虽可用统计法，但不经济可行，所以在实际工作中，采用 B 类评定法居多。

采用 B 类评定法，需先根据实际情况分析，对测量值进行一定的分布假设，可假设为正态分布，也可假设为其他分布，常见有下列几种情况：

（1）当测量估计值 x 受到多个独立因素影响，且影响大小相近时，则假设为正态分布，由所取置信概率 P 的分布区间半宽 a 与包含因子 k_p 来估计标准不确定度，即

$$u_x=\frac{a}{k_p} \tag{1-14}$$

式中：k_p——包含因子，其数值可由正态分布积分表查得。

（2）当估计值 x 取自有关资料，所给出的测量不确定度 U_x 为标准差的 k 倍时，则其标准不确定度为

$$u_x = \frac{U_x}{k} \qquad (1-15)$$

（3）若根据信息，已知估计值 x 落在区间 $(x-a, x+a)$ 内的概率为 1，且在区间内各处出现的机会相等，则 x 服从均匀分布，其标准不确定度为

$$u_x = \frac{a}{\sqrt{3}} \qquad (1-16)$$

（4）当估计值 x 受到两个独立且皆是具有均匀分布的因素影响时，则 x 服从在区间 $(x-a, x+a)$ 内的三角形分布，其标准不确定度为

$$u_x = \frac{a}{\sqrt{6}} \qquad (1-17)$$

（5）当估计值 x 服从在区间 $(x-a, x+a)$ 内的反正弦分布，则其标准不确定度为

$$u_x = \frac{a}{\sqrt{2}} \qquad (1-18)$$

实操技能

1.2.4　任务描述

ZGL-998 传感器试验台的使用

试验台介绍

本任务主要通过熟悉 ZGL-998 传感器试验台的基本操作，了解认识各种传感器的结构、外观与基本特性，熟悉试验台的基本操作，为做好后面的实验打好基础。

1.2.5　任务分析

ZGL-998 传感器试验台主要由机壳、机头（传感器安装台）、显示面板、调理电路面板（传感器输出单元、传感器转换放大处理电路单元）等组成，如图 1-10 所示。

1. 机壳

机壳内部装有直流稳压电源、振荡信号板等。

2. 机头（传感器安装平台）

机头由悬臂双平行梁和振动台组成。

1）双平行梁（应变梁）

在双平行梁的上、下梁片表面粘贴了应变片；封装了 PN 结、NTC RT 热敏电阻、热电偶、加热器；在梁的自由端安装了压电传感器、激振器（磁钢、激振线圈）和测微头。

2）振动台

在振动台周围安装了光电转速传感器、电涡流传感器、光纤传感器、差动变压器、压阻式

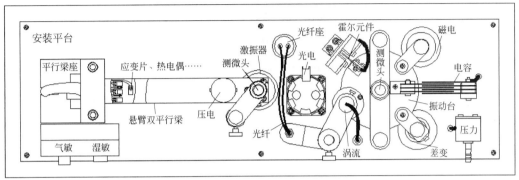

图 1-10 机头图

压力传感器、电容式传感器、磁电式传感器、霍尔式传感器；在振动台的下方安装了激振器（磁钢、激振线圈）；在振动台的上方安装了测微头。

3. 显示面板

显示面板如图 1-11 所示，由主电源单元、电机控制单元、直流稳压电源单元、F/V 表（或电压表）单元、PC 口单元、频率/转速表单元、音频振荡器单元、低频振荡器单元、±15V 电源单元等组成。

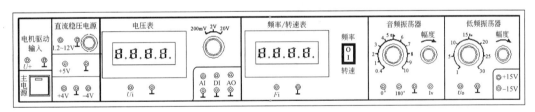

图 1-11 显示面板图

4. 调理电路面板

1）传感器输出单元

传感器输出单元如图 1-12 所示，由传感器输出单元、副电源、电桥、差动放大器、电容变换器、电压放大器、移相器、相敏检波器、电荷放大器、低通滤波器、涡流变换器等组成。

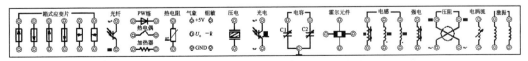

图 1-12 传感器输出单元

2）调理电路单元

调理电路单元如图1-13所示。

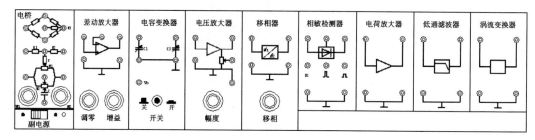

图1-13　调理电路单元

（1）电桥：由电桥模型、电桥调节平衡网络组成。组成直流电桥时作为应变片、热电阻的变换电路；组成交流电桥时作为调制器。

（2）差动放大器：可接成同相、反相、差分放大器。通频带0～10kHz，增益1～101倍可调。

（3）电容变换器：差动式电容传感器的调理电路。由高频振荡器、放大器、二极管环形充放电电路组成。

（4）电压放大器：同相输入放大器。通频带0～10kHz，幅度最大时增益约为6倍。

（5）移相器：移相范围≥20°，允许最大输入电压峰峰值为$U_{p-p}=10V$。在解调电路中用于补偿信号的相位。

（6）相敏检波器：由整形电路与电子开关电路构成的检波电路。允许最大输入检波信号峰峰值为$U_{p-p}=10V$，通频带0～10kHz。

（7）电荷放大器：电容反馈型放大器。用于放大压电传感器的输出信号。

（8）低通滤波器：由50Hz的陷波器与低通RC滤波器构成。转折频率5Hz左右。

（9）涡流变换器：涡流传感器的调理电路，涡流线圈是振荡电路中的电感元件之一，为变频调幅式电路。

1.2.6　任务实施

（1）接通电源，依次连接各类传感器相关输出单元和调理电路，以及显示面板、仪表和旋钮，观察显示结果。

（2）熟悉各种仪器、仪表的使用，包括示波器、万用表、信号发生器等。

综合评价

1.2.7　考核标准

根据考核标准对本任务实施进行综合评价，并进行任务总结，教师给出评价意见。

考核标准

序号	工作过程	主要内容	评分标准	配分	学生（自评）		教师评价	
					扣分	得分	扣分	得分
1	资讯准备（10分）	任务相关知识查找	查找相关知识学习,该任务知识能力掌握程度,达到60%,扣5分;达到80%,扣2分;达到90%,扣1分;达到100%,不扣分	10				
2	决策计划（10分）	确定方案编写计划	制定整体方案,格式基本规范,方案基本合理,扣2分;格式比较规范,方案比较合理,扣1分;格式规范,方案合理,不扣分	10				
3	实施执行（10分）	记录实施过程步骤	实施过程,步骤记录完整,不扣分;记录不完整度达到10%,扣2分;记录不完整度达到20%,扣3分;记录不完整度达到40%,扣5分	10				
4	检测评价（60分）	元件测试	元件测试规范,不扣分;不会用仪表检测元件质量好坏,扣2分	6				
			仪表使用不正确,扣3分	6				
		电路设计	电路布线杂乱,扣2分	6				
			元件布局不合理,扣2分	6				
			元件损坏,扣3分	6				
		调试检测	不能进行通电调试,扣3分	6				
			校验的方法不正确,扣3分	6				
			校验结果不正确,扣3分	6				
		调试效果	电路调试效果不理想,扣3分	6				
			灵活度较低,扣3分	6				
5	团队合作（10分）	安全操作	违反安全文明操作规程,扣2分	3				
		团队合作	团队合作较差,小组不能配合完成任务,扣2分	3				
		交流表达	不能用专业语言正确流利简述任务成果,扣2分	4				
合计				100				

学生自评总结	
教师评语	

学生签字			教师签字		
		年　月　日			年　月　日

习题与思考

1. 什么是传感器? 它通常由哪几部分组成? 它们的作用及相互关系如何?

2. 传感器的静态特性指标有哪些?

3. 误差的表示方法有哪几种？

4. 测量误差与测量不确定度有什么区别？

5. 请谈谈你对传感技术发展趋势的一些看法。

课程思政

名人故事——"中国光学之父"王大珩

王大珩视频介绍

王大珩，两弹一星功勋奖章获得者，我国近代光学工程的重要学术奠基人、开拓者和组织领导者，杰出的战略科学家、教育家，为中国应用光学、光学工程、光学精密机械、空间光学、激光科学、仪器仪表和计量科学的创建和发展作出了卓越的贡献。

1938 年，从清华大学物理系毕业的王大珩考取了留英公费生，赴英攻读光学专业。彼时，光学的前沿技术在军事上扮演着重要角色，被各国视为要害技术，"竭尽保密之能事"。王大珩身在英伦，心系祖国，始终坚持将自己的学习研究与祖国的实际需要紧密结合。尽管学业进展顺利，但为了学习光学仪器的核心材料——光学玻璃的制造技术，王大珩毅然放弃了在读博士学位，成为英国昌司玻璃公司的一名物理实验师。作出如此选择，只因"我的祖国是多么需要这种技术啊"。

1948 年，王大珩回到日夜思念的祖国，参加创建中国共产党创办的新型正规大学——大连大学，并组建应用物理系，任系主任。王大珩说："在这截然不同的两条道路上，我选择了到解放区的道路，我的路子走对了。"回首往事，王大珩称自己是"时代的幸运儿"。

1953 年年底，中国科学院仪器馆成立不到两年，在器材和设备十分简陋的条件下，一位青年人和同事们炼出了新中国第一炉光学玻璃。随后不到 6 年的时间，又相继研制出第一台电子显微镜、高精度经纬仪、光电测距仪等一系列光学仪器，建立了从研究到设计，再到材料、加工生产、检测的一整套科研体系，一举填补了光学领域的多项空白。

1975 年，中国第一颗返回式卫星成功发射。该项目对卫星上安装的对地观测相机提出极高要求，它既要达到较高分辨率，还要经得住自动拍摄的振动。在国外技术封锁的背景下，王大珩和同事们没日没夜加班攻克难题，最后如期完成任务。当卫星带着拍摄信息返回地面时，中国人首次成功地看到了清晰的卫星图像。

王大珩倾尽一生发展祖国光学事业。临终前他只有三个心愿：编写"中国光学的学科发展史"；建立中国光学科技馆，让更多人了解光学知识；进行光学名词审定，出版一本光学名词的官方版本。在病床上，他还坚持起草光学名词审定的报告。

第2章

现代传感技术概述

2.1 课件　　2.2～2.3 课件

学习目标

知识能力：熟悉各种现代传感技术的特点及应用。

实操技能：初步掌握智能传感技术的开发方法。

综合能力：提高学生分析问题和解决问题的能力，加强对学生沟通能力及团队协作精神的培养。

思政目标

培养学生的工程师品质和敢为人先、迎难而上、坚韧不拔的科学精神。

围绕现代传感技术的现状及发展趋势，本章主要介绍智能传感器、模糊传感器、微传感器、网络传感器、机器视觉、多传感器数据融合技术等新型传感器及技术的基本概念与特点，并简要介绍网络化虚拟仪器技术的特点、开发应用，以及人工智能技术。

2.1　几种新型传感技术

2.1.1　智能传感器

1. 智能传感器的概念

智能传感器是基于人工智能、信息处理技术实现的具有分析、判断、量程自动转换、漂移、非线性和频率响应等自动补偿，对环境影响量的自适应、自学习，以及超限报警、故障诊断等功能的传感器。与传统的传感器相比，智能传感器将传感器检测信息的功能与微处理器的信息处理功能有机地结合在一起，充分利用微处理器进行数据分析和处理，并能对内部工作过程进行调节和控制，从而具有了一定的人工智能，弥补了传统传感器性能的不足，使采集的数据质量得以提高。

现代航空航天、自动化生产等领域对智能传感器的需求量急剧增大，同时微处理器技术、微电子技术、人工智能理论等快速发展，极大地推动了智能传感器的飞速发展，智能传感技术已成为现代测控技术的主要发展方向之一。目前,智能传感器广泛应用于航空航天、国防、现代工农业、医疗、交通、智能家居等领域。

智能传感器在发展的同时,其功能、内涵得到不断的加强和完善,所以智能传感器至今尚无统一、确切的定义。但是,业界普遍认为智能传感器是利用传感技术和微处理器技术,在实现高性能检测的基础上,还具备记忆存储、信息处理、逻辑思维、推理判断等智能化功能的新型传感器。如图 2-1 所示,智能传感器已具备了人类的某些智能思维与行为。人类通过眼睛、鼻子、耳朵和皮肤感知获得外部环境多重传感信息,这些传感信息在人类大脑中归纳、推理并积累形成知识与经验;当再次遇到相似外部环境时,人类大脑根据积累的知识、经验对环境进行推理判断,作出相应反应。智能传感器与人类智能相类似,其传感器相当于人类的感知器官,其微处理器相当于人类大脑,可进行信息处理、逻辑思维与推理判断,存储设备存储"知识、经验"与采集的有用数据。

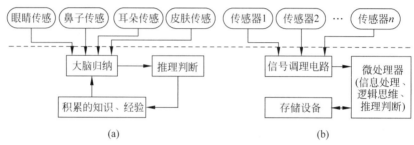

图 2-1　人类智能与智能传感器类比图

（a）人类智能；（b）智能传感器

2. 智能传感器的基本结构

智能传感器主要由传感器、微处理器及相关电路组成,其基本结构框图如图 2-2 所示。传感器将被测的物理量、化学量等转换成相应的电信号,送到信号调理电路中,经过滤波、放大、模数转换等信号调理处理后送到微处理器。微处理器对接收的信号进行计算、存储、数据分析和处理后,一方面通过反馈回路对传感器与信号调理电路进行调节以实现对测量过程的调节和控制,另一方面将处理后的结果传送到输出接口,经过接口电路的处理后按照输出格式输出数字化的测量结果。智能传感器中微处理器是智能化的核心,用于实现信息处理、逻辑思维、推理判断等智能化功能。微处理器可以是微控制器(microcontroller unit,MCU)、数字信号处理器(digital signal processor,DSP)、专用集成电路(application-specific integrated circuits,ASIC)、场编程逻辑门阵列(field-programmable gate arrays,FPGA)和微型计算机。

3. 智能传感器的功能

首先,通过图 2-3 所示的智能称重传感器来认识智能传感器的功能。称重传感器将被测目标的重量转换为电信号,经过模数转换为数字信号后输入单片机,此时测量的目标重量电信号受温度等非线性因素的影响,并不能较准确地反映目标的真正重量。所以,智能称重传感器可以加入温度传感器测量环境温度,同样通过模数转换为电信号输入单片机。存储设备中存储可用于非线性校正的数据。称重传感器测得的目标重量数据经过单片机进行计算处理、消除非线性误差,同时根据温度传感器测得的环境温度进行温度补偿、零点自校正、数据校正,并将处理后的数据存入存储设备中,还可以在显示设备上显示,以及通过 RS-232、USB 等接口与微型计算机进行数字化双向通信。

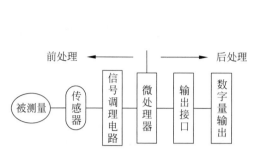

图 2-2　智能传感器的基本结构框图

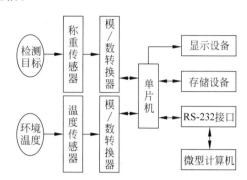

图 2-3　智能称重传感器原理框图

可见,由于智能传感器引入了微处理器进行信息处理、逻辑思维、推理判断,使其除了具有传统传感器的检测功能外,还具有数据处理、数据存储、数据通信等功能,其功能已经延伸至仪器的领域。

1)自校零、自标定、自校正、自适应量程功能

这是智能传感器的重要功能之一。操作者输入零值或某一标准量值后,智能传感器中的自动校准软件可以自动对传感器进行在线校准。智能传感器还可以通过对环境的判断自动调整零位和增益等参数,可以根据微处理器中的算法和 EPROM 中的计量特性数据与实测数据进行对比校对和在线校正。甚至,部分智能传感器可以根据不同测量对象自动选择最合适的量程,以获取更准确的测量数据。

2)自补偿功能

智能传感器可以自动对传感器的非线性、温度漂移、时间漂移、响应时间等进行有效补偿,这也是智能传感器的重要功能之一。智能传感器利用微处理器对测量的数据进行计算,采用多次拟合、差值计算或神经网络方法对漂移和非线性等进行补偿,从而获得较精确的测量结果。

3)自诊断(自检)功能

智能传感器在上电及工作过程中可以进行自检,利用检测电路或算法检查硬件资源(包括传感器和电路模块)和软件资源有无异常或故障。其中,传感器故障诊断是智能传感器自诊断的核心内容,对于传感数据异常、硬件故障需及时报警,并实现故障定位、故障类型判别,以便采取相应措施。常用的传感器自诊断方法包括硬件冗余诊断法、基于数学模型的诊断法、基于信号处理的诊断法和基于人工智能的故障诊断法(包括基于专家系统的诊断法和基于神经网络的诊断法)。

4)信息处理与数据存储记忆功能

智能传感器利用微处理器及其中的算法可以对采集的数据进行预处理(如剔除异常值、数字滤波等),可以对数据进行统计分析、数据融合,甚至逻辑推理、判断。智能传感器也可以存储各种信息,如校正数据、工作日期等。

5)双向通信和数字输出功能

数字化双向通信是智能传感器关键标志之一。智能传感器的微处理器不仅能接收、处

理传感器的测量数据,也能将控制信息发送至传感器,在测量过程对传感器进行调节、控制。智能传感器的标准化数字输出接口可与计算机或接口总线连接,进行通信与信息管理;可以与计算机或网络适配器连接,进行远程通信与管理。

6) 组态功能

智能传感器中可设置多种模块化的硬件和软件,用户可通过微处理器发出指令,改变智能传感器的硬件模块和软件模块的组合状态,完成不同的测量功能。

4. 智能传感器的特点

与传统传感器相比,智能传感器具有如下特点。

1) 测量精度高

智能传感器具有自校零、自校正、自适应量程、自补偿和数字滤波等多项新技术,可以有效修正各种确定性系统误差和一定程度补偿随机误差,降低噪声,大大提高测量精度。

2) 可靠性和稳定性高

集成式智能传感器消除了传统电路结构的某些不可靠因素,提高了抗干扰能力;同时,智能传感器能定时或不定时对软硬件资源进行自诊断,对于异常情况或故障能及时报警或处理,甚至自恢复,这些都大大提高了传感器的可靠性和稳定性。

3) 性价比高

与普通传感器相比,智能传感器更容易实现,而且其使用低价的微处理器、集成电路工艺和编程技术实现,具有更高的性价比。

4) 智能化、多功能化

智能传感器由于采用微处理器及相关算法,使其具有某些与人类相似的智能思维与行为,实现多种提高测量性能、简化操作的功能。

5. 智能传感器的实现

根据被测物理量传感器可以分为很多类型,同样,智能传感器也种类繁多,如智能温度传感器、智能压力传感器、智能流量传感器等。尽管各种智能传感器功能各不相同,但是智能传感器有着类似的实现方式,具体分为以下三种实现方式。

1) 模块化方式

模块化智能传感器是将普通传感器、信号调理电路、带数字总线接口的微处理器相互分离连接成一个整体而构成智能传感器系统,这种模块化智能传感器是在现场总线控制系统发展的推动下迅速发展起来的,其框图如图 2-4 所示。普通传感器检测的数据经信号调理电路进行放大、模数转换等调理后,送入微处理器进行处理,再由微处理器的数字总线接口挂接到现场数字总线上。这是一种在传统普通传感器基础上实现智能传感器系统的最快途径与方式,易于实现,具有较高的实用性。特别是在某些不适宜微处理器工作的恶劣环境,利用模块化智能传感器可以让传感器及信号调理电路在检测现场工作,而微处理器在检测

图 2-4 模块化智能传感器框图

现场之外工作,以提高系统可靠性。目前,国内外已有不少此类产品。此类智能传感器各部件可以封装在一个外壳中,也可分开设置,其集成度不高、体积较大。智能传感器的模块化实现方式一般采用 SMBus、RS-232、RS-422、RS-485、USB、CAN 等总线,目前 ZigBee、Wi-Fi、蓝牙等无线传输方式也广泛应用于智能传感器。

2) 集成化方式

集成化的智能传感器是采用微机械加工技术和大规模集成电路工艺技术,以半导体材料硅为基本材料来制作敏感元件,将敏感元件、信号调理电路以及微处理器等集成在一块芯片上构成的。此类智能传感器具有小型化、性能可靠、易于批量生产、价格便宜等优点,因而被认为是智能传感器的主要发展方向。此类智能传感器需由集成电路生产厂家生产。目前,国内外均有不少厂家推出该类集成化智能传感器,如单片智能压力传感器和智能

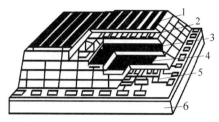

1—敏感元件;2—传输线;3—存储器;4—运算器;5—电源和驱动;6—硅基片。

图 2-5　三维多功能单片智能传感器结构图

温度传感器等。图 2-5 所示为三维多功能单片智能传感器的结构图,该智能传感器将敏感元件、数据传输线、存储器、运算器、电源和驱动等集成在一块硅基片上,将平面集成发展成三维集成,实现了多层结构。集成化智能传感器一般采用 1-Wire 总线、I^2C 总线、SPI 总线等。

3) 混合方式

根据具体需要和技术,混合式智能传感器将敏感元件、信号调理电路和微处理器、数字总线接口等部分以不同的组合方式集成在两个或三个芯片上,然后装配在同一壳体中。

2.1.2　模糊传感器

1. 模糊传感器概述

传统传感器是数值传感器,它将被测量映射到实数集中,用数据描述被测量的状态,即对被测对象进行定量描述。但由于被测对象的多样性、被分析问题的复杂性和信息的直接获取困难性等原因,有些信息无法用数值符号描述或者用数值描述很困难。近年迅速发展起来的模糊传感器是在经典传感器数值测量的基础上,经过模糊推理和知识合成,以模拟人类自然语言符号描述的形式输出测量结果的一种智能传感器。显然,模糊传感器的核心部分就是模拟人类自然语言符号的产生及其处理。

模糊传感器的“智能”之处在于:它可以模拟人类感知的全过程,核心在于知识性,知识的最大特点在于其模糊性。它不仅具有智能传感器的一般优点和功能,而且还具有学习推理的能力,具有适应测量环境变化的能力,能够根据测量任务的要求进行学习推理。另外,模糊传感器还具有与上级系统交换信息的能力,以及自我管理和调节的功能。模糊集理论应用于测量中的主要思想是将人们在测量过程中积累的对测量系统及测量环境的知识和经验融入测量结果中,使测量结果更加接近人的思维推理、判断。

模糊传感器由硬件和软件两部分构成。模糊传感器的突出特点是其具有丰富强大的软件功能。模糊传感器与一般的基于计算机的智能传感器的根本区别在于:它具有实现学习功能的单元和符号产生、处理单元,能够实现专家指导下的学习和符号的推理及合成,具有

可训练性。经过学习与训练,模糊传感器能适应不同测量环境和测量任务的要求。

目前,模糊传感器尚无严格统一的定义,但一般认为模糊传感器是以数值测量为基础,并能产生和处理与其相关的测量符号信息的装置,即模糊传感器是在经典传感器数值测量的基础上经过模糊推理与知识集成,以自然语言符号的描述形式输出的传感器。具体地说,将被测量值范围划分为若干个区间,利用模糊集理论判断被测量值的区间,并用区间中值或相应符号进行表示,这一过程称为模糊化。对多参数进行综合评价测试时,需要将多个被测量值的相应符号进行组合模糊判断,最终得出测量结果。模糊传感器的一般结构如图 2-6所示。信息的符号表示与符号信息系统是研究模糊传感器的核心与基石。

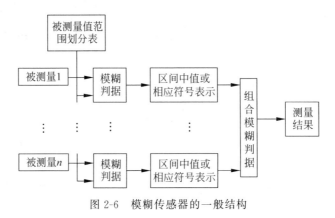

图 2-6　模糊传感器的一般结构

2. 模糊传感器的基本功能

模糊传感器作为一种智能传感器,具有智能传感器的基本功能,即学习、推理联想、感知和通信功能。

1) 学习功能

人类知识集成的实现、测量结果的高级逻辑表达等都是通过学习功能完成的。能够根据测量任务的要求学习有关知识是模糊传感器与传统传感器的重要差别。模糊传感器的学习功能是通过导师学习算法和无导师自学习算法完成的。

2) 推理联想功能

模糊传感器可分为一维传感器和多维传感器。对于一维传感器,当接收外界刺激时,可以通过训练时的记忆联想得到符号化测量结果。对于多维传感器,当接收多个外界刺激时,可以通过人类知识的集成进行推理,实现时空信息整合、多传感器信息融合以及复合概念的符号化表示结果。推理联想功能需要通过推理机构和知识库来实现。

3) 感知功能

模糊传感器与普通传感器一样可以感知由传感元件测定的被测量,但根本区别在于前者不仅可输出数值,而且可以输出语言符号。因此,模糊传感器必须具有数值-符号转换能力。

4) 通信功能

传感器通常作为大系统中的子系统工作,因此模糊传感器应该能与上级系统进行信息交换,因而通信功能是模糊传感器的基本功能。

2.1.3 微传感器

1. MEMS 与微加工

微传感器的诞生依赖于微机电系统(micro electro-mechanical system，MEMS)技术的发展。MEMS 概念起源于美国物理学家、诺贝尔奖获得者 Richand P Feynman 在 1959 年提出的微型机械的设想，是当今高科技发展的热点之一。

完整的 MEMS 是由微传感器、微执行器、信号处理和控制电路、通信接口和电源等部件组成的一体化的微型器件或系统。其目标是把信息的获取、处理和执行集成在一起，组成具有多功能的微型系统，集成于大尺寸系统中，从而大幅度地提高系统的自动化、智能化和可靠性水平。MEMS 系统的突出特点是其微型化，涉及电子、机械、材料、制造、控制、物理、化学、生物等多学科技术，其中大量应用的各种材料的特性和加工制作方法在微米或纳米尺度下具有特殊性，不能完全照搬传统的材料理论和研究方法，在器件制作工艺和技术上也与传统大器件(宏传感器)的制作存在许多不同。

对于一个微机电系统来说，通常具有以下典型的特性：①微型化零件；②由于受制造工艺和方法的限制，结构零件大部分为二维的扁平零件；③系统所用材料基本上为半导体材料，但也越来越多地使用塑料材料；④机械和电子被集成为相应独立的子系统，如传感器、执行器和处理器等。

对于微机电系统，其零件的加工一般采用特殊方法，通常采用微电子技术中普遍采用的对硅的加工工艺以及精密制造与微细加工技术中对非硅材料的加工工艺，如蚀刻法、沉积法、腐蚀法、微加工法等。

这里简要介绍 MEMS 器件制造中的三种主流技术。

1) 超精密加工及特种加工

以日本为代表，利用传统的超精密加工以及特种加工技术实现微机械加工。微机电系统中采用的超精密加工技术多是由加工工具本身的形状或运动轨迹来决定微型器件的形状。这类方法可用于加工三维的微型器件和形状复杂、精度高的微构件。其主要缺点是装配困难、与电子元器件和电路加工的兼容性不好。

2) 硅基微加工

以美国为代表，分为表面微加工和体微加工。

表面微加工以硅片作基片，通过淀积与光刻形成多层薄膜图形，把下面的牺牲层经刻蚀去除，保留上面的结构图形的加工方法。在基片上有淀积的薄膜，它们被有选择地保留或去除以形成所需的图形。薄膜生成和表面牺牲层制作是表面微加工的关键。薄膜生成通常采用物理气相淀积和化学气相淀积工艺在衬底材料上制作而成。表面牺牲层制作是先在衬底上淀积牺牲层材料，利用光刻形成一定的图形，然后淀积作为机械结构的材料并光刻出所需的图形，再将支撑结构层的牺牲层材料腐蚀掉，从而形成悬浮的、可动的微机械结构部件。

体微加工技术是为制造微三维结构而发展起来的，是按照设计图在硅片(或其他材料)上有选择地去除一部分硅材料，形成微机械结构。体微加工技术的关键技术是蚀刻，通过腐蚀对材料的某些部分有选择地去除，使被加工对象显露出一定的几何结构特征。腐蚀方法分为化学腐蚀和离子腐蚀(即粒子轰击)。

3) LIGA 技术

以德国为代表,LIGA 是德文"光刻"(lithograpie)"电铸"(galvanoformung)"塑铸"(abformung)三个词的缩写。LIGA 技术先利用同步辐射 X 射线光刻技术光刻出所需要的图形,然后利用电铸成型方法制作出与光刻图形相反的金属模具,再利用微塑铸形成深层微结构。LIGA 技术可以加工各种金属、塑料和陶瓷等材料,其优点是能制造三维微结构器件,获得的微结构具有较大的深宽比和精细的结构,侧壁陡峭、表面平整,微结构的厚度可达几百乃至上千微米。

2. 微传感器的特点

随着 MEMS 技术的迅速发展,作为微机电系统的一个构成部分的微传感器也得到长足的发展。微传感器是利用集成电路工艺和微组装工艺,基于各种物理效应的机械、电子元器件集成在一个基片上的传感器。微传感器是尺寸微型化了的传感器,但随着系统尺寸的变化,它的结构、材料、特性乃至所依据的物理作用原理均可能发生变化。

与一般传感器(即宏传感器)比较,微传感器具有以下特点:

(1) 空间占有率小。对被测对象的影响小,能在不扰乱周围环境、接近自然的状态下获取信息。

(2) 灵敏度高,响应速度快。由于惯性、热容量极小,仅用极少能量即可产生动作或温度变化,分辨率高,响应快,灵敏度高,能实时把握局部运动状态。

(3) 便于集成化和多功能化。能提高系统的集成密度,可以用多种传感器的集合体把握微小部位的综合状态量;也可把信号处理电路和驱动电路与传感元件集成于一体,提高系统的性能,并实现智能化和多功能化。

(4) 可靠性高。可通过集成构成伺服系统,用零位法检测,还能实现自诊断、自校正功能。将微传感器集成在电路中可以解决寄生电容和导线过多的问题。

(5) 消耗电力小,节省资源和能量。

(6) 价格低廉。能将多个传感器集成在一起且无需组装,可以在一块晶片上集成多个传感器,从而大幅度节省材料,降低制造成本。

3. 典型微传感器

1) 压阻式微传感器

压阻式微传感器的工作原理是基于半导体材料的压阻效应,即单晶半导体材料沿某一轴向受外力作用时,原子点阵列排列规律将发生变化,导致载流子迁移率及载流子浓度发生变化,使材料的电阻率随之发生变化的现象。压阻式微传感器主要有压阻式微压力传感器、压阻式微加速度传感器、压阻式微流量传感器几种。

压阻式微压力传感器的原理结构及其截面分别如图 2-7 和图 2-8 所示。在硅基框架上有硅薄膜层,通过扩散工艺在该膜层上形成半导体压敏电阻,并用蒸镀法制成电极,构成电桥。根据所采用蚀刻工艺不同,压阻式微压力传感器中的硅膜片可做成圆形或方形结构。膜片一侧与被测系统相连接,称为高压腔,另一侧为低压腔。低压腔可与大气相连,可通参考气压,也可抽成真空。根据压阻效应,膜片受压力作用时,在膜片两侧形成压差,导致膜片变形,引起压敏电阻的阻值变化,经与之相连的电桥电路可将这种阻值变化转换为电桥输出电压的变化(一般为几毫伏)。

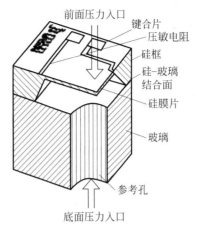

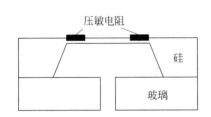

图 2-7　压阻式微压力传感器的原理结构　　　图 2-8　压阻式微压力传感器结构截面图

2）电容式微传感器

采用蚀刻法制成的电容式硅微传感器的主要优点是耗能少、灵敏度高以及输出信号受温度影响小。电容式微传感器主要有电容式微压力传感器、电容式微加速度传感器、电容式微流量传感器几种。

图 2-9 所示为电容式微流量传感器工作原理图,其实质是利用液体流动过程中形成的压力差促使电容传感器极板间距的改变来达到测量流量的目的。其工作原理是在传感器壳体的基底和膜片上分别有一金属电极,两者形成电容器的两极板。当液体流入时,入流和出流端会形成压力差,该压力差将促使膜片电极相对于固定电极的位置改变,从而改变电容器的电容,通过测量电容量和极板间距的变化即可测得液体的流速和流量。

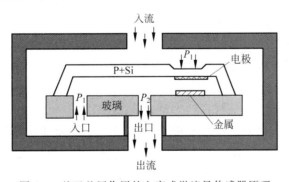

图 2-9　基于差压作用的电容式微流量传感器原理

3）电感式微传感器

电感式微传感器的典型应用是微型磁通门式磁强计,其原理图如图 2-10 所示。其主要由绕向相反的一对激励线圈和检测线圈组成,磁心工作在饱和状态。当没有磁场作用时,在激励线圈中通以正弦交变电流信号,由于两磁心上的线圈绕向相向,则在磁心中的磁通量大小相等、方向相反,在检测线圈中无感应电动势产生。当放入磁场中时,由于磁场叠加的结果,使两个磁心对称性受到破坏,从而在检测线圈中将会产生感应电动势,通过测量该感应电动势可得到磁场的强弱。

4) 热敏电阻式微传感器

图 2-11 所示为利用热敏电阻式传感器测量气体的流速和流量工作原理示意图,其主要由薄膜片、加热电阻和测量电阻等组成。其中,薄膜片由导热性差的材料(如氮化硅或二氧化硅等)构成。同时,在薄膜片上配置一个加热电阻和两个测量电阻(热敏电阻)。其工作原理是:当被测气体介质流经薄膜片的测量电阻时,将会给这两个电阻带来热量(加热)或带走热量(冷却),通过检测测量电阻的温度差即可得到气体的流速或流量。

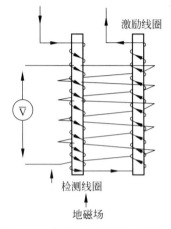

图 2-10 磁通门式磁强计工作原理

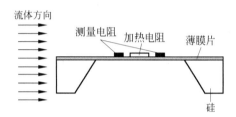

图 2-11 热敏电阻式微传感器工作原理示意图

2.1.4 网络传感器

1. 网络传感器的概念

网络传感器是指传感器在现场级实现网络协议,使现场测控数据能够就近进入网络传输,在网络覆盖范围内实时发布和共享。简单地说,网络传感器就是能与网络连接或通过网络使其与微处理器、计算机或仪器系统连接的传感器。

图 2-12 所示为网络传感器基本结构图,网络传感器主要是由信号采集单元、数据处理单元及网络接口单元组成,这三个单元可以采用不同芯片构成合成式结构,也可以是单片式结构。

网络传感器的核心是使传感器本身实现网络通信协议。目前,可以通过软件方式或硬件方式实现传感器的网络化。软件方式是指将网络

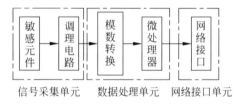

图 2-12 网络传感器基本结构

协议嵌入到传感器系统的 ROM 中,硬件方式是指采用具有网络协议的网络芯片直接用作网络接口。

2. 网络传感器的类型

网络传感器研究的关键技术是网络接口技术。网络传感器必须符合某种网络协议,使现场测控数据能直接进入网络。由于工业现场存在多种网络标准,因此也随之发展起来了多种网络传感器,这些传感器具有各自不同的网络接口单元类型。目前,主要有基于现场总

线的网络传感器和基于以太网(Ethernet)协议的网络传感器两大类。

1) 基于现场总线的网络传感器

现场总线正是在现场仪表智能化和全数字控制系统的需求下产生的,连接智能现场设备和自动化系统的数字式、双向传输、多分支结构的通信网。它可以把所有的现场设备(仪表、传感器与执行器)与控制器通过一根线缆相连,形成现场设备级、车间级的数字化通信网络,可完成现场状态监测、控制、信息远传等功能。传感器等仪表智能化的目标是信息处理的现场化,这也是现场总线技术的目标,是现场总线不同于其他计算机通信技术的标志。

现场总线技术具有明显的优越性,在国际上已成为热门研究开发技术,各大公司都开发出自己的现场总线产品,形成各自的标准。目前常用标准有数十种,在不同领域中得到很好的应用。但由于现场总线标准互不兼容,不同厂家采用各自的总线标准,因此,目前智能传感器和控制系统之间的通信主要以模拟信号为主或在模拟信号上叠加数字信号,很大程度上降低了通信速度,严重影响现场总线式智能传感器的应用。为解决这一问题,IEEE 制定了一个简化控制网络和智能传感器连接标准的 IEEE 1451 标准,提供通用接口标准,有利于现场总线式网络传感器的发展与应用。

2) 基于以太网(Ethernet)协议的网络传感器

随着计算机网络技术的快速发展,将以太网直接引入测控现场成为一种新的趋势。由于以太网技术开放性好、通信速度快和价格低廉等优势,人们开始研究基于以太网(即基于TCP/IP)的网络传感器。该类传感器通过网络介质可以直接接入 Internet 或 Intranet,还可以做到即插即用。将传感器嵌入 TCP/IP,使传感器成为 Internet/Intranet 上的一个节点。

目前,测控系统的设计明显受到计算机网络技术的影响,基于网络化、模块化、开放性等原则,测控网络由传统的集中模式转变为分布模式,成为具有开放性、可互操作性、分散性、网络化、智能化的测控系统。测控网络具有与信息网络相似的体系结构和通信模型。TCP/IP 和 Internet 网络成为组建测控网络,实现网络化的信息采集、信息发布、系统集成的基本技术依托。

3) 基于 IEEE 1451 标准的网络传感器

为了解决智能传感器总线标准兼容性、通用性差的问题,统一不同智能传感器接口与组网协议,美国国家标准技术研究所(NIST)和国际电子电气工程师协会(IEEE)组织制定了IEEE 1451 智能变换器(包括传感器与执行器)接口系列标准,使智能传感器具有互换性、互操作性及即插即用。IEEE 1451 网络化智能传感技术已经是智能传感技术的主要发展趋势之一。

制定 IEEE 1451 标准的目标是开发一种软、硬件的连接方案,使变换器同微处理器、仪器系统或通信网络相连接,该标准不仅实现智能传感器支持多种通信网络,还允许用户根据实际情况选择不同厂家传感器和网络(有线或无线),通过该标准特有的变换器电子数据表格(transducers electronic data sheet,TEDS)实现传感器的即插即用,最终实现不同厂家产品的互换性与互操作性。IEEE 1451 的特点在于:①软件应用层可移植性;②应用网络独立性;③传感器互换性,可使用即插即用方案将传感器连接到网络中。

迄今为止,IEEE 1451 系列标准已有 IEEE 1451.0~IEEE 1451.7 共八个子标准,分为软件接口、硬件接口两大类。软件接口部分由 IEEE 1451.0 和 IEEE 1451.1 组成,定义了通用功能、通信协议及电子数据表格式,以加强 IEEE 1451 系列标准之间的互操作性;硬件接口部分由 IEEE 1451.x(x 代表 2~7)组成,针对具体应用对象和传感器接口,包括点对点接口 TII/UART/RS-232/RS-485/RS-422/USB(IEEE 1451.2 及 IEEE P1451.2)、多点分布式接口 HPNA(IEEE 1451.3)、数模信号混合模式接口(IEEE 1451.4)、无线接口 Bluetooth/ZigBee/IEEE 802.11/ 6LoWPAN(IEEE 1451.5)、CAN 总线接口(IEEE P1451.6)、RFID 接口(IEEE 1451.7)。图 2-13 所示为 IEEE 1451 标准族(IEEE 1451.1~IEEE 1451.6)。IEEE 1451 标准将网络化智能传感器划分为网络适配器(network capable application processor,NCAP)、智能变送器接口模块(transducer interface module,TIM),两者通过 IEEE 1451.x(x 代表 2~7)传感器接口连接。

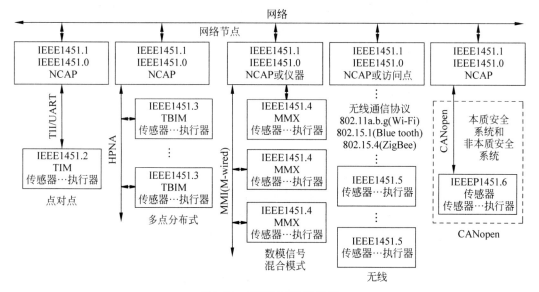

图 2-13 IEEE 1451 标准族

IEEE 1451 系列标准涵盖的各类接口能较好解决不同网络之间兼容性问题,使各厂家产品实现良好的互换。基于 IEEE 1451 标准的网络化智能传感器技术代表了下一代传感技术的发展方向。

图 2-14 所示为 IEEE 1451 网络化智能传感器结构。为使智能功能接近实际测控点和适应不同通信网络,IEEE 1451 标准将网络化智能传感器划分为网络适配器(NCAP)和智能变送器接口模块(TIM),两者通过 IEEE 1451.x(x 代表 2~7)传感器接口连接。NCAP 主要功能是实现网络通信、传感数据校正等,网络管理单元通过 NCAP 访问 TIM。TIM 是

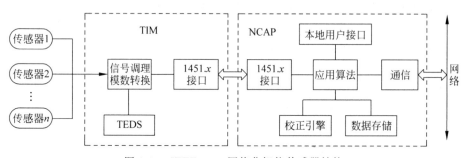

图 2-14 IEEE 1451 网络化智能传感器结构

NCAP 与传感器之间的实际连接部件,最多连接 255 个传感器,完成信号调理、模拟数字信号转换(A/D、D/A)、TEDS 定义等功能。传感器接口、TEDS 是实现网络化智能传感器即插即用功能的核心技术,TEDS 用于系统地描述 TIM 及各传感通道的类型、参数、操作方式和属性。NCAP 中的校正引擎用于对传感数据进行校正。

2.1.5 机器视觉

1. 机器视觉概述

机器视觉是利用机器代替人眼进行测量和判断。机器视觉系统是指通过机器视觉产品(即 CMOS 或 CCD 图像摄取装置)将被摄取目标转换成图像信号,传送给专用的图像处理系统,由图像处理系统获得被摄目标的形态信息,并根据像素分布和亮度、颜色等信息转变成数字化信号;图像系统对图像数字化信号进行各种运算以抽取目标的特征和判断目标状态,进而根据判断的结果对现场设备的动作进行控制。其运用到了现代先进的计算机技术、传感技术和控制技术。

典型的机器视觉系统主要由光源、镜头、相机(包括 CMOS 相机和 CCD 相机)、图像处理单元(或图像捕获卡)、图像处理软件、监视器、通信/输入输出单元等组成。

2. 机器视觉的应用领域

机器视觉系统可以快速获取大量信息,而且易于自动处理,也易于同设计信息以及加工控制信息集成,机器视觉系统可以大大提高生产的柔性和自动化程度。因此,机器视觉系统广泛应用于现代自动化生产过程中工况监视、成品检验和质量控制等领域,特别是在大批量生产中产品缺陷的检测方面,机器视觉检测可以大大提高生产效率和生产的自动化程度,解决人工观察检测产品方式效率低且精度不高的问题;机器视觉还可以很好地应用在某些不适合于人工作业的危险工作环境或人工视觉难以满足要求的场合。

根据检测性质分类,机器视觉工业检测系统分为定量和定性检测两大类。机器视觉检测系统可应用在以下几方面:①长度、角度测量;②圆弧、半径测量;③检测,如物品有无缺陷、残次品等检测和数量统计;④物品及局部部件定位;⑤识别,如颜色识别。下面以焊接机器人利用机器视觉系统实现焊缝跟踪为例介绍机器视觉应用。

自动焊接与人工焊接相比,可保证焊接质量的一致性。汽车工业使用的机器人大约一半是用于焊接,但是自动焊接需要保证被焊接工件位置的精确性。传统机械式或电磁式传感器检测工件需要接触或接近工件金属表面,使工作速度慢、调整难。而机器视觉正好解决了这一问题,它可以直接动态测量和跟踪焊缝的位置和方向。图 2-15 是机器视觉导引焊接机器人系统架构图。机器视觉由激光扫描器/摄像机、摄像机控制单元(camera control unit,CCU)、信号处理计算机(signal processing computer,SPC)三个功能部件组成,如图 2-15 中虚线部分。激光扫描器/摄像机安装在机器人的操作手上,激光聚焦到伺服控制的反射镜上,形成一个垂直于焊接的扇面激光束,线阵 CCD 摄像机获取该光束在工件上形成的图像,利用扫描的角度和成像的位置便可以计算出激光点的 y-z 坐标位置,即得到工件的剖面轮廓图像,并可在监视器上显示。剖面轮廓数据经 CCU 传送至 SPC,将该剖面数据与操作手预先选定的焊接接头相比较,一旦匹配成功即可确定焊接的有关位置数据,并通过串口将有关位置数据送至机器人控制器。图 2-16 是机器视觉导引焊接机器人控制示意图。

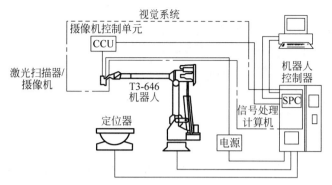

图 2-15　机器视觉导引焊接机器人系统架构图

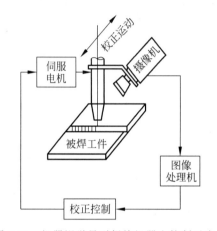

图 2-16　机器视觉导引焊接机器人控制示意图

3. 常用的机器视觉软件

机器视觉的硬件设计与软件设计都至关重要,软件设计在智能检测与控制中所起的作用越来越重要,视觉系统的软件设计是一个复杂的课题,需考虑程序设计的最优化与算法的有效性。目前,一些公司也相继推出自己的机器视觉软件开发环境和智能算法,如 LabVIEW 软件、Vision Pro、HALCON 和 OPENCV 等。

2.1.6　多传感器数据融合技术

1. 多传感器数据融合系统及特点

人类具有将自身的各种器官(如眼、耳、鼻和皮肤等)所感受的信息(景物、声音、气味和触觉等)与先验知识进行综合的能力,以便对其周围的环境和正在发生的事件作出评估。现代传感技术中的多传感器数据融合技术能模拟上述人类综合处理复杂问题的能力,该技术形成于 20 世纪 80 年代,目前已成为现代传感技术的研究热点。

多传感器数据融合系统是利用计算机对多个同类或不同类传感器检测的数据,在一定准则下进行分析、综合、支配和使用,消除多传感器信息之间可能存在的冗余和矛盾,加以互补,降低其测量不确定性,获得对被测对象的一致性解释与描述,形成对应的决策和估计的

智能传感器系统。与单一传感器检测系统相比,多传感器数据融合系统具有以下优势:

（1）扩大了时间和空间的感知范围。多传感器数据融合系统利用不同传感器检测的信息进行互补,消除单传感器的工作盲区,可以全面地描述检测对象,克服单一传感的片面性,提高了认知的全面性和正确性。

（2）提高了系统的精度和分辨能力。单一传感器的检测数据存在噪声和误差,多传感器数据融合系统通过数据融合处理可降低测量不精确所引起的不确定性和模糊性,改善信息的精确度和可信度。

（3）增强了系统的自适应能力和健壮性。当个别传感器发生故障时,系统仍能自动调整系统结构正常工作,提高系统的生存能力。多传感器对环境描述能力的互补、冗余和相关特征,能保证数据融合结果具有很好的容错性和可靠性,从而提高系统的健壮性。

（4）提高了系统的运行时效。多传感器数据融合系统的多源信息采集和数据并行处理机制,显著提高了信息的传输和处理速度,提高了系统的实时性,同时也是解决信息泛滥的有效方法。

（5）提高了资源利用率。传感器数据融合系统充分利用先进的调度和管理机制,最大限度发挥资源的利用率,以较小的成本获得高质量的输出信息。

2. 多传感器数据融合技术

多传感器数据融合系统不同于一般的单个或多个传感器的测量,是在多个传感器测量结果基础上更高层次的综合决策过程。多传感器数据融合包含多传感器融合和数据融合。

多传感器融合是指多个基本传感器在空间和时间上的复合设计与应用,常称多传感器复合。多传感器融合能在极短时间内获得大量数据,实现多路传感器的资源共享,提高系统的可靠性和健壮性。多传感器融合有四个级别,如表 2-1 所示。

表 2-1　多传感器融合的四个级别

级别	复合类型	特　征	实　例
0	同等式	（1）各个分离的传感器集成在一个平台上; （2）每个传感器的功能独立; （3）各传感器的数据不互相利用	（1）导航雷达; （2）夜视镜
1	信号式	（1）各个分离的传感器集成在一个平台上; （2）各传感器的数据可用来控制其他传感器工作	（1）遥控和遥测; （2）炮瞄雷达
2	物理式	（1）多传感器组合为一个整体; （2）多传感器位置明确; （3）共口径输出数据; （4）各传感器的数据可用来控制其他传感器工作	（1）交通管制; （2）工业过程监控
3	融合式	（1）各传感器数据的分析相互影响; （2）处理后的整体性能优于各传感器的简单相加; （3）结构合成是必需的	（1）机械手; （2）机器人

数据融合也称信息融合,是指利用计算机对获得的多个信息源信息,在一定准则下加以自动分析、综合,以完成所需的决策和评估任务而进行的信息处理技术。数据融合按层次由低到高分为数据级融合、特征级融合和决策级融合三个融合层次。

（1）数据级融合。针对传感器采集的数据,根据传感器类型进行同类数据的融合。数据级融合仅处理同类传感器采集的数据。

（2）特征级融合。特征级融合是提取所采集数据包含的特征向量，用来体现测量对象的属性，即测量对象特征的融合。如在图像数据融合中，可以采用图像边沿的特征信息提取，来代替全部图像数据信息。

（3）决策级融合。决策级融合是根据特征级融合所得到的数据特征，进行一定的判别、分类以及简单的逻辑运算，根据应用需求进行较高级的决策，是高级的融合。决策级融合是面向应用的融合。比如在森林火灾的监测监控系统中，通过对于温度、湿度和风力等数据特征的融合，可以断定森林的干燥程度及发生火灾的可能性等。这样，需要发送的数据就不是温湿度的值以及风力的大小，而只是发送发生火灾的可能性及危害程度等。在传感网络的具体数据融合实现中，可以根据应用的特点来选择融合方式。

2.2 网络化虚拟仪器技术

2.2.1 网络化虚拟仪器

1. 虚拟仪器

飞速发展的计算机技术和网络通信技术为测控仪器虚拟化、网络化发展提供了基础条件。20世纪80年代，美国国家仪器公司（National Intrument，NI）提出了虚拟仪器（virtual instrument，VI）的概念，目前虚拟仪器是仪器发展的一个重要方向。所谓虚拟仪器是指利用通用计算机硬件平台和相应高性能测试功能的测试硬件，结合高效、灵活的仪器软件，来完成各种测试、测量和自动化的应用。虚拟仪器在计算机屏幕上虚拟仪器面板及按键、旋钮等交互功能，操作者可通过鼠标或键盘来操作虚拟化的仪器。

"软件即仪器"是NI公司提出的虚拟仪器理念的核心思想。虚拟仪器通过软件将计算机硬件资源与仪器硬件有机结合，将计算机强大的计算处理能力和仪器硬件的测量、控制能力结合在一起，大大地降低了仪器硬件成本、减小了仪器体积，并通过软件实现数据显示、存储和处理分析。

虚拟仪器由计算机、应用软件和测量硬件组成，如图2-17所示。计算机负责测量信号的处理分析和处理，是整个虚拟仪器硬件的核心，计算机可以是PC机或工作站。计算机上必须配备专用应用软件，如LabVIEW。测量硬件具有高性能测试和输入输出功能，根据计算机总线标准，测量硬件可能有PCI（peripheral component interconnect，外设部件互联标准）、PXI（PCI extensions for instrumentation，面向仪器系统的PCI扩展）、VXI（VMEbus extention for instrumentation，面向仪器系统的VME总线扩展）、串行总线、GPIB（general-purpose interface bus，通用接口总线）、USB、PCMCIA（personal computer memory card international association，个人计算机存储卡国际协会）、1394等不同的接口类型，相对应的有PC-DAQ（data acquisition，数据采集）虚拟仪器系统、PXI总线虚拟仪器系统、VXI总线虚拟仪器系统、串行总线虚拟仪器系统、GPIB虚拟仪器测试系统等。NI公司提供上述多种总线标准数据采集卡，如PCI6023、PCI6220、PXI7852、PXI6239、USB9219等。

虚拟仪器技术与传统仪器技术的对比如表2-2所示。总结起来，虚拟仪器技术具有如下四大优势。

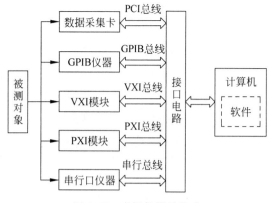

图 2-17 虚拟仪器的构成

表 2-2 虚拟仪器技术与传统仪器技术的对比

比 较 项 目	传 统 仪 器	虚 拟 仪 器
功能	厂家定义	用户自定义
可连接设备	厂家定义	可与任何标准总线外设连接
维护费用	高	低
技术更新	周期长(5～10 年)	周期短(0.5～1 年)
价格	较高	较低
架构	固定	开放、灵活、可重复配置使用
二次开发	不可以	可以
显示	厂家定义	用户自定义
记录	厂家定义	用户自定义
测试过程	手动设置	编程设置

1)性能高

虚拟仪器技术占据了以 PC 技术为主导的最新商业技术的优点,包括高性能处理器和文件 I/O,数据高速导入磁盘的同时便能实时进行复杂的处理分析。此外,快速发展的网络通信技术使虚拟仪器技术展现出更大的优势。

2)扩展性强

由于 NI 测控软件的高度灵活性,只需更新计算机或测量硬件,便能以最少的硬件投资和无需或极少的软件升级即可改进整个系统,轻松地创建、发布、维护和提供高性能、低成本的测量和控制解决方案。

3)节约时间

在驱动和应用两个层面上,NI 高效的软件构架能与计算机、仪器仪表和通信方面的最新技术迅速结合。NI 这一软件构架除了方便用户操作,同时还实现了系统的高度灵活性和强大功能,在较低成本的前提下加速产品开发、上市的时间。

4)无缝集成

随着测量产品功能不断趋于复杂,传统仪器通常需要集成多个测量设备来满足复杂的测试需求,而连接和集成不同设备需要耗费大量的时间。虚拟仪器技术从本质上说是一个集成的软硬件概念。NI 的虚拟仪器软件平台为所有的 I/O 设备提供了标准接口,可轻松地将多个测量设备集成到单个系统中,降低了任务的复杂性。

2. 网络化虚拟仪器

部分现代测控系统中,测量对象越来越多且空间分布广泛,需要测量、处理的数据量非常大且这些数据相互关联,传统的单机测量已不能满足这样的测量要求,网络化已成为测控技术的趋势,而网络化虚拟仪器就是网络化测控的重要方面。网络化虚拟仪器是指将测试中的计算机、测量硬件、被测试点、软件资源以及测量数据等纳入通信网络进行资源共享,共同完成测试任务,实现远程测量、控制功能。它是网络技术与虚拟仪器技术相结合的产物。

利用传统的网络接口卡(network interface card,NIC)将虚拟仪器接入网络是最简便的虚拟仪器网络化方法。通过指定 IP 地址和端口,任何一台带有 NIC 的计算机都能方便地与网络上的其他计算机进行信息交换。在测控领域,除了 NIC 外,还有 GPIB-ENET/100、RS233-NET 等转换卡,将不具备联网功能的设备仪器连接到网络上。图 2-18 是网络化虚拟仪器的架构图。

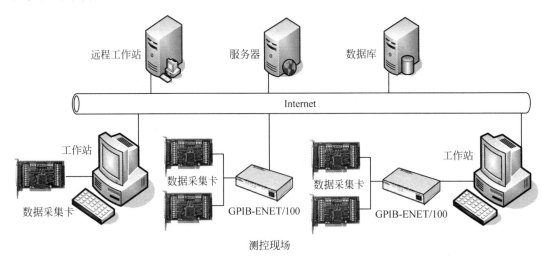

图 2-18　网络化虚拟仪器的架构

网络化虚拟仪器的软件开发可采用通用编程语言(如 Visual C++、Visual Basic),也可采用专门的虚拟仪器软件开发工具(如 LabVIEW、LabWindows/CVI 和 HPVEE),其中,Visual C++、Visual Basic、LabWindows/CVI 是文本式编程语言,LabVIEW、HPVEE 是图形化编程语言。最流行的是 LabVIEW 和 LabWindows/CVI,它们是 NI 公司推出的专门面向计算机测控领域虚拟仪器的软件开发平台,而且都有强大的网络开发功能。

2.2.2　LabVIEW 虚拟仪器软件

实验室虚拟仪器工作平台(laboratory virtual instrument engineering,LabVIEW)是 NI 公司推出的一种基于 G 语言(graphics language,图形化编程语言)的虚拟仪器软件开发工具,是目前应用最广泛的虚拟仪器开发环境之一,主要应用于仪器控制、数据采集、数据分析、数据显示等领域,适用于 Windows、Macintosh 和 UNIX 等多种操作系统平台。

LabVIEW 集成符合 GPIB、VXI、RS-232 和 RS-485 协议的硬件和数据采集卡的全部功能,内置 TCP/IP、ActiveX 等软件标准的库函数,特别适用于虚拟仪器的设计和开发。另外,LabVIEW 还提供了 TCP/UDP 通信技术、DataSocket 技术、基于 Web 的远程发布、Remote Device Access 等多种网络通信技术,这为基于 LabVIEW 的网络化虚拟仪器开发提供了十分便利的条件和基础。

采用 LabVIEW 编程的应用程序通常被称为虚拟仪器程序(virtual instruments,VIs),它主要由前面板(front panel)、框图程序(block diagram)以及图标和连接器端口(icon and connector)三部分组成。其中,前面板的外观、操作及功能与传统的仪器(如示波器、万用表)的面板类似;而框图程序则是使用功能函数对数据采集卡采集的数据、通过用户界面输入的数据或其他源数据进行处理,并将信息显示在前面板上,或将信息保存到文件或其他计算机上,功能类似于传统仪器内部数据处理电路的功能。

1) 前面板

前面板是图形用户界面,即虚拟仪器面板。该界面上有交互式的输入和输出,包括控制器(controller)和指示器(indicator)两类对象。控制器包括开关、旋钮、按钮和其他输入设备;指示器包括图形(graph 和 chart)、LED 和其他显示输出对象。图 2-19(a)所示是简单随机信号发生器 VI 的前面板,由一个显示对象波形图和一个控制对象"停止"按钮组成。

2) 框图程序

框图程序提供 VI 的图形化源程序。在框图程序中对 VI 编程,实现控制和操纵定义在前面板上的输入和输出功能。框图程序由节点和数据连线组成,节点是 VI 程序中类似于文本编程语言程序中的语句、函数或者子程序的基本组成元素,节点之间由数据连线按照一定的逻辑关系进行连接,以定义框图程序内的数据流程。随机信号发生器的框图程序如图 2-19(b)所示。

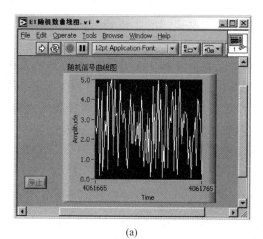
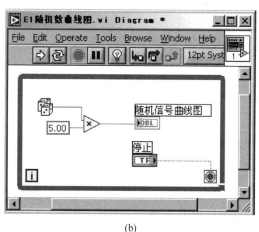

(a)　　　　　　　　　　　　　(b)

图 2-19　随机信号发生器的 VI

(a) 前面板;(b) 框图程序

3) 图标和连接器端口

VI 具有层次化和结构化的特征。用户可把一个 VI 作为子程序,称为子 VI(subVI),供其他 VI 调用。图标与连接端口是框图程序中 VI 的识别符,当被其他 VI 调用时,图标代表子 VI 中的所有框图程序。而连接端口表示子 VI 与调用它的 VI 之间进行数据交换的输入输出关系端口,相当于图形化的参数,通常连接端口隐藏在图标中。在图标的右键弹出菜单中选择 VisualItem\Terminals,可以将图标切换到连接端口状态。

2.3 人工智能技术

2.3.1 人工智能概述

1. 人工智能发展阶段

人工智能(artificial intelligence,AI)是研究、开发用于模拟、延伸和扩展人的智能的理论、方法、技术及应用系统的一门新的技术科学。从现阶段技术目标看,人工智能主要研究如何用计算机程序、自动化机械去实现以往只有人类才能完成的感知、学习、决策与执行任务,或增强人类完成这些任务的能力。

按照人工智能的发展趋势,可将其分为弱人工智能、强人工智能和超人工智能三大发展阶段。

什么是
人工智能

1) 弱人工智能

弱人工智能是对人思维过程的简单模拟,擅长于单个方面的人工智能。弱人工智能是利用现有智能化技术来改善经济社会发展所需要的一些技术条件和发展功能,但并不真正拥有人的智能,也没有自主意识。

2) 强人工智能

强人工智能是指各方面都能和人类比肩的人工智能,人类能干的脑力活它都能干。Linda Gottfredson 教授把智能定义为:"一种宽泛的心理能力,能够进行思考、计划、解决问题、抽象思维、理解复杂理念、快速学习和从经验中学习等操作。"

3) 超人工智能

超人工智能是指各方面都比人类强一点,也可以是各方面都比人类强万亿倍,能够准确回答几乎所有困难问题,能够执行任何高级指令和开放式任务,拥有自由意志和自由活动能力的独立意识。牛津大学哲学家、智能人工智能思想家 Nick Bostrom 把超级智能定义为:"在几乎所有领域都比最聪明的人类大脑聪明很多,包括科学创新、通识和社交技能。"

目前人工智能的发展仍将长期处于弱人工智能阶段,机器学习是现阶段人工智能最主流的技术路径。

2. 人工智能技术体系

基于人的认知要素,现阶段实现人工智能的要素可归纳为智能感知(对应人的感知)、数据标签与标注(对应人的记忆)、深度学习(对应人的学习)、决策与执行(对应人的行动)、AI能力评价(对应人的总结及提升)五大要素。

1) 智能感知

智能感知是通过各种智能感知能力与外界进行交互,将采集到的外部信息转化为机器可识别的信息或数据。智能感知能力包括机器的视觉、听觉、触觉等感知能力。智能传感器作为网络化、智能化、系统化的自主感知器件,是实现人工智能感知能力的基础。

智能传感器属于人工智能的神经末梢,是智能感知最核心的元件,各类智能传感器的大规模部署和应用是人工智能技术发展不可或缺的基本条件。智能传感器本身具备的各类自主功能是"智能"的主要表现,包括针对安装使用过程中的自主校零、自主标定、自主校正等功能;使用过程中应对各类环境干扰及变化的自动补偿功能;工作状态下的数据采集及自主分析、数据处理及执行干预等本地逻辑功能;数据采集后的上传及系统指令的决策处理功能等,特别是面对无人值守应用环境,以及大数据分析中数据采集的自学习功能等,这些都是传感器智能化的体现。

2) 数据标签与标注

数据标签与标注是基于机器学习的数据补全、分类、理解、纠错和批注等数据处理技术研究,针对关键环节建立标准技术与方法体系,研究以数据驱动与数据引导相结合的人工智能新方法、以自然语言理解和图像图形为核心的认知计算架构、综合深度推理方法、数据驱动的通用人工智能学习模型进行数据的计算和交互,实现以数据驱动为核心、面向行业应用的数据服务技术应用,并开展大规模数据认知、提取和输出服务。

3) 深度学习

深度学习是人工智能领域的一个重要环节,其核心在于建立模拟人脑进行分析学习的神经网络,模仿人脑机制来解释数据,如图像、声音和文本。深度学习包括机器学习基础理论、机器学习方法、深度学习芯片以及学习计算平台等主要技术。

机器学习基础理论主要涉及知识表示、自动推理和搜索方法、机器学习和知识获取、知识处理系统、自动程序设计等方面。

机器学习方法包括经验性归纳学习、分析学习、类比学习、遗传算法、联结学习(人工神经网络)、增强学习等方法以及机器学习技术应用平台等。

深度学习芯片是人工智能产业链的核心和基础,在实现人工智能的过程中,算法、数据与硬件是三大不可或缺的基本要素,而芯片是硬件的最主要组成部分,是支持智能算法和数据运行的载体。

学习计算平台是指以高性能计算资源为基础向第三方提供计算资源、存储资源等服务的系统或机构,是大数据时代背景下发展人工智能应用的重要硬件基础。计算平台主要包括云计算支撑平台和超级计算支撑平台。

4) 决策与执行

现阶段人工智能决策与执行的基本特征就是模拟人的智能和行为的操作,根据状态信息自动决策,执行某种人们所期待的自动化的、顺人意的功能。从机械式到电子式,从电子式到数字式,从数字式到软件式,各种基于科学效应而实现。人工智能决策与执行最终实现的是面向行业的应用,包括智能制造、智能机器人、智能教育、智能医疗、智能运载工具、智能终端、智能家居、智能物流、智能交通、智能农业、公共安全等。

5) AI能力评价

AI能力评价是针对智能感知、数据标签与标注、深度学习、决策与执行四大要素实施过程和实现效果进行评估和反馈,使得各要素的人工智能实现能力得到不断纠正和提升。

3. 人工智能发展趋势

1) 大数据成为人工智能持续快速发展的基石

随着新一代信息技术的快速发展,数据处理能力和处理速度实现了大幅提升,机器学习算法快速演进,大数据的价值得以展现。与早期基于推理的人工智能不同,新一代人工智能是由大数据驱动的,通过给定的学习框架,不断根据当前设置及环境信息修改、更新参数,具有高度的自主性。随着智能终端和传感器的快速普及,海量数据快速累积,基于大数据的人工智能也因此获得持续快速发展的动力来源。

2)文本、图像、语言等信息实现跨媒体交互

当前,计算机图像识别、语音识别和自然语言处理技术在准确率及效率方面取得了明显进步,并成功应用在无人驾驶、智能搜索等垂直行业。与此同时,随着互联网、智能终端的不断发展,多媒体数据呈现爆炸性增长,并以网络为载体在用户之间实时、动态传播。未来人工智能将逐步向人类智能靠近,模仿人类综合利用视觉、语言、听觉等感知信息,实现识别、推理、设计、创作、预测等功能。

3)基于网络的群体智能技术开始萌芽

随着互联网、云计算等新一代信息技术的快速应用及普及,大数据不断积累,深度学习及强化学习等算法不断优化,人工智能研究的焦点,已从单纯用计算机模拟人类智能打造具有感知智能及认知智能的单个智能体,向打造多智能体协同的群体智能转变。

4)自主智能系统成为新兴发展方向

随着生产制造智能化改造升级的需求日益凸显,通过嵌入智能系统对现有的机械设备进行升级成为更加务实的选择,也是"中国制造2025""德国工业4.0"、美国工业互联网等国家战略的核心举措。在此引导下,自主人工智能系统正成为人工智能的重要发展及应用方向。

5)人机协同正在催生新型混合智能形态

人类智能在感知、推理、归纳和学习等方面具有机器智能无法比拟的优势,机器智能则在搜索、计算、存储、优化等方面领先于人类智能,两种智能有很强的互补性。人与计算机协同,互相取长补短将形成一种新的"1+1>2"的增强型智能,也就是混合智能,这种智能是一种双向闭环系统。在此背景下,人工智能的根本目标已经演进为提高人类智力活动能力,更智能地完成复杂多变的任务。

2.3.2 人工智能技术产品

人工智能技术产品与传感技术紧密相关,包括基础层、技术层和应用层三个层次的产品。基础层主要产品包括智能传感器、智能芯片、算法模型等;技术层主要产品包括语音识别、计算机视觉、自然语言处理等;应用层主要产品包括智能机器人、智能金融、智能医疗、智能安防、智能驾驶、智能搜索、智能教育和智能家居等。

1. 基础层主要产品

1)智能传感器

智能传感器已广泛应用于智能机器人、智能制造系统、智能安防、智能家居、智能医疗等各个领域。在智能机器人领域,智能传感器使机器人具有了视觉、听觉和触觉,可感知周边环境,完成各种动作,并与人发生互动,包括触觉传感器、视觉传感器、超声波传感器等。在智能制造领域,利用智能传感器可直接测量与产品质量有关的湿度、压力、流量等指标,利用深度学习等计算,推断出产品的质量,包括液位、能耗、速度等。在安防、家居、医疗等与人类生活密切相关的领域,智能传感器也广泛搭载于各类智能终端,包括光线传感器、距离传感器、重力传感器、陀螺仪、心率传感器等。

2）智能芯片

数据和运算是深度学习的基础。可以用于通用基础计算且运算速率更快的GPU（graphics processing unit，即图形处理单元）迅速成为人工智能计算的主流芯片。2015年以来，英伟达公司的GPU得到广泛应用，并行计算变得更快、更便宜、更高效，最终导致人工智能大爆发。同时，与人工智能更匹配的智能芯片体系架构的研发成为人工智能领域的研究热点。

2. 技术层主要产品

1）语音识别

语音识别技术在电子信息、互联网、医疗、教育、办公等多个领域得到广泛应用，形成了智能语音输入系统、智能语音助手、智能音箱、车载语音系统、智能语音辅助医疗系统、智能口语评测系统、智能会议系统等产品。实现陪伴聊天、文字录入、事务安排、信息查询、身份识别、设备控制、路径导航、会议记录等功能，优化了复杂的工作流程，提供了全新的用户体验。

2）计算机视觉

目前，智能图片搜索、人脸识别、指纹识别、扫码支付、视觉工业机器人、辅助驾驶等计算机视觉产品正在深刻改变着传统行业。针对种类繁杂、形态多样的图形数据和应用场景，基于系统集成硬件架构和底层算法软件平台定制综合解决方案，面向需求生成图像视频模型与行为识别流程，为用户提供丰富场景分析功能与环境感知交互体验。

3. 应用层产品

1）智能机器人

智能机器人包括智能工业机器人、智能服务机器人和智能特种机器人三个子领域。

智能工业机器人由操作机、控制器、伺服驱动系统和检测传感装置构成，是一种能仿人操作、自动控制、可重复编程、能在三维空间完成各种作业的机电一体化自动化生产设备。

智能服务机器人指半自主或全自主工作，完成有益于人类健康、生活便利服务工作的机器人，不包括从事生产的设备。目前，全球服务机器人市场总值正以20%～30%速度增长，服务机器人成为21世纪高技术服务业的重要组成部分。

智能特种机器人指针对危险场合及特殊行业应用需求，如在水下作业、灾难探测搜救、森林防火监测、农业喷洒、军事用途、民用防暴、特种环境作业等方面应用的机器人，未来特种机器人发展将朝智能化、精细化、大型化和多功能化等方向发展。

2）智能运载

智能运载技术是集成先进的无人驾驶、智能感知、遥测遥控、高速通信、精准定位与遥感应用等技术，实现无人操控装备智能化、专用化、协同化复杂任务执行的技术。智能运载技术正在颠覆以人为核心的传统驾驶方式，催生了全新的应用服务体系，迅速发展并广泛应用于军事、政治、国民经济等各个领域。目前，智能运载技术已形成无人机、无人船、无人车等成熟的细分领域。

无人机是利用无线电遥控设备和自备的程序控制装置的不载人飞机，包括无人直升机、固定翼机、多旋翼飞行器、无人艇、无人伞翼机等。无人机在航拍、执法侦查、安全监控、抢险救灾、搜救搜查、气象监测、农业植保等领域广泛应用。

　　无人船作为一种借助精确卫星定位和自身传感等系统,按照预设任务在水面航行的搭载平台,可与其他水面平台、水下运载器、无人机等实现协同作业。无人船在水质监测、水下测绘、核辐射在线监测、水面清洁、流速和流量测量、海洋监测和管理、反走私等领域具有广阔应用前景。

　　无人车是通过车载传感系统感知道路环境,自动规划行车路线并控制车辆到达预定目标的智能汽车。它利用车载传感器来感知车辆周围环境,并根据感知所获得的道路、车辆位置和障碍物信息控制车辆的转向和速度,从而使车辆能够安全、可靠行驶。无人车在交通运输、道路治理、治安管理、地图测绘、环境监测等领域具有潜在的应用前景。

　　3) 智能家居

　　智能家居是指在家庭物理场景下及家庭人文环境中利用物联网、先进传感器、人工智能等技术,实现物物相连,构建智能化服务的系统解决方案,最终让家庭生活更健康、低碳、智能、舒适、安全和便捷。国家十分重视智能家居的发展,在国家《新一代人工智能发展规划》中指出智能家居作为几个重点领域之一,开展人工智能应用试点示范,推动人工智能规模化应用,全面提升产业发展智能化水平。智能家居核心技术支撑及关键服务场景包括智能家电、智能照明、智能安防等。

　　智能家电就是将微处理器、传感器技术、网络通信技术引入家电设备后形成的家电产品,具有自动感知住宅空间状态和家电自身状态、家电服务状态,能够自动控制及接收住宅用户在住宅内或远程的控制指令。同时,智能家电作为智能家居的重要组成部分,能够与住宅内其他家居设施互联组成系统,实现智能家居功能。

　　智能照明是指照明系统自主感知场景、人员、能源等各方面需求,并综合性地变化照明系统运行参数的技术。

　　智能安防是集基础网络技术、物理感测技术、视频监控技术、大数据技术、云计算技术等于一体,着力于解放人力、高效率预判风险的综合性安防系统。智能安防领域的企业主要分为人工智能芯片、硬件和系统、软件算法三大类别。智能安防可应用于家庭家居报警、厂区园区巡逻、校园监控、城市监控等从微观到宏观的各类场景。

习题与思考

1. 什么是智能传感器? 智能传感器有什么特点?

2. 什么是微传感器? 微传感器有什么特点和应用?

3. 什么是多传感器融合技术? 有哪几个级别?

4. 什么是网络传感器? 网络传感器是如何分类的?

5. 虚拟仪器有什么特点?

6. 什么是人工智能? 其发展趋势包括哪几个阶段?

7. 人工智能技术体系包括哪些要素?

8. 人工智能技术产品主要包括哪些典型应用?

课程思政

名人故事——"中国天眼之父"南仁东

南仁东视频介绍

　　南仁东,我国著名天文学家,国家重大科技基础设施建设项目——"中国天眼"500m 口径球面射电望远镜(简称 FAST)工程的发起者和奠基人,被誉为"天眼之父"。他主导提出利用我国贵州省喀斯特洼地作为望远镜台址,从论证立项到选址建设历时 22 年,主持攻克了一系列技术难题,为 FAST 重大科学工程的顺利落成发挥了关键作用,作出了重要贡献。他不计个人名利得失,长期默默无闻地奉献在科研工作第一线,与全体工程团队一起通过不懈努力,迈过重重难关,实现了中国拥有世界一流水平望远镜的梦想。

　　在其他国家重大需求中,南仁东参加了探月工程早期科学数据下行和 VLBI 精密测轨方案论证。首次确认了密云 50m 天线接收下传数据的可行性。参与 USB 测控网与中国 VLBI 网结合进行卫星精密定轨的方案论证。在 50m 天线前期设计阶段,提出主反射面背架隔离的"金字塔"形结构方案建议,被天线设计单位采纳。主持了上海天马 65m 天线立项评审,提出 65m 应以天体测量与深空探测为主要任务,参加了其建设期间的国内外专家评审,并主持了其设备验收。对无源雷达"维拉"技术原理做出精准推测,包括其利用同源信号到达不同接收站的多路径延迟差测距的工作原理、单个接收站的性能指标和雷达布站,并提出利用大型射电望远镜 FAST 作为战略性设备来建立电子情报系统。

　　南仁东是在实施创新驱动发展战略、建设创新型国家进程中涌现出的时代楷模,是新时代科技工作者的杰出代表和光辉典范。他是勇担民族复兴大任的"天眼"巨匠,为科学事业奋斗到生命最后一刻,用无私奉献的精神谱写了精彩的科学人生,鲜明体现了胸怀祖国、服务人民的爱国情怀,敢为人先、坚毅执着的科学精神,淡泊名利、忘我奉献的高尚情操,真诚质朴、精益求精的杰出品格,不愧为广大科技工作者的优秀代表,不愧为全社会学习的榜样。

　　2017 年 11 月 17 日,中央宣传部向全社会公开发布南仁东的先进事迹,追授他"时代楷模"荣誉称号。2018 年 12 月 18 日,中共中央、国务院授予南仁东"改革先锋"称号,并颁发改革先锋奖章。

中篇

项目设计

第3章

电阻式与热电式传感器的应用

3.1 课件　　3.2 课件

学习目标

知识能力：了解电阻式传感器的基本原理，掌握电阻应变式、半导体压阻式传感器、热电偶、热电阻和热敏电阻在各种检测中的应用。

实操技能：掌握电阻式传感器的识别、选用和检测方法。

综合能力：提高学生分析问题和解决问题的能力，加强学生沟通能力及团队协作精神的培养。

思政目标

培养学生的家国情怀，学习科学家为国家甘于沉默奉献、攻坚克难的精神。

电阻式传感器利用非电量（如力、位移、加速度、角速度、温度、光照度等）的变化，引起电路中电阻的变化，从而把不易测量的非电量转化为电量，以便于测量，这种用途的电阻称为电阻式传感器。

热电偶、热电阻和热敏电阻属于热电式传感器，是一种能将温度变化转换成电量变化的元件。热电阻和热敏电阻是将温度变化转换成电阻变化的测温元件。

本章通过电阻式传感器在位移测量上的应用介绍电阻应变式传感器的使用，通过数字温度计的制作介绍热电式传感器在温度测量中的应用。

3.1　基于电阻应变式传感器的位移特性测量

知识能力

3.1.1　电阻应变式传感器

电阻应变式传感器是利用电阻应变效应制造的一种测量微小变化量的传感器。将电阻应变片粘贴到各种弹性敏感元件上，可构成测量力、力矩、位移、加速度、重量等各种参数的电阻应变式传感器。它是目前应用最广泛的传感器之一。

电阻应变式传感器中,弹性敏感元件是传感器中的敏感元件,要根据被测参数来设计或选择它的结构形式。电阻应变片是传感器中的转换元件,是电阻应变式传感器的核心元件。

电阻应变式传感器的基本原理是电阻应变效应,电阻丝在外力作用下发生机械变形时,其电阻值发生变化,传感器将被测量的变化转换成传感器元件电阻值的变化,再经过转换电路变成电信号输出。

1. 电阻应变效应

导电材料的电阻与材料的电阻率、几何尺寸(长度与截面积)有关,在外力作用下发生机械变形,引起该导电材料的电阻值发生变化,这种现象称为电阻应变效应。

设有一根电阻丝,其电阻率为 ρ,长度为 l,截面积为 S,在未受力时电阻值为

$$R = \rho \frac{l}{S} \tag{3-1}$$

电阻丝在拉力 F 作用下,长度 l 增加,截面 S 减小,电阻率 ρ 也相应变化,同时将引起电阻变化,即

$$\frac{\Delta R}{R} = \frac{\Delta l}{l} - \frac{\Delta S}{S} + \frac{\Delta \rho}{\rho} \tag{3-2}$$

对于半径为 r 的电阻丝,截面面积 $S = \pi r^2$,则有 $\Delta S/S \approx 2\Delta r/r$。令电阻丝的轴向应变为 $\varepsilon = \Delta l/l$,径向应变为 $\Delta r/r$,由材料力学可知 $\Delta r/r = -\mu(\Delta l/l) = -\mu\varepsilon$,$\mu$ 为电阻丝材料的泊松系数,经整理可得

$$\frac{\Delta R}{R} = (1 + 2\mu)\varepsilon + \frac{\Delta \rho}{\rho} \tag{3-3}$$

通常把单位应变所引起的电阻相对变化称为电阻丝的灵敏系数,用 k 表示其表达式为

$$k = \frac{\Delta R/R}{\varepsilon} = (1 + 2\mu) + \frac{\Delta \rho/\rho}{\varepsilon} \tag{3-4}$$

从式(3-4)可以看出,电阻丝灵敏系数 k 由两部分组成:受力后由材料几何尺寸变化引起的 $1 + 2\mu$;由材料电阻率变化引起的 $(\Delta \rho/\rho)\varepsilon^{-1}$。对于金属丝材料,$(\Delta \rho/\rho)\varepsilon^{-1}$ 项的值比 $1 + 2\mu$ 小很多,可以忽略,故 $k \approx 1 + 2\mu$。大量实验证明,在电阻丝拉伸比例极限内,电阻相对变化与应变成正比,即 k 为常数。通常金属丝的 $k = 1.7 \sim 3.6$。式(3-4)可写成

$$\frac{\Delta R}{R} = k\varepsilon \tag{3-5}$$

2. 金属电阻应变片的结构与分类

1) 金属电阻应变片的结构

电阻应变片的结构形式很多,但其主要组成部分基本相同。图 3-1 给出了金属电阻应变片的结构及组成。

电阻丝应变片通常由高电阻率的电阻丝制成。为了获得高的阻值,将电阻丝排列成栅网状,称为敏感栅,并固结在绝缘的基片上,电阻丝的两端焊接引线。敏感栅上面覆盖有保护作用的盖层。

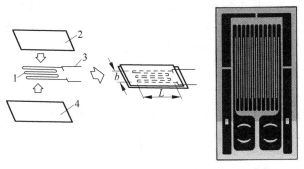

1—敏感栅；2—盖层；3—引线；4—基底。

图 3-1　金属电阻应变片的结构及组成

(1) 敏感栅：应变片中实现应变-电阻转换的敏感元件。通常由直径为 0.015～0.05mm 的金属丝绕成栅网状或用金属箔腐蚀成栅网状。图中，L 表示栅长，b 表示栅宽，其电阻值一般在 100Ω 以上。

(2) 基底：为保持敏感栅固定的形状、尺寸和位置，通常用黏结剂将其固结在纸质或胶质的基底上，基底起着把试件应变准确传递给敏感栅的作用。为此，基底必须很薄，一般为 0.02～0.04mm。

(3) 引线：引线起着敏感栅与测量电路之间的过渡连接和引导作用。通常取直径为 0.1～0.15mm 的低阻镀锡铜线，并用钎焊与敏感栅端连接。

(4) 盖层：用纸、胶做成覆盖在敏感栅上的保护层，起着防潮、防蚀、防损等作用。

(5) 黏结剂：在制造应变片时，用它分别把盖层和敏感栅固结于基底，起着传递应变的作用。

2) 金属电阻应变片的分类

金属电阻应变片有丝式、箔式和薄膜式三种典型结构，如图 3-2 所示。

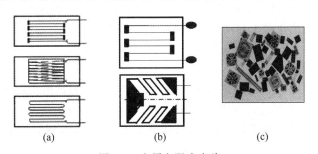

图 3-2　金属电阻应变片

(a) 丝式；(b) 箔式；(c) 薄膜式

(1) 丝式：金属电阻丝(合金，电阻率高，直径约 0.02mm)固结在绝缘基片上，上面覆盖一层薄膜，变成一个整体。

(2) 箔式：利用光刻、腐蚀等工艺制成一种很薄的金属箔栅，厚度一般在 0.003～0.010mm，将其固结在基片上，上面再覆盖一层薄膜而制成。其优点是表面积和截面积之比大，散热条件好，允许通过的电流较大，可制成各种需要的形状，便于批量生产。缺点是电阻值分散性比金属丝大，需进行阻值调整。常温下金属箔式应变片已逐步取代金属丝式应变片。

(3) 薄膜式：薄膜应变片是薄膜技术发展的产物，它是采用真空蒸发或真空沉积等方法,在薄的绝缘基片上形成厚度在 $0.1\mu m$ 以下的金属电阻材料薄膜的敏感栅,最后加上保护层而制成。其优点是应变灵敏系数大,允许电流密度大,工作温度范围广,可达$-197\sim$ $317℃$。缺点是难以控制电阻与温度和时间的变化关系。

3. 电阻应变片的主要特性

1)刚度

刚度是弹性元器件在外力作用下变形大小的量度,一般用 k 表示,即

$$k = \frac{dF}{dx} \tag{3-6}$$

式中:F——作用在弹性元器件上的外力;

x——弹性元器件产生的变形。

2)灵敏度

灵敏度是指弹性敏感元器件在单位力作用下产生变形的大小,在弹性力学中称为弹性元器件的柔度。它是刚度的倒数,用 s 表示,即

$$s = \frac{dx}{dF} \tag{3-7}$$

在测控系统中希望 s 是常数。

3)弹性滞后

实际的弹性元器件在加/卸载的正/反行程中变形曲线是不重合的,这种现象称为弹性滞后现象,它会给测量带来误差。产生弹性滞后的主要原因是:弹性敏感元器件在工作过程中分子间存在内摩擦。当比较两种弹性材料时,应都用加载变形曲线或都用卸载变形曲线,这样才有可比性。

4)弹性后效

当载荷从某一数值变化到另一数值时,弹性元器件不是立即完成相应的变形,而是经一定的时间间隔逐渐完成变形的,这种现象称为弹性后效。由于弹性后效的存在,弹性敏感元器件的变形始终不能迅速跟上力的变化,所以在动态测量时将引起测量误差。造成这一现象的原因是弹性敏感元器件中的分子间存在内摩擦。

5)固有振荡频率

弹性敏感元器件都有自己的固有振荡频率 f_0,它将影响传感器的动态特性,往往希望 f_0 较高。传感器的工作频率应避开弹性敏感元器件的固有振荡频率。

实际选用或设计弹性敏感元器件时,若遇到上述特性矛盾,则应根据测量的对象和要求综合考虑。

4. 电阻应变片的测量电路

弹性元器件表面的应变传递给电阻应变片的敏感栅,使其电阻发生变化。测量出电阻变化的数值,便可知应变(被测量)大小。测量时,可直接测单个应变片阻值变化,也可将应变片通以恒流而测量其两端的电压变化。但由于温度等各种原因,单片测量结果误差较大。选用电桥测量,不仅可以提高检测灵敏度,而且可以获得较为理想的补偿效果。基本电桥测量电路如图 3-3 所示。

图 3-3(a)、图 3-3(b)为半桥式测量电路。图 3-3(a)中,R_1 为测量片,R_2 为补偿片,R_3、R_4 为固定电阻。补偿片起温度补偿作用,当环境温度改变时,补偿片与测量片阻值同比例改变,使桥路输出不受影响。下面分析图 3-3(a)电路工作原理。

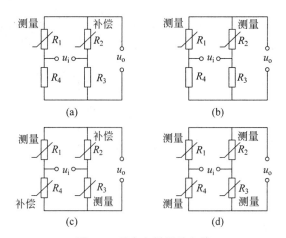

图 3-3 基本电桥测量电路

(a) 半桥式(单臂工作);(b) 半桥式(双臂工作);(c) 全桥式(双臂工作);(d) 全桥式(四臂工作)

无应变时,$R_1=R_2=R_3=R_4=R$,则桥路输出电压为

$$u_o=\frac{u_iR_1}{(R_1+R_2)}-\frac{u_iR_4}{(R_3+R_4)}=0 \tag{3-8}$$

有应变时,$R_1=R_1+\Delta R_1$,则桥路输出电压为

$$u_o=\frac{u_i(R_1+\Delta R_1)}{(R_1+\Delta R_1+R_2)}-\frac{u_iR_4}{(R_3+R_4)}=0 \tag{3-9}$$

代入 $R_1=R_2=R_3=R_4=R$,由 $\Delta R_1/(2R)\ll 1$ 可得

$$u_o=\frac{1}{4}k\varepsilon_1u_i=\frac{\Delta R_1u_i}{4R} \tag{3-10}$$

其中

$$k\varepsilon_1=\frac{\Delta R_1}{R}$$

式中:ε_1——测量电路上感受的应变;

　　k——应变片的灵敏系数。

图 3-3(b)中,R_1、R_2 均为相同应变测量片,又互为补偿,按上述同样方法,可以计算输出电压为

$$u_o=\frac{\Delta R_1u_i}{2R} \tag{3-11}$$

图 3-3(c)、图 3-3(d)是全桥式测量电路,可分别计算输出电压为

$$u_o=\frac{\Delta R_1u_i}{2R} \tag{3-12}$$

$$u_o=\frac{\Delta R_1u_i}{R} \tag{3-13}$$

3.1.2 半导体压阻式传感器

1. 压阻效应

半导体压阻式传感器的电阻应变片是用半导体材料制成的,其工作原理基于半导体材

料的压阻效应。半导体单晶硅材料受到外力作用时,会产生极微小应变,其原子结构内部的电子能级状态发生变化,导致电阻率的剧烈变化。半导体材料的电阻率随作用力变化而发生变化的现象称为压阻效应。

当半导体应变片受轴向力作用时,其电阻相对变化为

$$\frac{\mathrm{d}R}{R} = (1 + 2\mu)\varepsilon + \frac{\mathrm{d}\rho}{\rho} \tag{3-14}$$

式中:$\mathrm{d}\rho/\rho$——半导体应变片的电阻率相对变化量,其值与半导体敏感元件在轴向所受的应变力有关,其关系为

$$\frac{\mathrm{d}\rho}{\rho} = \pi\sigma = \pi E\varepsilon \tag{3-15}$$

式中:π——半导体材料的压阻系数;

σ——半导体材料所受的应变力;

E——半导体材料的弹性模量;

ε——半导体材料的应变。

将式(3-15)代入式(3-14),并写成增量形式可得

$$\frac{\mathrm{d}R}{R} = [\pi E + (1 + 2\mu)]\varepsilon = K_s\varepsilon \tag{3-16}$$

式中:$K_s = \pi E + (1 + 2\mu)$——半导体材料的应变灵敏系数。

实验证明,πE 比 $1 + 2\mu$ 大上百倍,所以 $1 + 2\mu$ 可以忽略,因而引起半导体应变片电阻变化的主要因素是压阻效应,故式(3-16)可近似写成

$$\frac{\mathrm{d}R}{R} \approx \pi E\varepsilon \tag{3-17}$$

半导体应变片的灵敏系数比金属丝式的高 $50\sim80$ 倍,但半导体材料的温度系数大,应变时非线性比较严重,使应用范围受到一定的限制。

半导体应变片的结构和实物如图 3-4 所示。它的使用方法与丝式的电阻应变片相同,即粘贴在被测物体上,随被测物体的应变,其电阻发生相应的变化。

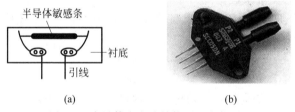

(a)   (b)

图 3-4 半导体应变片结构图和实物图

(a) 半导体应变片结构;(b) 半导体应变片实物

半导体应变片的优点是体积小,灵敏度高,频率响应范围宽,输出幅值大,不需要放大器,可直接与记录仪连接,构成的测量系统简单。

用应变片测量应变(或应力)时,在外力作用下被测对象产生应变(或应力)时,应变片随之发生相同的变化,应变片电阻值也发生相应变化。当测得的应变片电阻值变化量为 ΔR 时,便可得到被测对象的应变值,根据应变与应力的关系,得到应力 σ 为

$$\sigma = E\varepsilon \tag{3-18}$$

应力 σ 正比于应变 ε，而试件应变 ε 正比于电阻值的变化，所以应力 σ 正比于电阻值的变化，这就是利用应变片测量应变(或应力)的基本原理。

2. 压阻式压力传感器的工作原理与结构

压阻式压力传感器是利用半导体的压阻效应和集成电路技术制成的新型传感器。由于它没有可动部分，所以有时也称为固态传感器。它利用半导体集成工艺中的扩散技术，将四个半导体应变电阻制作在同一硅片上，其工艺一致性很好，具有易于微型化、灵敏度高、测量范围宽、频率响应好、精度高和便于批量生产等特点。同时，压阻式压力传感器克服了半导体应变片存在的问题，能将电阻条、补偿线路、信号转换电路集成在一块硅片上，甚至可将计算机处理电路和传感器集成在一起，制成智能传感器，因此也得到了广泛应用。

压阻式压力传感器由外壳、硅膜片和引线等组成，结构如图 3-5(a)所示。其核心是一正方形的硅膜片，硅膜片两边有两个压力腔：一个是和被测压力相连接的高压腔；另一个是和大气相通的低压腔。它的进气孔用柔性不锈钢隔离膜片隔离，并用硅油传导压力。硅杯不与液体相通，耐腐蚀。将芯片封装在传感器的壳体内，再连接出电极引线就制成了典型的压阻式传感器。硅膜片芯体结构如图 3-5(b)所示，通常选用 N 型硅晶片作硅膜片，在它上面利用集成电路工艺制作四个阻值相等的电阻，电阻之间利用面积较大、阻值较小的扩散电阻(图中阴影区)作为引线连接构成全桥电路，如图 3-5(c)所示。当受到压力作用时，电桥失去平衡，输出一个与压力成正比的电压。

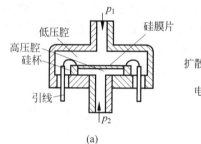 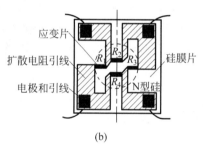 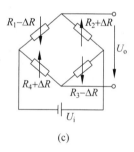

图 3-5　压阻式压力传感器结构图
（a）内部结构；（b）硅膜片芯体；（c）等效电路

 实操技能

3.1.3　任务描述

差动放大调零　单臂电桥特性实验　半桥特性实验　全桥特性实验

基于电阻应变式传感器的位移特性测量

本任务通过 ZGL-998 传感器试验台的操作，了解电阻应变片的工作原理与应用，同时掌握应变片测量微小位移的方法。

3.1.4　任务分析

电阻应变式传感器是在弹性元件上通过特定工艺粘贴电阻应变片组成。任务使用的器件与单元包括：机头中的应变梁的应变片、测微头；显示面板中的 F/V 表(或电压表)；

±4V 直流稳压电源；调理电路面板中传感器输出单元中的箔式应变片、调理电路单元中的电桥、差动放大器；$4\frac{1}{2}$ 位数显万用表。

图 3-6 为调理电路面板中的电桥单元。

(1) 菱形虚框为无实体的电桥模型（为实验者组桥参考而设，无其他实际意义）。

(2) $R_1=R_2=R_3=350\Omega$ 是固定电阻，为组成单臂应变和半桥应变而配备的其他桥臂电阻。

(3) W_1 电位器、r 电阻为电桥直流调节平衡网络，W_2 电位器、C 电容为电桥交流调节平衡网络。

图 3-7 为差动放大器原理图与调理电路中的差动放大器单元面板图。图中：左图是原理图，A 是差动输入的放大器；右图为面板图。

测微头组成和读数如图 3-8 所示。

测微头组成：测微头由不可动部分中的安装套（应变梁的测微头无安装套）、轴套和可动部分中的测杆、微分筒、微调钮组成。

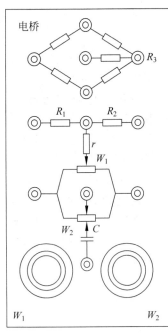

图 3-6　电桥面板图

测微头读数与使用：测微头的安装套便于在支架座上固定安装，轴套上的主尺有两排刻度线，标有数字的是整毫米刻线(1mm/格)，另一排是半毫米刻线(0.5mm/格)；微分筒前部圆周表面上刻有 50 等分的刻线(0.01mm/格)。

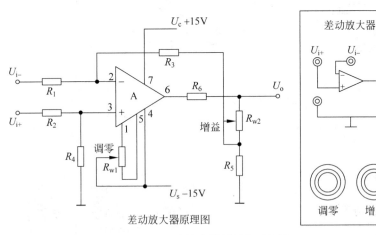

图 3-7　差动放大器原理与面板图

用手旋转微分筒或微调钮时，测杆就沿轴线方向进退。微分筒每转过 1 格，测杆沿轴方向移动微小位移 0.01mm，这也叫测微头的分度值。

测微头的读数方法是先读轴套主尺上露出的刻度数值，注意半毫米刻线；再读与主尺横线对准微分筒上的数值；可以估读 1/10 分度，如图 3-8 所示，甲读数为 3.678mm，不是 3.178mm；遇到微分筒边缘前端与主尺上某条刻线重合时，应看微分筒的示值是否过零，如图 3-8 乙已过零则读 2.514mm；如图 3-8 丙未过零，则不应读为 2mm，读数应为 1.980mm。

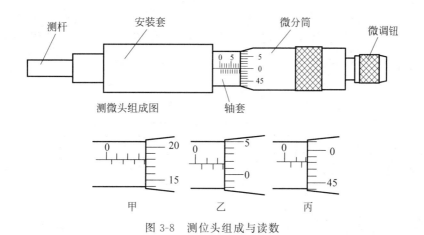

图 3-8　测位头组成与读数

测微头使用：测微头在实验中是用来产生位移并指示出位移量的工具。一般测微头在使用前，首先转动微分筒到 10mm 处（为了保留测杆轴向前、后位移的余量），再将测微头轴套上的主尺横线面向自己安装到专用支架座上，移动测微头的安装套（测微头整体移动）使测杆与被测体连接并使被测体处于合适位置（视具体实验而定）时再拧紧支架座上的紧固螺钉。当转动测微头的微分筒时，被测体就会随测杆而位移。

3.1.5　任务实施

(1) 在应变梁自然状态（不受力）的情况下，用 $4\frac{1}{2}$ 位数显万用表 2kΩ 电阻挡测量所有应变片阻值；在应变梁受力状态（用手压、提梁的自由端）的情况下，测应变片阻值，观察一下应变片阻值变化情况（标有上下箭头的 4 片应变片纵向受力，阻值有变化；标有左右箭头的 2 片应变片横向不受力，阻值无变化，是温度补偿片），如图 3-9 所示。

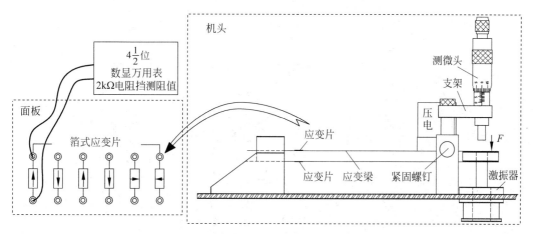

图 3-9　观察应变片阻值变化情况示意图

(2) 差动放大器调零点。

按图 3-10 示意接线。将 F/V 表（或电压表）的量程切换开关切换到 2V 挡，合上主、副电源开关，将差动放大器的增益电位器按顺时针方向轻轻转到底后再逆向回转一点点，放大器的增益为最大(回转一点点的目的:电位器触点在根部可能会接触不良),调节差动放大器的调零电位器,使电压表显示电压为零。差动放大器的零点调节完成,关闭主电源。

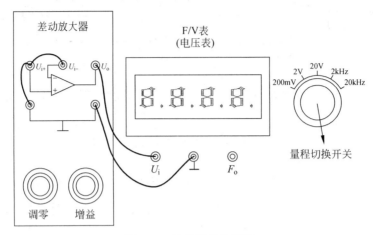

图 3-10 差放调零接线图

(3) 应变片单臂电桥特性实验。

① 将主板上传感器输出单元中的箔式应变片(标有上下箭头的 4 片应变片中任意一片为工作片)与电桥单元中 R_1、R_2、R_3 组成电桥电路,电桥的一对角接 ±4V 直流电源,另一对角作为电桥的输出接差动放大器的二输入端,将 W_1 电位器、r 电阻直流调节平衡网络接入电桥中(W_1 电位器二固定端接电桥的 ±4V 电源端、W_1 的活动端 r 电阻接电桥的输出端),如图 3-11、图 3-12 示意接线(粗、细曲线均为连接线)。

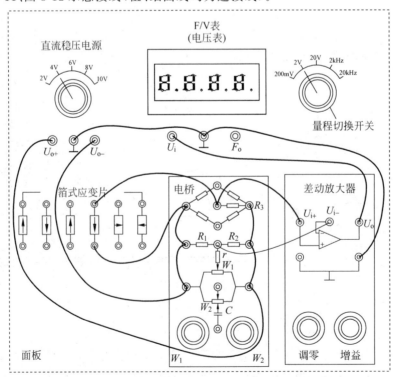

图 3-11 应变片单臂电桥特性实验原理图

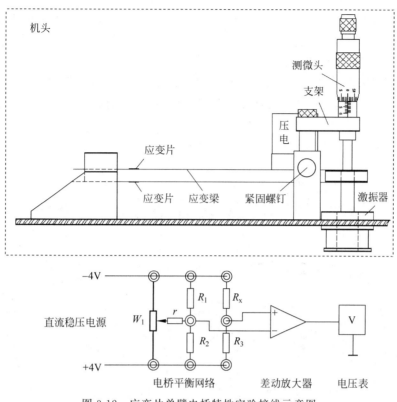

图 3-12　应变片单臂电桥特性实验接线示意图

② 检查接线无误后合上主电源开关,当机头上应变梁自由端的测微头离开自由端(梁处于自然状态)时调节电桥的直流调节平衡网络 W_1 电位器,使电压表显示为 0 或接近 0。

③ 在测微头吸合梁的自由端前调节测微头的微分筒,使测微头的读数为 10mm 左右(测微头微分筒的 0 刻度线与测微头轴套的 10mm 刻度线对准);再松开测微头支架轴套的紧固螺钉,调节测微头支架高度使梁吸合后进一步调节支架高度,同时观察电压表显示绝对值尽量为最小时固定测微头支架高度。仔细微调测微头的微分筒使电压表显示值为 0(梁不受力,处于自然状态),这时的测微头刻度线位置作为梁位移的相对零位位移点。首先确定某个方向位移,以后每调节测微头的微分筒一周产生 0.5mm 位移,根据表 3-1 位移数据依次增加 0.5mm 并读取相应的电压值填入表 3-1 中;然后反方向调节测微头的微分筒使电压表显示 0V(这时测微头微分筒的刻度线不在原来的零位位移点位置上,是由于测微头存在机械回程差,以电压表的 0V 为标准作为零位位移点并取固定的相对位移 ΔX 消除了机械回程差),再根据表 3-1 位移数据依次反方向增加 0.5mm 并读取相应的电压值填入表 3-1 中。

表 3-1　应变片单臂电桥特性实验数据

位移/mm	−7.0	−6.5	−6	−5.5	−5.0	−4.5	−4.0	−3.5	−3.0	−2.5
电压/mV										
位移/mm	−2.0	−1.5	−1.0	−0.5	0	+0.5	+1.0	+1.5	+2.0	+2.5
电压/mV										
位移/mm	+3.0	+3.5	+4.0	+4.5	+5.0	+5.5	+6.0	+6.5	+7.0	+7.5
电压/mV										

注：调节测微头要仔细,微分筒每转一周 $\Delta X = 0.5\text{mm}$；如调节过量再回调,则产生回程差。

（4）应变片半桥特性实验。

除实验接线按图 3-13、图 3-14 接线即电桥单元中 R_1、R_2 与相邻的二片应变片组成电桥电路外,实验步骤和实验数据处理方法与单臂电桥完全相同,填入表 3-2。实验完毕,关闭电源。

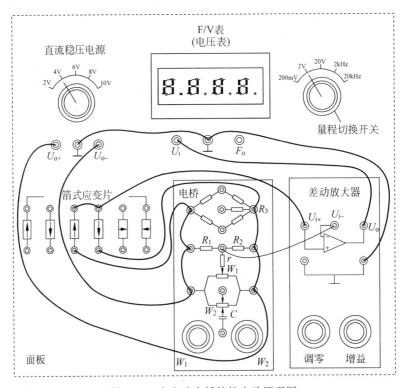

图 3-13　应变片半桥特性实验原理图

表 3-2　应变片半桥特性实验数据

位移/mm	-7.0	-6.5	-6	-5.5	-5.0	-4.5	-4.0	-3.5	-3.0	-2.5
电压/mV										
位移/mm	-2.0	-1.5	-1.0	-0.5	0	$+0.5$	$+1.0$	$+1.5$	$+2.0$	$+2.5$
电压/mV										
位移/mm	$+3.0$	$+3.5$	$+4.0$	$+4.5$	$+5.0$	$+5.5$	$+6.0$	$+6.5$	$+7.0$	$+7.5$
电压/mV										

（5）应变片全桥特性实验。

除实验接线按图 3-15、图 3-16 示意接线,4 片应变片组成电桥电路外,实验步骤和实验数据处理方法与单臂电桥完全相同,填入表 3-3。实验完毕,关闭电源。

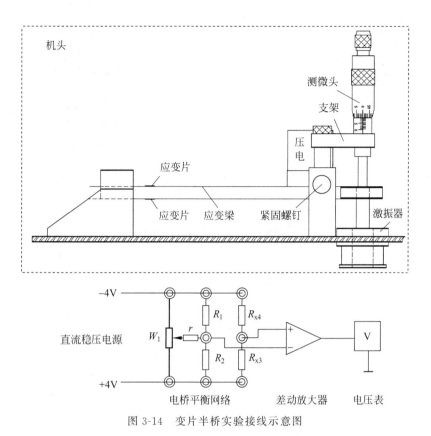

图 3-14　变片半桥实验接线示意图

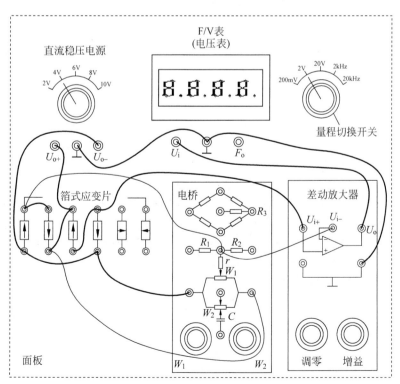

图 3-15　应变片全桥特性实验原理图

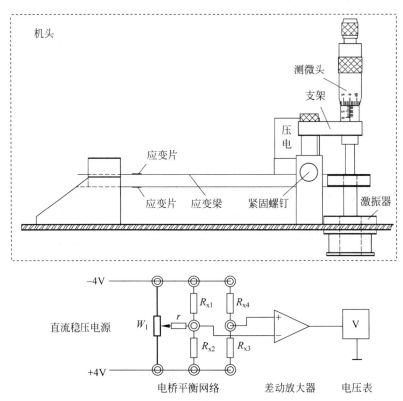

图 3-16　应变片全桥特性实验接线示意图

表 3-3　应变片全桥特性实验数据

位移/mm	−7.0	−6.5	−6	−5.5	−5.0	−4.5	−4.0	−3.5	−3.0	−2.5
电压/mV										
位移/mm	−2.0	−1.5	−1.0	−0.5	0	+0.5	+1.0	+1.5	+2.0	+2.5
电压/mV										
位移/mm	+3.0	+3.5	+4.0	+4.5	+5.0	+5.5	+6.0	+6.5	+7.0	+7.5
电压/mV										

3.1.6　结果分析

根据表 3-1、表 3-2、表 3-3 数据分别画出实验曲线并计算灵敏度 $s = \Delta V / \Delta X$（ΔV 为输出电压变化量，ΔX 为位移变化量）和非线性误差 δ（用最小二乘法），$\delta = (\Delta m / y_{FS}) \times 100\%$，式中 Δm 为输出值（多次测量时为平均值）与拟合直线的最大偏差；y_{FS} 为满量程输出平均值，此处为相对总位移量。实验完毕，关闭电源。

3.1.7　考核标准

根据考核标准对本任务实施进行综合评价，并进行任务总结，教师给出评价意见。

考核标准

序号	工作过程	主要内容	评分标准	配分	学生（自评）		教师评价	
					扣分	得分	扣分	得分
1	资讯准备（10分）	任务相关知识查找	查找相关知识学习,该任务知识能力掌握程度,达到60%,扣5分;达到80%,扣2分;达到90%,扣1分;达到100%,不扣分	10				
2	决策计划（10分）	确定方案编写计划	制定整体方案,格式基本规范,方案基本合理,扣2分;格式比较规范,方案比较合理,扣1分;格式规范,方案合理,不扣分	10				
3	实施执行（10分）	记录实施过程步骤	实施过程,步骤记录完整,不扣分;记录不完整度达到10%,扣2分;记录不完整度达到20%,扣3分;记录不完整度达到40%,扣5分	10				
4	检测评价（60分）	元件测试	元件测试规范,不扣分;不会用仪表检测元件质量好坏,扣2分	6				
			仪表使用不正确,扣3分	6				
		电路设计	电路布线杂乱,扣2分	6				
			元件布局不合理,扣2分	6				
			元件损坏,扣3分	6				
		调试检测	不能进行通电调试,扣3分	6				
			校验的方法不正确,扣3分	6				
			校验结果不正确,扣3分	6				
		调试效果	电路调试效果不理想,扣3分	6				
			灵活度较低,扣3分	6				
5	团队合作（10分）	安全操作	违反安全文明操作规程,扣2分	3				
		团队合作	团队合作较差,小组不能配合完成任务,扣2分	3				
		交流表达	不能用专业语言正确流利简述任务成果,扣2分	4				
合计				100				

学生自评总结	
教师评语	
学生签字	年　月　日	教师签字	年　月　日

知识拓展

电阻式传感器的其他应用

1. 应变式容器内液体重量传感器

图 3-17 是插入式测量容器内液体重量传感器示意图。该传感器有一根传压杆,上端安装微压传感器,为了提高灵敏度,共安装了两只。下端安装感压膜,感压膜感受上面液体的压力。当容器中溶液增多时,感应膜感受的压力就增大。将上面两个传感器 R_t 的电桥接成正向双电桥电路,此时输出电压为

$$U_o = U_1 - U_2 = (K_1 - K_2)h\rho g \tag{3-19}$$

式中:K_1、K_2——传感器传输系数。

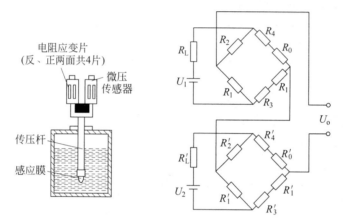

图 3-17　应变式液体重量传感器

由于 $h\rho g$ 表征感应膜上面液体的重量,对于等截面的柱式容器,有

$$h\rho g = \frac{Q}{A} \tag{3-20}$$

式中:Q——容器内感应膜上面溶液的重量;
　　　A——柱形容器的截面积。

两个微压传感器的电桥接成正向串接的双电桥电路,电桥输出电压与柱式容器内感压膜上面溶液的重量呈线性关系。因此可测量容器内储存的溶液重量。

将式(3-19)和式(3-20)联立,得到容器内感应膜上面溶液重量与电桥之间的关系式为

$$U_o = \frac{(K_1 - K_2)Q}{A} \tag{3-21}$$

上式表明,电桥输出电压与柱式容器内感应膜上面溶液的重量呈线性关系,因此,此方法可以测量容器内储存的溶液重量。

2. 应变式加速度传感器

应变式加速度传感器主要用于物体加速度的测量,其工作原理为:物体运动的加速度与作用在它上面的力成正比,与物体的质量成反比,即 $a = F/m$。

图 3-18 是应变式加速度传感器的结构示意图,等强度梁的自由端安装质量块,另一端

固定在壳体上；等强度梁上粘贴 4 个电阻应变敏感元件；壳体内充满硅油,产生必要阻尼。

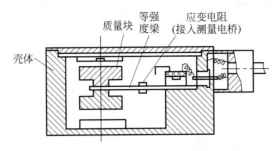

图 3-18　应变式加速度传感器结构图

当壳体与被测物体一起做加速度运动时,悬臂梁在质量块的惯性作用下作反方向运动,使梁体发生形变,粘贴在梁上的应变片阻值发生变化。通过测量阻值的变化求出待测物体的加速度。应变片加速度传感器不适用于频率较高的振动和冲击场合,一般适用频率为 $10\sim 60\,\text{Hz}$。

3.2　基于热电式传感器的温度测量设计

3.2.1　热电偶

1. 热电效应

两种不同的导体两端相互紧密地连接在一起,组成一个闭合回路,如图 3-19 所示。

当两接点温度不等(设 $t > t_0$)时,回路中就会产生大小和方向与导体材料及两接点的温度有关的电动势,从而形成电流,这种现象称为热电效应,该电动势称为热电动势。把这两种不同导体的组合称为热电偶,称 A、B 两导体为热电极。两个接点,一个为工作端或热端(t),测温时将它置于被测温度场中;另一个叫自由端或冷端(t_0),一般要求它恒定在某一温度。

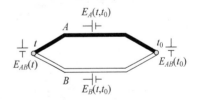

图 3-19　热电偶结构原理图

实际上,热电动势来源于两部分,一部分由两种导体的接触电动势构成,另一部分是单一导体的温差电动势。

2. 热电偶的基本定律

1）中间导体定律

在热电偶测温回路内接入第三种导体,只要其两端温度相同,则对回路的总热电势没有影响。回路中的总热电动势等于各接点的接触电动势之和,如图 3-20 所示。

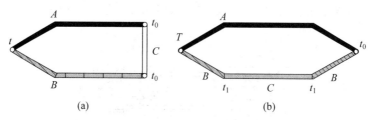

图 3-20　中间导体回路结构图

$$E_{ABC}(t,t_0)=E_{AB}(t)-E_{AB}(t_0)=E_{AB}(t,t_0) \tag{3-22}$$

中间导体定律的意义在于：在实际的热电偶测温应用中，测量仪表(如动圈式毫伏表、电子电位差计等)和连接导线可以作为第三种导体对待。

2）中间温度定律

热电偶 AB 在接点温度为 t、t_0 时的热电动势 $E_{AB}(t,t_0)$ 等于它在接点温度 t、t_c 和 t_c、t_0 时的热电动势 $E_{AB}(t,t_c)$ 和 $E_{AB}(t_c,t_0)$ 的代数和，如图 3-21 所示。

$$E_{AB}(t,t_0)=E_{AB}(t,t_c)+E_{AB}(t_c,t_0) \tag{3-23}$$

中间温度定律为补偿导线的使用提供了理论依据。它表明，如果热电偶的两个电极通过连接两根导体的方式来延长，只要接入的两根导体的热电特性与被延长的两个电极的热电特性一致，且它们之间连接的两点间温度相同，则回路总的热电动势只与延长后的两端温度有关，与连接点温度无关。

3）标准电极定律

如果两种导体 A、B 分别与第三种导体 C 组成的热电偶(见图 3-22)所产生的热电动势已知，则由这两个导体 A、B 组成的热电偶产生的热电动势可由下式来确定：

$$E_{AB}(t,t_0)=E_{AC}(t,t_0)-E_{BC}(t,t_0) \tag{3-24}$$

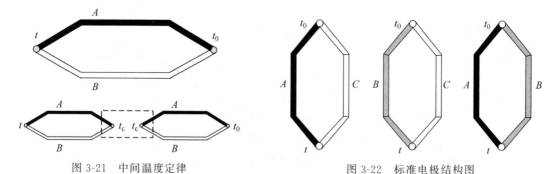

图 3-21　中间温度定律　　　　　　　　图 3-22　标准电极结构图

标准电极定律的意义在于：纯金属的种类很多，合金的种类更多，要得出这些金属间组成热电偶的热电动势是一件工作量极大的事；在实际处理中，由于铂的物理化学性质稳定，通常选用高纯铂丝作标准电极，只要测得它与各种金属组成的热电偶的热电动势，则各种金属间相互组合成热电偶的热电动势就可根据标准电极定律计算出来。

4）均质导体定律

如果组成热电偶的两个热电极的材料相同，无论两接点的温度是否相同，热电偶回路中的总热电动势均为零。

均质导体定律有助于检验两个热电极材料成分是否相同及热电极材料的均匀性。

3. 热电偶的结构与种类

为了适应不同测量对象的测温条件和要求,热电偶的结构形式有普通型热电偶、铠装型热电偶和薄膜型热电偶。

1) 热电偶的结构

(1) 普通型热电偶

普通型热电偶如图 3-23 所示,它一般由热电极、绝缘管、保护管和接线盒等几个主要部分组成。普通型热电偶在工业上使用最为广泛。

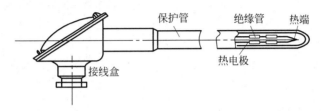

图 3-23 普通型热电偶结构

(2) 铠装型热电偶

它是由热电极、绝缘材料和金属保护套管一起拉制加工而成的坚实缆状组合体,如图 3-24 所示。它可以做得很细很长,使用中可随需要任意弯曲;测温范围通常在 1100℃ 以下。优点是:测温端热容量小,因此热惯性小、动态响应快;寿命长;机械强度高,弯曲性好,可安装在结构复杂的装置上。

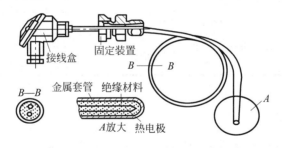

图 3-24 铠装型热电偶的结构

(3) 薄膜型热电偶

它是将两种薄膜热电极材料用真空蒸镀、化学涂层等办法蒸镀到绝缘基板(云母、陶瓷片、玻璃及酚醛塑料纸等)上制成的一种特殊热电偶,如图 3-25 所示。薄膜型热电偶接点可以做得很小、很薄($0.01 \sim 0.1 \mu m$),具有热容量小、响应速度快(毫秒级)等特点。适用于微小面积上的表面温度以及快速变化的动态温度的测量,测温范围在 300℃ 以下。

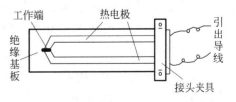

图 3-25 薄膜型热电偶的结构

2）热电偶的种类

目前，国际电工委员会(IEC)向世界各国推荐了 8 种标准化热电偶。表 3-4 是我国采用的符合 IEC 标准的 6 种热电偶的主要性能和特点。

表 3-4　标准化热电偶的主要性能特点

热电偶名称	正热电极	负热电极	分度号	测温范围/℃	特　　点
铂铑$_{30}$-铂铑$_6$	铂铑$_{30}$	铂铑$_6$	B	0～1700（超高温）	适用于氧化性气氛中测温。测温上限高，稳定性好。在冶金、钢水等高温领域广泛应用
铂铑$_{10}$-铂	铂铑$_{10}$	纯铂	S	0～1600（超高温）	适用于氧化性、惰性气氛中测温。热电性能稳定，抗氧化性强，精度高。但价格贵，热电动势较小。常用作标准热电偶或高温测量
镍铬-镍硅	镍铬合金	镍硅	K	−200～1200（高温）	适用于氧化性和中性气氛中测温。测温范围很宽，热电动势与温度关系近似线性，热电动势大，价格低。稳定性不如 B、S 型热电偶，但是在非贵金属热电偶中是性能最稳定的一种
镍铬-康铜	镍铬合金	铜镍合金	E	−200～900（中温）	适用于还原性或惰性气氛中测温。热电动势较其他热电偶大，稳定性好，灵敏度高，价格低
铁-康铜	铁	铜镍合金	J	−200～750（中温）	适用于还原性气氛中测温。价格低，热电动势较大，仅次于 E 型热电偶。缺点是铁极易氧化
铜-康铜	铜	铜镍合金	T	−200～350（低温）	适用于还原性气氛中测温。精度高，价格低。在 −200～0℃ 可制成标准热电偶。缺点是铜极易氧化

3.2.2　热电阻

热电阻作为一种感温元件，它是利用导体电阻值随温度变化而变化的特性来实现对温度的测量。热电阻最常用的材料是铂和铜，工业上被广泛用来测量中低温区（−200～500℃）的温度。

热电阻由电阻体、保护套管和接线盒等部件组成，如图 3-26(a)所示。热电阻丝是绕在骨架上的，骨架采用石英、云母、陶瓷或塑料等材料制成，可根据需要将骨架制成不同的外形。为防止电阻体出现电感，热电阻丝通常采用双线并绕法，如图 3-26(b)所示。

1. 铂热电阻

铂热电阻在氧化性介质中，甚至在高温下，其物理、化学性能稳定，电阻率大，精确度高，能耐较高的温度。因此，国际温标 IPTS-68 规定，在 −259.34～630.74℃ 温度域内，以铂热电阻温度计作为基准器。铂热电阻的缺点为价格高。

铂热电阻值与温度的关系在 0～850℃ 范围内为

$$R_t = R_0(1 + At + Bt^2) \tag{3-25}$$

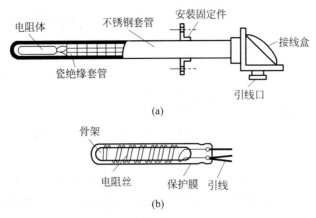

图 3-26　热电阻结构图
(a) 热电阻组成；(b) 双线并绕

在 $-200 \sim 0$℃ 范围内，为

$$R_t = R_0 \left[1 + At + Bt^2 + C(t-100)t^3 \right] \tag{3-26}$$

式中：R_t——温度 t 时的电阻值；

　　　R_0——温度 0℃ 时的电阻值；

　　　A、B、C——温度系数，$A = 3.908 \times 10^{-3}$/℃，$B = -5.802 \times 10^{-7}$/℃^{2}，$C = -4.274 \times 10^{-12}$/℃^{4}。

从式(3-25)和式(3-26)可以看出，热电阻在温度 t 时的电阻值与 R_0（标称电阻）有关。目前，我国规定，工业用铂热电阻有 $R_0 = 10\Omega$ 和 $R_0 = 100\Omega$ 两种，它们的分度号分别为 $\mathrm{P_{t10}}$ 和 $\mathrm{P_{t100}}$，后者为常用。实际测量中，只要测得热电阻的阻值 R_t，便可从表中查出对应的温度值。

2. 铜热电阻

铂热电阻虽然优点多，但价格昂贵，在测量精度要求不高且温度较低场合，铜热电阻得到广泛应用。在 $-50 \sim 150$℃ 温度范围内，铜热电阻与温度近似呈线性关系，可表示为

$$R_t = R_0(1 + \alpha t) \tag{3-27}$$

式中：α——0℃ 时铜热电阻温度系数，$\alpha = 4.289 \times 10^{-3}$/℃。

铜热电阻的电阻温度系数较大，线性好，价格便宜。缺点是：电阻率较低，电阻体的体积较大，热惯性较大，稳定性较差，在 100℃ 以上时容易氧化，因此只能用于低温及没有侵蚀性的介质中。

铜热电阻有两种分度号：$\mathrm{Cu_{50}}$（$R_0 = 50\Omega$）和 $\mathrm{Cu_{100}}$（$R_0 = 100\Omega$），后者为常用。

3.2.3　热敏电阻

热敏电阻是利用半导体的电阻值随温度显著变化这一特性制成的一种热敏元件，其特点是电阻率随温度而显著变化。它主要由敏感元件、引线和壳体组成。根据使用要求，可制成珠状、片状、杆状、垫圈状等各种形状。热敏电阻的结构与图形符号如图 3-27 所示。

热敏电阻与热电阻相比，具有电阻值和电阻温度系数大，灵敏度高（比热电阻大 1～2 个数量级），体积小（最小直径可达 0.1～0.2mm，可用来测量"点温"），结构简单坚固（能承受

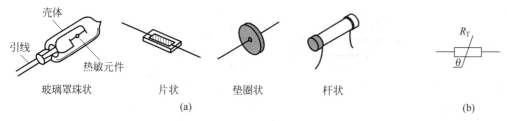

图 3-27　热敏电阻的结构与图形符号

(a) 热敏电阻的结构；(b) 图形符号

较大的冲击、振动)，热惯性小，响应速度快(适用于快速变化的测量场合)，使用方便，寿命长，易于实现远距离测量(本身阻值一般较大，无需考虑引线电阻对测量结果的影响)等优点，得到了广泛的应用。目前它存在的主要缺点是：互换性较差，同一型号的产品特性参数有较大差别，稳定性较差，非线性严重，且不能在高温下使用。但随着技术的发展和工艺的成熟，热敏电阻的缺点将逐渐得到改进。

热敏电阻的测温范围一般为 $-50\sim350℃$。可用于液体、气体、固体、高空气象、深井等对温度测量精度要求不高的场合。

根据半导体的电阻-温度特性，热敏电阻可分为三类，即负温度系数热敏电阻(NTC)、正温度系数热敏电阻(PTC)和临界温度系数热敏电阻(CTR)。它们的温度特性曲线如图 3-28 所示。正温度系数的热敏电阻的阻值与温度的关系可表示为

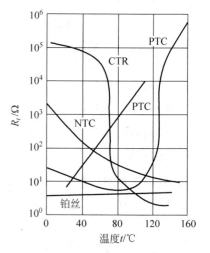

图 3-28　热敏电阻的温度特性曲线

$$R_t = R_0 \exp[A(t-t_0)] \qquad (3-28)$$

式中：R_t、R_0——温度 t(K) 和 t_0(K) 时的电阻值，Ω；

$\qquad A$——热敏电阻的材料常数，K；

$\qquad t_0$——0℃时的热力学温度，$t_0=273.15K$。

大多数热敏电阻具有负温度系数，其阻值与温度的关系可表示为

$$R_t = R_0 \exp\left(\frac{B}{t} - \frac{B}{t_0}\right) \qquad (3-29)$$

式中：B——热敏电阻的材料常数(由材料、工艺及结构决定)，K，B 一般在 1500~6000K。

PTC 热敏电阻的阻值随温度升高而增大，且有斜率最大的区域，当温度超过某一数值时，其电阻值朝正的方向快速变化。其用途主要是彩电消磁、各种电器设备的过热保护等。

CTR 也具有负温度系数，但在某个温度范围内电阻值急剧下降，曲线斜率在此区段特别陡，灵敏度极高。主要用作温度开关。

各种热敏电阻的阻值在常温下很大，通常都在数千欧以上，所以连接导线的阻值(最多不过 10Ω)几乎对测温没有影响，不必采用三线制或四线制接法，给使用带来方便。

另外，热敏电阻的阻值随温度改变显著，只要很小的电流流过热敏电阻，就能产生明显的电压变化，而电流对热敏电阻自身有加热作用，所以应注意不要使电流过大，以免带来测量误差。

3.2.4　任务描述

基于 NTC 热敏电阻的温度特性测量

热敏电阻实验

本任务通过 ZGL-998 传感器试验台的操作,定性了解 NTC 热敏电阻的温度特性。

3.2.5　任务分析

热敏电阻的温度系数有正有负,因此分为两类:PTC 热敏电阻(正温度系数:温度升高而电阻值变大)与 NTC 热敏电阻(负温度系数:温度升高而电阻值变小)。一般 NTC 热敏电阻测量范围较宽,主要用于温度测量;而 PTC 突变型热敏电阻的温度范围较窄,一般用于恒温加热控制或温度开关,也用于彩电中作自动消磁元件。有些功率 PTC 也作为发热元件用。PTC 缓变型热敏电阻可用作温度补偿或温度测量。

一般的 NTC 热敏电阻大都是用 Mn、Co、Ni、Fe 等过渡金属氧化物按一定比例混合,采用陶瓷工艺制备而成的,它们具有 P 型半导体的特性。热敏电阻具有体积小、重量轻、热惯性小、工作寿命长、价格便宜,并且本身阻值大,不需考虑引线长度带来的误差,适用于远距离传输等优点。但热敏电阻也有非线性大、稳定性差、有老化现象、误差较大、离散性大(互换性不好)等缺点。热敏电阻一般只适用于低精度的温度测量。一般适用于 $-50\sim300\text{℃}$ 的低精度测量及温度补偿、温度控制等各种电路中。NTC 热敏电阻 R_{T} 温度特性实验原理如图 3-29 所示,恒压电源供电 $U_{\text{s}}=5\text{V}$,$W_{2\text{L}}$ 为采样电阻(可调节)。计算公式:

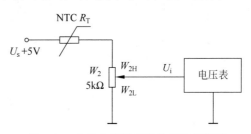

图 3-29　热敏电阻温度特性实验原理图

$$U_{\text{i}}=\left[W_{2\text{L}}/(R_{\text{T}}+W_{2})\right]\cdot U_{\text{s}}$$

式中,$U_{\text{s}}=5\text{V}$,R_{T} 为热电阻,$W_{2\text{L}}$ 为 W_2 活动触点到地的阻值作为采样电阻。

本实验需要用到机头平行梁中的热敏电阻、加热器;显示面板中的 F/V 表(或电压表)、$\pm 4\text{V}$ 直流稳压电源、$+5\text{V}$ 直流稳压电源;调理电路面板中传感器输出单元中的 R_{T} 热电阻、加热器;调理电路单元中的电桥、数显万用表(自备)。

3.2.6　任务实施

(1) 用数显万用表的 $20\text{k}\Omega$ 电阻挡测一下 R_{T} 热敏电阻在室温时的阻值。

R_{T} 是一个黑色(或蓝色或棕色)圆珠状元件,封装在双平行梁的上梁表面。加热器的阻值为 50Ω 左右,封装在双平行应变梁的上下梁之间,如图 3-30 所示。

(2) 调节 NTC 热敏电阻在室温时输出为 100mV。

按图 3-31 接线,将 F/V 表切换开关置 2V 挡,检查接线无误后合上主电源开关。调节

W_2 使 F/V 表显示为 100mV。

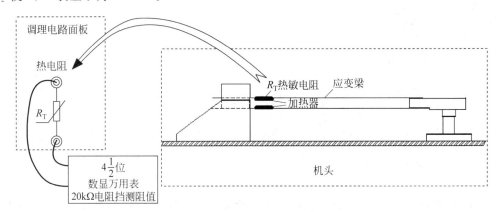

图 3-30　R_T 热电阻室温阻值测量示意图

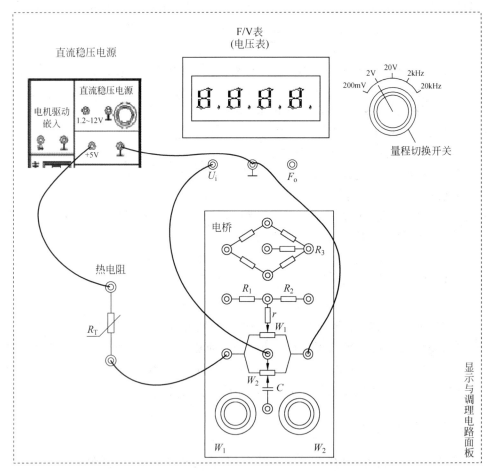

图 3-31　NTC 热敏电阻在室温时输出为 100mV 接线图

（3）将加热器接到±4V 稳压电源上，如图 3-32 所示，观察 F/V 表的显示变化（5～6min）。再将加热器电源去掉，再观察 F/V 表的显示变化。由此可见，当温度升高_____时，R_T 阻值_____，U_i_____。当温度下降_____时，R_T 阻值_____，U_i

_____。实验完毕,关闭所有电源。

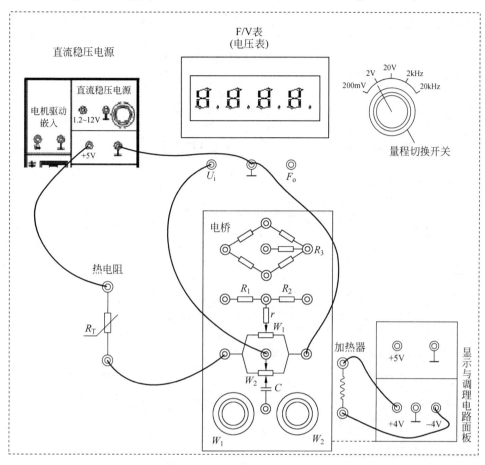

图 3-32 NTC 热敏电阻受热时温度特性实验接线图

3.2.7 考核标准

根据考核标准对本任务实施进行综合评价,并进行任务总结,教师给出评价意见。

考核标准

序号	工作过程	主要内容	评 分 标 准	配分	学生(自评)		教师评价	
					扣分	得分	扣分	得分
1	资讯准备(10分)	任务相关知识查找	查找相关知识学习,该任务知识能力掌握程度,达到 60% ,扣 5 分;达到 80% ,扣 2 分;达到 90% ,扣 1 分;达到 100% ,不扣分	10				

续表

序号	工作过程	主要内容	评分标准	配分	学生（自评）		教师评价	
					扣分	得分	扣分	得分
2	决策计划（10分）	确定方案编写计划	制定整体方案,格式基本规范,方案基本合理,扣2分;格式比较规范,方案比较合理,扣1分;格式规范、方案合理,不扣分	10				
3	实施执行（10分）	记录实施过程步骤	实施过程,步骤记录完整,不扣分;记录不完整度达到10%,扣2分;记录不完整度达到20%,扣3分;记录不完整度达到40%,扣5分	10				
4	检测评价（60分）	元件测试	元件测试规范,不扣分;不会用仪表检测元件质量好坏,扣2分	6				
			仪表使用不正确,扣3分	6				
		电路设计	电路布线杂乱,扣2分	6				
			元件布局不合理,扣2分	6				
			元件损坏,扣3分	6				
		调试检测	不能进行通电调试,扣3分	6				
			校验的方法不正确,扣3分	6				
			校验结果不正确,扣3分	6				
		调试效果	电路调试效果不理想,扣3分	6				
			灵活度较低,扣3分	6				
5	团队合作（10分）	安全操作	违反安全文明操作规程,扣2分	3				
		团队合作	团队合作较差,小组不能配合完成任务,扣2分	3				
		交流表达	不能用专业语言正确流利简述任务成果,扣2分	4				
合计				100				

学生自评总结	
教师评语	
学生签字	年　月　日　　教师签字
	年　月　日

 知识拓展

热电阻和热敏电阻的应用

1. 铂热电阻测温电路

图 3-33 为采用 EL-700(100Ω,Pt100)铂热电阻的高精度温度测量电路,测温范围为 $20\sim120℃$,对应的输出为 $0\sim2V$,输出电压可直接输入单片机作显示和控制信号。

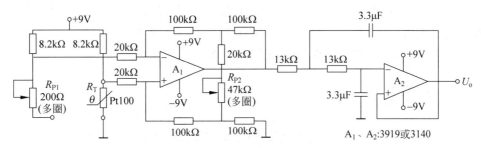

图 3-33　铂热电阻测温电路

2. 热敏电阻温控电路

图 3-34 是利用热敏电阻作为测温元件,进行自动控制温度的电加热器,电位器 R_P 用于调节不同的控温范围。测温用的热敏电阻 R_T 作为偏置电阻接在 T_1、T_2 组成的差分放大器电路内,当温度变化时,热敏电阻的阻值变化,引起 T_1 集电极电流变化,影响二极管 D_3 支路电流,从而使电容 C 充电电流发生变化,相应的充电速度发生变化,则电容电压升到单结晶体管 T_3 峰点电压的时刻发生变化,即单结晶体管的输出脉冲产生相移,改变了晶闸管 T_4 的导通角,从而改变了加热丝的电源电压,达到自动控制温度的目的。

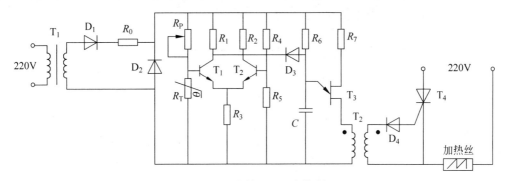

图 3-34　热敏电阻温度控制

3. 热敏电阻用于管道流量测量电路

图 3-35 中,R_{T1} 和 R_{T2} 是热敏电阻,R_{T1} 放在被测流量管道中,R_{T2} 放在不受流体干扰的容器内,R_1 和 R_2 是普通电阻,4 个电阻组成电桥。

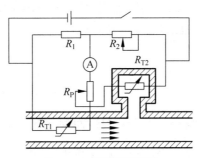

图 3-35　管道流量测量

当流体静止时,使电桥处于平衡状态。当流体流动时,要带走热量,使热敏电阻 R_{T1} 和 R_{T2} 散热情况不同,R_{T1} 因温度变化引起阻值变化,电桥失去平衡,电流表有指示。因为 R_{T1} 的散热条件取决于流量的大小,因此测量结果反映流量的变化。

习题与思考

1. 什么是应变效应?利用应变效应解释金属电阻应变片的工作原理。

2. 为什么应变式传感器大多采用交流不平衡电桥为测量电路?该电桥为什么又都采用半桥和全桥两种方式?

3. 什么是压阻效应?

4. 图 3-36 中,设负载电阻为无穷大(开路),$E=4V$,$R_1=R_2=R_3=R_4=100\Omega$。

(1) R_1 为金属应变片,其余为外接电阻。当 R_1 的增量为 $\Delta R_1=1.0\Omega$ 时,试求电桥的输出电压 U_o。

(2) R_1、R_2 都是应变片,且批号相同,感应应变的极性和大小都相同,其余为外接电阻。试求电桥的输出电压 U_o。

(3) R_1、R_2 都是应变片,且批号相同,感应应变的大小为 $\Delta R_1=\Delta R_2=1.0\Omega$,但极性相反,其余为外接电阻。试求电桥的输出电压 U_o。

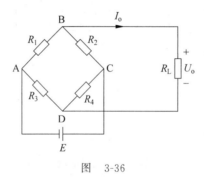

图 3-36

5. 什么是热电效应和热电动势?什么是接触电动势?什么是温差电动势?

6. 什么是热电偶的中间导体定律?中间导体定律有什么意义?

7. 什么是热电偶的标准电极定律?标准电极定律有什么意义?

8. 热电阻传感器主要分为哪两种类型?它们分别应用在什么不同场合?

9. 请简要叙述热敏电阻的优缺点及改进措施。

课程思政

名人故事——"中国核潜艇之父"黄旭华

黄旭华视频介绍

黄旭华,作为第一代攻击型核潜艇和战略导弹核潜艇总设计师,黄旭华仿佛将"惊涛骇浪"的功勋"深潜"在了人生的大海之中。

攻坚克难铸重器

核潜艇,是集海底核电站、海底导弹发射场和海底城市于一体的尖端工程。

"当时,我们只搞过几年苏式仿制潜艇,核潜艇和潜艇有着根本区别,核潜艇什么模样,大家都没见过,对内部结构更是一无所知。"黄旭华回忆说。

在开始探索核潜艇艇体线型方案时,黄旭华碰到的第一个难题就是艇型。最终他选择了最先进,也是难度最大的水滴线型艇体。

美国为建造同类型核潜艇,先是建了一艘常规动力水滴型潜艇,后把核动力装到水滴型潜艇上。

黄旭华通过大量的水池拖曳和风洞试验,取得了丰富的试验数据,为论证艇体方案的可行性奠定了坚实基础。"计算数据,当时还没有手摇计算机,我们初期只能依靠算盘。每一组数字由两组人计算,答案相同才能通过。常常为了一个数据会日夜不停地计算。"黄旭华回忆说。

核潜艇技术复杂,配套系统和设备成千上万。为了在艇内合理布置数以万计的设备、仪表、附件,黄旭华不断调整、修改、完善,让艇内超过 100km 长的电缆、管道各就其位,为缩短建造工期打下坚实基础。

用最"土"的办法来解决最尖端的技术问题,是黄旭华和他的团队克难攻坚的法宝。

除了用算盘计算数据,他们还采取用秤称重的方法:要求所有上艇设备都要过秤,安装中的边角余料也要一一过秤。几年的建造过程,天天如此,使核潜艇下水后的数值和设计值几乎吻合。正是这种精神,激励黄旭华团队一步到位,将核动力和水滴艇体相结合,研制出我国水滴型核动力潜艇。

终生奉献不言悔

核潜艇战斗力的关键在于极限深潜。然而,极限深潜试验的风险性非常高。美国曾有一艘核潜艇在深潜试验中沉没,这场灾难悲剧被写进了人类历史。

在核潜艇极限深潜试验中,黄旭华亲自上艇参与试验,成为当时世界上核潜艇总设计师亲自下水做深潜试验的第一人。

"所有的设备材料没有一个是进口的,都是我们自己造的。开展极限深潜试验,并没有绝对的安全保证。我总担心还有哪些疏忽的地方。为了稳定大家情绪,我决定和大家一起深潜。"黄旭华说。

核潜艇载着黄旭华和 100 多名参试人员,一米一米地下潜。

"在极限深度,一块扑克牌大小的钢板承受的压力是一吨多,100 多米长的艇体,任何一块钢板不合格、一条焊缝有问题、一个阀门封闭不足,都可能导致艇毁人亡。"巨大的海水压力压迫艇体发出"咔嗒"的声音,惊心动魄。

黄旭华镇定自若,了解数据后,指挥继续下潜,直至突破此前纪录。在此深度,核潜艇的耐压性和系统安全可靠,全艇设备运转正常。

正是凭着这样的奉献精神,黄旭华和团队于 1970 年研制出我国第一艘核潜艇,各项性能均超过美国 1954 年的第一艘核潜艇。建造周期之短,在世界核潜艇发展史上是罕见的。

　　1970年12月26日,当凝结了成千上万研制人员心血的庞然大物顺利下水,黄旭华禁不住热泪长流。核潜艇一万年也要搞出来的伟大誓言,新中国用了不到一代人的时间就实现了。

　　几十年来,黄旭华言传身教,培养和选拔出了一批又一批技术人才。他常用"三面镜子"来勉励年轻人:一是放大镜——跟踪追寻有效线索;二是显微镜——看清内容和实质性;三是照妖镜——去伪存真,为我所用。

第4章

电感式与电容式传感器的应用

4.1 课件　　4.2 课件

学习目标

知识能力：了解电感式、电容式传感器的基本原理，掌握变磁阻式、电涡流式等电感式传感器在位移等检测中的应用；掌握变面积型、变介质型、变极距型等电容式传感器在振动、压力等检测中的应用。

实操技能：掌握电感式和电容式传感器的识别、选用和检测方法。

综合能力：提高学生分析问题和解决问题的能力，加强对学生沟通能力及团队协作精神的培养。

思政目标

培养学生的家国情怀，树立民族自豪感，发扬勇于创新的精神。

电感式传感器利用电磁感应原理将被测非电量转换成线圈自感量或互感量的变化，进而由测量电路转换为电压或电流的变化量。电感式传感器种类很多，主要有自感式、互感式和电涡流式三种，可用来测量位移、压力、流量、振动、速度等。电感式传感器结构简单、工作可靠、抗干扰能力强、测量精度高、零点稳定、对工作环境要求不高、寿命长、分辨率较高、输出功率大，但自身频率响应低，不适用于快速动态测量和分辨率低的应用场合。

电容式传感器采用电容器作为传感元件，将被测非电量（如位移、压力等）的变化转换为电容量的变化。电容式传感器可分为变介质型、变面积型、变极距型三种。电容式传感器结构简单、体积小、分辨率高，可非接触式测量，并能在高温、辐射和强烈振动等恶劣条件下工作，广泛应用于压力、差压、液位、振动、位移、加速度、成分含量等方面测量。

本章通过电涡流传感器在微小位移测量上的应用，介绍电感式传感器相关知识和核心技能；通过电容式传感器的位移特性测量项目，介绍电容式传感器相关知识和核心技能。

4.1　基于电感式传感器的位移测量设计

4.1.1　自感式电感传感器

1. 结构及工作原理

自感式电感传感器是利用线圈的电感量的变化来实现测量的,其结构如图 4-1 所示,它由线圈、铁芯和衔铁三部分组成。铁芯和衔铁由导磁材料如硅片、坡莫合金制成,在铁芯和衔铁之间有气隙,气隙厚度为 δ。传感器的运动部分与衔铁相连,当被测量变化时,衔铁产生位移,引起磁路中磁阻变化,从而导致电感量变化。因此只要能测出这种电感量的变化,就能确定衔铁位移量的大小和方向。这种传感器称为变磁阻式传感器。

根据对电感的定义,线圈中的电感量可由下式确定:

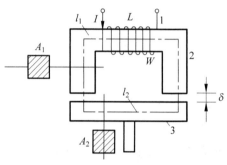

1—线圈;2—铁芯(定铁芯);3—衔铁(动铁芯)。

图 4-1　自感式电感传感器结构原理图

$$L = \frac{\psi}{I} = \frac{W\Phi}{I} \tag{4-1}$$

式中:ψ——线圈总磁链;

　　　I——通过线圈的电流;

　　　W——线圈的匝数;

　　　Φ——穿过线圈的磁通。

由磁路欧姆定律,得

$$\Phi = \frac{IW}{R_{\mathrm{m}}} \tag{4-2}$$

式中:R_{m}——磁路总磁阻。

对于变气隙式传感器,因为气隙很小,所以可以认为气隙中的磁场是均匀的。若忽略磁路磁损,则磁路总磁阻为

$$R_{\mathrm{m}} = \frac{l_1}{\mu_1 A_1} + \frac{l_2}{\mu_2 A_2} + \frac{2\delta}{\mu_0 A_0} \tag{4-3}$$

式中:μ_1——铁芯材料的磁导率;

　　　μ_2——衔铁材料的磁导率;

　　　l_1——磁通通过铁芯的长度;

　　　l_2——磁通通过衔铁的长度;

　　　A_1——铁芯的截面积;

A_2——衔铁的截面积;

μ_0——空气的磁导率;

A_0——气隙截面积;

δ——气隙厚度。

气隙磁阻远大于铁芯和衔铁的磁阻,即

$$\frac{2\delta}{\mu_0 A_0} \gg \frac{l_1}{\mu_1 A_1}$$

$$\frac{2\delta}{\mu_0 A_0} \gg \frac{l_2}{\mu_2 A_2}$$

故式(4-3)可写成

$$R_m = \frac{2\delta}{\mu_0 A_0} \tag{4-4}$$

联立式(4-1)、式(4-2)及式(4-4),可得

$$L = \frac{W^2}{R_m} = \frac{W^2 \mu_0 A_0}{2\delta} \tag{4-5}$$

由式(4-5)可知,当线圈匝数为常数时,电感 L 是气隙厚度 δ 和气隙截面积 A_0 的函数。如果气隙截面积 A_0 不变,改变气隙厚度 δ,则电感 L 是气隙厚度 δ 的单值函数,这样就构成变气隙式电感传感器;如果气隙厚度 δ 不变,改变气隙面积 A_0,则电感 L 是气隙面积 A_0 的单值函数,这样就构成变面积式电感传感器。

2. 测量转换电路

自感式电感传感器测量电路的作用是将电感量的变化转换成电压或电流信号,便于放大器进行放大,并用仪表显示和记录。测量电路主要有交流电桥式和谐振式等。

1) 交流电桥式测量电路

交流电桥式测量电路常与差动式电感传感器配合使用,常用形式有交流电桥和变压器式交流电桥两种。

(1) 图4-2为交流电桥测量电路,传感器的两个线圈作为电桥的两相邻桥臂 Z_1 和 Z_2,另外两个相邻桥臂为纯电阻 R。设 $Z_1 = Z_0 + \Delta Z$,$Z_2 = Z_0 - \Delta Z$,则有

$$\dot{U}_o = \frac{R}{R + R}\dot{U}_i - \frac{Z_2}{Z_1 + Z_2}\dot{U}_i = \frac{\Delta Z}{Z_0} \cdot \frac{\dot{U}_i}{2} \tag{4-6}$$

若忽略线圈电阻,则有

$$\dot{U}_o = \frac{\Delta L}{2L_0}\dot{U}_i \tag{4-7}$$

结论:通过该交流电桥,可把电感量的变化转换为输出电压的变化,输出电压与传感器电感的相对变化量成正比。

(2) 图4-3为变压器式交流电桥测量电路,相邻两臂 Z_1 和 Z_2 是传感器两个线圈的阻抗,另外两臂为交流变压器的二次绕组。当空载时,输出电压为

$$\dot{U}_o = \left(\frac{Z_2}{Z_1 + Z_2} - \frac{1}{2}\right)\dot{U}_i \tag{4-8}$$

初始衔铁位于中间位置时,$Z_1 = Z_2 = Z_0$,此时 $\dot{U}_o = 0$,电桥平衡。

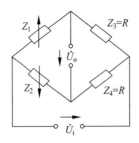

图 4-2　交流电桥测量电路

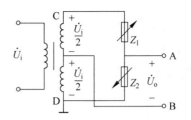

图 4-3　变压器式交流电桥测量电路

当衔铁向上移动时,设线圈 1 阻抗增加 ΔZ,则线圈 2 阻抗减小 ΔZ,此时有

$$\dot{U}_o = \left(\frac{Z_0 - \Delta Z}{2Z_0} - \frac{1}{2} \right) \dot{U}_i = -\frac{\Delta Z}{Z_0} \cdot \frac{\dot{U}_i}{2} \tag{4-9}$$

若忽略线圈电阻,则有

$$\dot{U}_o = -\frac{\Delta L}{2L_0} \dot{U}_i \tag{4-10}$$

同理,当衔铁向下移动时,有

$$\dot{U}_o = \frac{\Delta L}{2L_0} \dot{U}_i \tag{4-11}$$

由此可见,衔铁上下移动时,输出电压大小相等、极性相反,即输出电压既能反映被测体位移的大小,又能反映位移的方向,且输出电压与电感变化量成正比。

2) 谐振式测量电路

谐振式测量电路有谐振式调幅电路和谐振式调频电路。在调幅电路中,传感器电感 L 与电容 C、变压器原边串联在一起,接入交流电源 $\dot{U}$,变压器副边将有电压 $\dot{U}_o$ 输出。输出电压的频率与电源频率相同,而幅值随电感 L 变化,图 4-4 为输出电压 $\dot{U}_o$ 与电感 L 的关系曲线,其中 L_0 为谐振点的电感值。此电路灵敏度很高,但线性差,适用于线性度不高的场合。

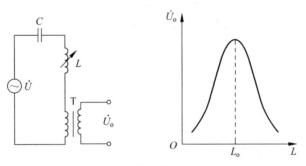

图 4-4　谐振式调幅电路

调频电路的基本原理是传感器电感 L 的变化将引起输出电压频率的变化。通常把传感器电感 L 和电容 C 接入一个振荡回路中,其振荡频率 $f = 1/(2\pi\sqrt{LC})$。当 L 变化时,振荡频率随之变化,根据 f 的大小即可测出被测量的值。图 4-5 为 f 与 L 的关系曲线,它具有显著的非线性关系。

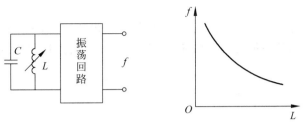

图 4-5　谐振式调频电路

4.1.2　差动变压器式传感器

1. 工作原理

差动变压器式传感器工作原理是基于变压器的作用原理。螺旋管式差动变压器的结构如图 4-6(a)所示。它由两个或多个带铁芯的电感线圈组成,一次绕组、二次绕组之间的耦合,可随衔铁或两个绕组之间的相对移动而改变,可把被测量位移转换成传感器的互感变化,从而将被测位移转换成电压输出。由于广泛采用两个二次绕组,将其同名端串接而以差动方式输出,故这种传感器也称为差动变压器式传感器。

等效电路如图 4-6(b)所示。当一次绕组加以激励电压 $\dot{U}_i$ 时,根据变压器工作原理,在两个二次绕组中便产生感应电动势 $\dot{E}_{2a}$ 和 $\dot{E}_{2b}$,如果工艺上保证变压器结构完全对称,则当活动衔铁处于中间位置时,两互感系数 $M_a = M_b$,差动变压器输出为零。

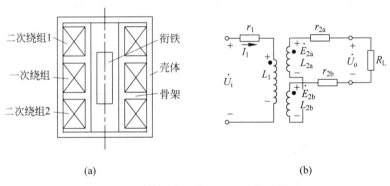

(a)　　　　　　　　　　　　　　(b)

图 4-6　螺旋管式差动变压器结构示意图

(a)结构;(b)等效电路

2. 测量电路

差动变压器输出电压为交流电压,若用交流电压表测量,只能反映衔铁位移的大小,不能反映衔铁移动的方向,且在零位附近的小位移测量比较困难。为了辨别衔铁移动方向,并消除零点残余电压,实际测量常采用相敏检波电路和差动全波整流电路。

1)相敏检波电路

相敏检波电路如图 4-7 所示,相敏检波电路要求参考电压与差动变压器二次绕组输出电压频率相同,相位相同或相反,因此常接入移相电路。为提高检波效率,参考电压的幅值取信号电压的 3~5 倍。

经过相敏检波电路,正位移输出正电压,负位移输出负电压,电压值的大小表明位移的大小,电压的正负表明位移的方向。因此,原来的 V 字形输出特性曲线变成经过零点的一条直线,如图 4-8 所示。

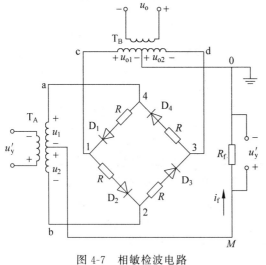

图 4-7　相敏检波电路　　　　　　　图 4-8　输出特性曲线

2) 差动全波整流电路

差动全波整流电路如图 4-9 所示。这种电路是把差动变压器的两个二次绕组输出电压分别整流,然后再将整流后的电压或电流的差值作为输出,这样可以不考虑相位调整和零点残余电压的影响。

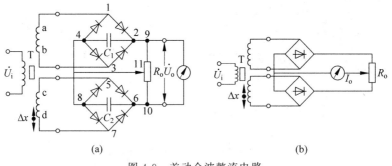

(a)　　　　　　　　　　　　　　(b)

图 4-9　差动全波整流电路

(a) 全波电压输出;(b) 全波电流输出

差动全波整流电路同样具有相敏检波作用,这种电路结构简单、应用广泛,一般不需要调整相位,也不需要考虑零位电压的影响,对感应和分布电容影响不敏感,便于远距离输送。

经相敏检波和差动整流输出的信号,还需经过低通滤波电路,把调制的高频载波信号滤掉,检出衔铁位移产生的有用信号。

4.1.3　电涡流电感式传感器

电涡流电感式传感器是根据电涡流效应制成的传感器。电涡流效应指的是这样一种现象：根据法拉第电磁感应定律,块状金属导体置于变化的磁场中或在磁场中做切割磁力线运动时,通过导体的磁通将发生变化,产生感应电动势,该电动势在导体表面形成电流并自行闭合,状似水中的涡流,称为电涡流。电涡流只集中在金属导体的表面,这一现象称为趋肤效应。

电涡流传感器最大的特点是能对位移、厚度、表面温度、速度、应力、材料损伤等进行非接触式连续测量,还具有体积小、灵敏度高、频率响应宽等特点,应用极其广泛。

1. 结构及工作原理

电涡流传感器原理结构如图 4-10(a)所示。它由传感器激励线圈和被测金属体组成。根据法拉第电磁感应定律,当传感器激励线圈中通以正弦交变电流时,线圈周围将产生正弦交变磁场,使位于该磁场中的金属导体产生感应电流,该感应电流又产生新的交变磁场。新的交变磁场的作用是为了反抗原磁场,这就导致传感器线圈的等效阻抗发生变化。传感器线圈受电涡流影响时的等效阻抗 Z 为

$$Z = F(\rho, \mu, r, f, x) \tag{4-12}$$

式中：ρ——被测体的电阻率;

μ——被测体的磁导率;

r——线圈与被测体的尺寸因子;

f——线圈中激磁电流的频率;

x——线圈与导体间的距离。

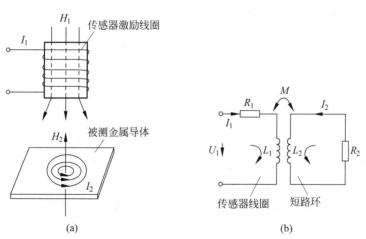

图 4-10 电涡流传感器工作原理

(a) 原理结构;(b) 等效电路

由此可见,线圈阻抗的变化完全取决于被测金属导体的电涡流效应,分别与以上因素有关。如果只改变式(4-12)中的一个参数,保持其他参数不变,传感器线圈的阻抗 Z 就只与该参数有关,如果测出传感器线圈阻抗的变化,就可确定该参数。一般是改变线圈与导体间的距离 x,而保持其他参数不变。

2. 等效电路

电涡流传感器的等效电路如图 4-10(b)所示,可以把产生电涡流的金属导体等效成一个短路环,即假设电涡流只分布在环体内。

由基尔霍夫电压定律有

$$\begin{cases} R_1 \dot{I}_1 + j\omega L_1 \dot{I}_1 - j\omega M \dot{I}_2 = \dot{U}_1 \\ -j\omega M \dot{I}_1 + R_2 \dot{I}_2 + j\omega L_2 \dot{I}_2 = 0 \end{cases} \tag{4-13}$$

式中：ω——线圈激磁电流的角频率；

　　　R_1、L_1——线圈的电阻、电感；

　　　R_2、L_2——短路环的等效电阻、等效电感；

　　　M——线圈与金属导体间的互感系数。

由式(4-13)可得发生电涡流效应后线圈的等效阻抗为

$$Z = \frac{\dot{U}_1}{\dot{I}_1} = R_1 - \frac{\omega^2 M^2 R_2}{R_2^2 + (\omega L_2)^2} + j\omega \left[L_1 + \frac{\omega^2 M^2 L_2}{R_2^2 + (\omega L_2)^2} \right]$$

$$= R_{eq} + j\omega L_{eq} \tag{4-14}$$

式中：R_{eq}——产生电涡流效应后线圈的等效电阻；

　　　L_{eq}——产生电涡流效应后线圈的等效电感。

$$R_{eq} = R_1 - \frac{\omega^2 M^2 R_2}{R_2^2 + (\omega L_2)^2} \tag{4-15}$$

$$L_{eq} = L_1 + \frac{\omega^2 M^2 L_2}{R_2^2 + (\omega L_2)^2} \tag{4-16}$$

线圈的等效机械品质因数 Q 值为

$$Q = \frac{\omega L_{eq}}{R_{eq}} \tag{4-17}$$

由上面可知：

(1) 产生电涡流效应后，由于电涡流的影响，线圈复阻抗的实部(等效电阻)增大、虚部(等效电感)减小，因此，线圈的等效机械品质因数下降。

(2) 电涡流传感器的等效电气参数都是互感系数 M^2 的函数。通常总是利用其等效电感的变化组成测量电路，因此，电涡流传感器属于电感式传感器(互感式)。

3. 测量电路

电涡流传感器的测量电路主要有调频式、调幅式两种。

1) 调频式测量电路

调频式测量电路如图 4-11 所示，传感器线圈作为组成 LC 振荡器的电感元件，并联谐振回路的谐振频率为

$$f = \frac{1}{2\pi \sqrt{LC_0}} \tag{4-18}$$

当电涡流线圈与被测物体间的距离变化时，电涡流线圈的电感量在涡流影响下随之变化，引起振荡器的输出频率变化，该频率信号(TTL 电平)可直接输入计算机进行计数，或通过频率-电压转换器(又称为鉴频器)将频率信号转换为电压信号，用数字电压表显示其对应的电压。

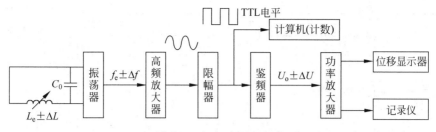

图 4-11 调频式测量电路

2）调幅式测量电路

调幅式测量电路如图 4-12 所示，它由传感器线圈、电容器和石英晶体组成石英晶体振荡电路。石英晶体振荡器通过耦合电阻 R，向由传感器线圈和一个微调电容组成的并联谐振回路提供一个稳频稳幅的高频激励信号，相当于一个恒流源，即给谐振回路提供一个频率稳定（f_0）的激励电流 i_0，LC 回路的阻抗为

$$Z = j\omega L \parallel \frac{1}{j\omega C} = \frac{j\omega L}{1 - \omega^2 LC} \tag{4-19}$$

式中：ω——石英振荡频率。

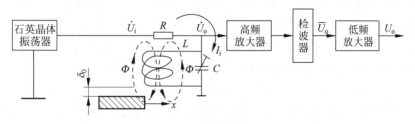

图 4-12 调幅式测量电路

当被测金属导体靠近或远离传感器线圈时，线圈的等效电感 L 发生变化，导致回路失谐，相应的谐振频率改变，等效阻抗减小，从而使输出电压幅值减小。L 的数值随距离的变化而变化，因此，输出电压也随距离而变化，从而实现测量的要求。

 实操技能

4.1.4 任务描述

基于电涡流传感器的微小位移测量

电涡流传感器实验

本任务通过 ZGL-998 传感器试验台的操作，了解电涡流传感器测量位移的工作原理和特性，掌握应用电涡流传感器测量位移和振动的原理与方法。

4.1.5 任务分析

电涡流式传感器是一种建立在涡流效应原理上的传感器。本实验的涡流变换器为变频调幅式测量电路，电路原理与面板如图 4-13 所示。

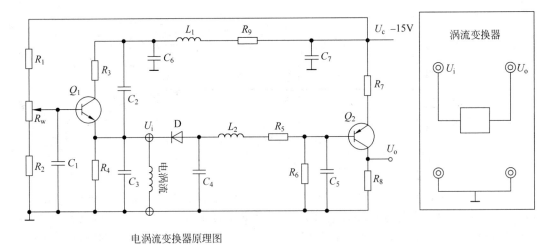

电涡流变换器原理图

图 4-13　电涡流变换器原理图与面板图

电路组成：

(1) Q_1、C_1、C_2、C_3 组成电容三点式振荡器,产生频率为 1MHz 左右的正弦载波信号。电涡流传感器接在振荡回路中,传感器线圈是振荡回路的一个电感元件。振荡器的作用是将位移变化引起的振荡回路的 Q 值变化转换成高频载波信号的幅值变化。

(2) D、C_5、L_2、C_6 组成了由二极管和 LC 形成的 π 形滤波的检波器。检波器的作用是将高频调幅信号中传感器检测到的低频信号取出来。

(3) Q_2 组成射极跟随器。射极跟随器的作用是输入、输出匹配以获得尽可能大的不失真输出的幅度值。电涡流传感器是通过传感器端部线圈与被测物体(导电体)间的间隙变化来测物体的振动相对位移量和静位移的,它与被测物之间没有直接的机械接触,具有很宽的使用频率范围(0～10Hz)。当无被测导体时,振荡器回路谐振于 f_0,传感器端部线圈 Q_0 为定值且最高,对应的检波输出电压 U_0 最大。当被测导体接近传感器线圈时,线圈 Q 值发生变化,振荡器的谐振频率发生变化,谐振曲线变得平坦,检波出的幅值 U_0 变小。U_0 变化反映了位移 x 的变化。电涡流传感器在位移、振动、转速、厚度测量上得到应用。

本实验需要用到机头中的振动台、测微头、电涡流传感器、被测体(铁圆片);显示面板中的 F/V 表(或电压表);调理电路面板传感器输出单元中的电涡流、调理电路面板中的涡流变换器;示波器(自备)。

4.1.6　任务实施

1. 电涡流传感器测位移特性

(1) 调节测微头初始位置的刻度值为 10mm 处,松开电涡流传感器的安装轴套紧固螺钉,调节电涡流传感器高度与电涡流检测片相贴时拧紧轴套紧固螺钉并按图 4-14 示意接线。

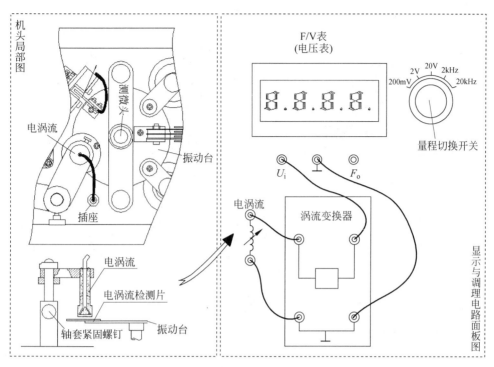

图 4-14　电涡流传感器位移特性实验接线示意图

（2）将 F/V 表（或电压表）量程切换开关切换到 20V 挡，检查接线无误后合上主、副电源开关（在涡流变换器输入端可接示波器观测振荡波形），记下电压表读数，然后顺时针调节测微头微分筒每隔 0.1mm 读一个数，直到输出 U_o 变化很小为止并将数据列入表 4-1。

表 4-1　电涡流传感器位移 x 与输出电压数据

x/mm										
U_o/V										

2. 电涡流传感器测振动特性

（1）调节测微头远离振动台，不能妨碍振动台的上下运动。按图 4-15 示意接线。

（2）将低频振荡器幅度旋钮逆时针转到底（低频输出幅度最小）；电压表的量程切到 20V 挡。检查接线无误后合上主、副电源开关，松开电涡流传感器的安装轴套紧固螺钉，调整电涡流传感器与电涡流检测片的间隙，使电压表显示为 2.5V 左右时拧紧轴套紧固螺钉（传感器与被测体铁圆片静态时的最佳距离为线性区域中点）。

（3）调节低频振荡器的频率为 8Hz 左右，再调节低频振荡器幅度使振动台起振，振动幅度不能过大（电涡流传感器只能测小位移，否则超线性区域）。用示波器监测涡流变换器的输出波形；再分别改变低频振荡器的振荡频率、幅度，分别观察、体会涡流变换器输出波形的变化。实验完毕，关闭所有电源。

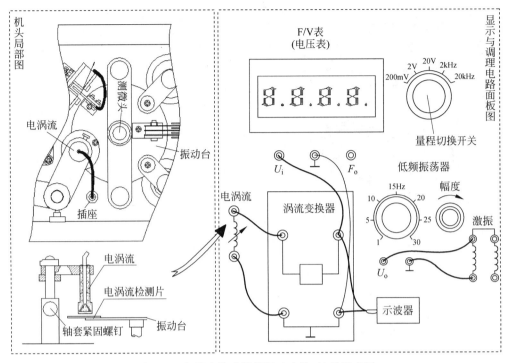

图 4-15　电涡流传感器测振动安装、接线示意图

4.1.7　结果分析

根据表 4-1 数据作出 U-x 实验曲线。在实验曲线上截取线性较好的区域作为传感器的位移量程计算灵敏度和线性度（可用最小二乘法或其他拟合直线）。实验完毕,关闭所有电源。

4.1.8　考核标准

根据考核标准对本任务实施进行综合评价,并进行任务总结,教师给出评价意见。

考核标准

序号	工作过程	主要内容	评 分 标 准	配分	学生(自评)		教师评价	
					扣分	得分	扣分	得分
1	资讯准备(10分)	任务相关知识查找	查找相关知识学习,该任务知识能力掌握程度,达到 60% ,扣 5 分;达到 80% ,扣 2 分;达到 90% ,扣 1 分;达到 100% ,不扣分	10				

续表

序号	工作过程	主要内容	评分标准	配分	学生(自评) 扣分	学生(自评) 得分	教师评价 扣分	教师评价 得分
2	决策计划(10分)	确定方案编写计划	制定整体方案,格式基本规范,方案基本合理,扣2分;格式比较规范,方案比较合理,扣1分;格式规范、方案合理,不扣分	10				
3	实施执行(10分)	记录实施过程步骤	实施过程,步骤记录完整,不扣分;记录不完整度达到10%,扣2分;记录不完整度达到20%,扣3分;记录不完整度达到40%,扣5分	10				
4	检测评价(60分)	元件测试	元件测试规范,不扣分;不会用仪表检测元件质量好坏,扣2分	6				
			仪表使用不正确,扣3分	6				
		电路设计	电路布线杂乱,扣2分	6				
			元件布局不合理,扣2分	6				
			元件损坏,扣3分	6				
		调试检测	不能进行通电调试,扣3分	6				
			校验的方法不正确,扣3分	6				
			校验结果不正确,扣3分	6				
		调试效果	电路调试效果不理想,扣3分	6				
			灵活度较低,扣3分	6				
5	团队合作(10分)	安全操作	违反安全文明操作规程,扣2分	3				
		团队合作	团队合作较差,小组不能配合完成任务,扣2分	3				
		交流表达	不能用专业语言正确流利简述任务成果,扣2分	4				
合计				100				

学生自评总结	
教师评语	

学生签字		教师签字	
	年　月　日		年　月　日

拓展与思考

电涡流传感器的应用

　　电涡流传感器由于具有结构简单、灵敏度高、线性范围大、频率响应范围宽、抗干扰能力强等优点,并能进行非接触性测量,因而在科学领域和工业生产中得到广泛应用。下面介绍电涡流传感器的几种典型应用。

1. 位移测量

电涡流传感器与被测金属导体的距离变化将影响其等效阻抗,根据该原理可用电涡流传感器来实现对位移的测量,如汽轮机主轴的轴向位移、金属试样的热膨胀系数、钢水的液位、流体压力等。

2. 振幅测量

电涡流传感器可以无接触地测量各种机械振动,测量范围从几十微米到几毫米,如测量轴的振动形状,可用多个电涡流传感器并排安置在轴附近,如图 4-16(a)所示,用多通道指示仪输出至记录仪,在轴振动时获得各传感器所在位置的瞬时振幅,因而可测出轴的瞬时振动分布形状。

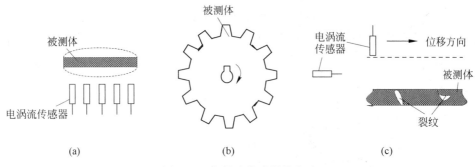

图 4-16　电涡流传感器的应用

(a)振幅测量;(b)转速测量;(c)无损探伤

3. 转速测量

把一个旋转金属体加工成齿轮状,旁边安装一个电涡流传感器,如图 4-16(b)所示,当旋转体旋转时,传感器将产生周期性的脉冲信号输出。对单位时间内输出的脉冲进行计数,从而计算出其转速为

$$r = \frac{N/n}{t} \qquad\qquad (4\text{-}20)$$

式中:N/t——单位时间内的脉冲数;

$\qquad n$——旋转体的齿数。

4. 无损探伤

可以将电涡流传感器做成无损探伤仪,用于非破坏性地探测金属材料的表面裂纹、热处理裂纹以及焊缝裂纹等。如图 4-16(c)所示,探测时,使传感器与被测体的距离不变,保持平行相对移动,遇有裂纹时,金属的电导率、磁导率发生变化,裂缝处的位移量也将改变,结果引起传感器的等效阻抗发生变化,通过测量电路达到探伤的目的。

4.2　基于电容式传感器的位移特性测量

电容式传感器利用将非电量的变化转换为电容量的变化来实现对物理量的测量。电容

式传感器广泛用于位移、振动、角度、加速度、压力、差压、液面（料位或物位）、成分含量等的测量。

4.2.1　电容式传感器的结构及工作原理

电容式传感器的常见结构包括平板状和圆筒状，简称平板电容器或圆筒电容器。

平板电容式传感器的结构如图 4-17 所示。在不考虑边缘效应的情况下，其电容量的计算公式为

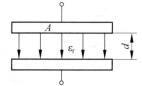

$$C = \frac{\varepsilon A}{d} = \frac{\varepsilon_0 \varepsilon_r A}{d} \qquad (4\text{-}21)$$

式中：A——两平行板所覆盖的面积；

图 4-17　平板电容式传感器的结构

ε——电容极板间介质的介电常数；

ε_0——自由空间（真空）介电常数，$\varepsilon_0 = 8.854 \times 8^{-12} \text{F/m}$；

ε_r——极板间介质相对介电常数；

d——两平行板间的距离。

当被测参数变化引起 A、ε_r 或 d 变化时，将导致平板电容式传感器的电容量 C 随之发生变化。在实际使用中，通常保持其两个参数不变，而只改变其中一个参数，把该参数的变化转换成电容量的变化，通过测量电路转换为电量输出。因此，平板电容式传感器可分为三种：变极板面积 A 的变面积型、变介质介电常数 ε_r 的变介质型、变极板间距离 d 的变极距型，其电极形状有平板形、圆柱形和球面形三种。

1. 变面积型电容式传感器

1）线位移变面积型

常用的线位移变面积型电容式传感器有平板状和圆筒状两种结构，如图 4-18 所示。

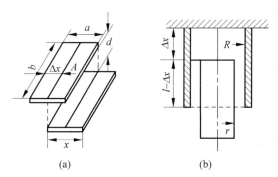

(a)　　　　　　　　(b)

图 4-18　线位移变面积型电容式传感器原理图

(a) 平板状；(b) 圆筒状

对于平板状结构，当被测量通过移动动极板引起两极板有效覆盖面积 A 发生变化时，将导致电容量变化。设动极板相对于定极板的平移距离为 Δx，则电容的相对变化量为

$$\frac{\Delta C}{C_0} = -\frac{\Delta x}{a} \qquad (4\text{-}22)$$

由此可见，平板电容式传感器的电容改变量 ΔC 与水平位移 Δx 呈线性关系。

对于圆筒状结构，当动极板圆筒沿轴向移动 Δx 时，电容的相对变化量为

$$\frac{\Delta C}{C_0} = -\frac{\Delta x}{l} \tag{4-23}$$

由此可见,圆筒电容式传感器的电容改变量 ΔC 与轴向位移 Δx 呈线性关系。

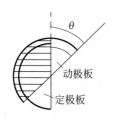

图 4-19 角位移变面积型电
容式传感器原理图

2)角位移变面积型

角位移变面积型电容式传感器的原理如图 4-19 所示。当动极板有一个角位移 θ 时,有

$$\frac{\Delta C}{C_0} = \frac{\theta}{\pi} \tag{4-24}$$

式中,C_0——初始电容量,$C_0 = \dfrac{\varepsilon_0 \varepsilon_r A_0}{d}$。

由此可见,传感器的电容改变量 ΔC 与角位移 θ 呈线性关系。

2. 变介质型电容式传感器

变介质型电容式传感器利用不同介质的介电常数各不相同,通过介质的改变来实现对被测量的检测,并通过电容式传感器的电容量的变化反映出来。

1)平板结构

平板结构变介质型电容式传感器的原理如图 4-20 所示。由于在两极板间所加介质(其介电常数为 ε_1)的分布位置不同,可分为串联型和并联型两种结构。

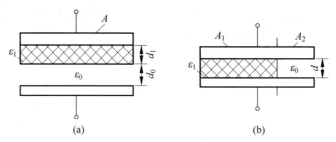

图 4-20 平板结构变介质型电容式传感器原理图

(a)串联型;(b)并联型

对于串联型结构,总的电容值为

$$C = \frac{\varepsilon_0 \varepsilon_1 A}{\varepsilon_1 d_0 + d_1} \tag{4-25}$$

当未加入介质 ε_1 时的初始电容为

$$C_0 = \frac{\varepsilon_0 A}{d_0 + d_1} \tag{4-26}$$

介质改变后的电容增量为

$$\Delta C = C - C_0 = C_0 \frac{\varepsilon_1 - 1}{\varepsilon_1 \dfrac{d_0}{d_1} + 1} \tag{4-27}$$

可见,介质改变后的电容增量与所加介质的介电常数 ε_1 呈非线性关系。

对于并联型结构,总的电容值为

$$C = \frac{\varepsilon_0 \varepsilon_1 A_1 + \varepsilon_0 A_2}{d} \tag{4-28}$$

当未加入介质 ε_1 时的初始电容为

$$C_0 = \frac{\varepsilon_0(A_1 + A_2)}{d} \qquad (4\text{-}29)$$

介质改变后的电容增量为

$$\Delta C = C - C_0 = \frac{\varepsilon_0 A_1(\varepsilon_1 - 1)}{d} \qquad (4\text{-}30)$$

可见,介质改变后的电容增量与所加介质的介电常数 ε_1 呈线性关系。

2)圆筒结构

图 4-21 为圆筒结构变介质型电容式传感器用于测量液位高低的结构原理图。设被测介质的相对介电常数为 ε_1,液面高度为 h,变换器总高度为 H,内筒外径为 d,外筒内径为 D,此时相当于两个电容器并联。对于筒式电容器,如果不考虑端部的边缘效应,当未注入液体时的初始电容为

$$C_0 = \frac{2\pi\varepsilon_0 H}{\ln \dfrac{D}{d}} \qquad (4\text{-}31)$$

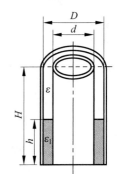

总的电容值为

$$C = \frac{2\pi\varepsilon_0 H}{\ln \dfrac{D}{d}} + \frac{2\pi\varepsilon_0 h(\varepsilon_1 - 1)}{\ln \dfrac{D}{d}} = C_0 + \frac{2\pi h\varepsilon_0(\varepsilon_1 - 1)}{\ln \dfrac{D}{d}} \qquad (4\text{-}32)$$

$$\Delta C = C - C_0 = \frac{2\pi h\varepsilon_0(\varepsilon_1 - 1)}{\ln \dfrac{D}{d}} \qquad (4\text{-}33)$$

图 4-21 圆筒结构变介质型电容式传感器液位测量原理图

由式(4-33)可知,电容增量 ΔC 与被测液位的高度 h 呈线性关系。

3. 变极距型电容式传感器

平板电容式传感器介电常数和面积为常数,初始极板间距为 d_0 时,其初始电容量为

$$C_0 = \frac{\varepsilon_0 \varepsilon_r A}{d_0} \qquad (4\text{-}34)$$

测量时,一般将平板电容器的一个极板固定(称为定极板),另一个极板与被测体相连(称为动极板)。如果动极板因被测参数改变而位移,导致平板电容器极板间距缩小 Δd,电容量增大 ΔC,则有

$$\frac{\Delta C}{C_0} = \frac{\Delta d}{d_0 - \Delta d} \qquad (4\text{-}35)$$

如果极板间距改变很小,$\Delta d/d_0 \ll 1$,则式(4-35)可按泰勒级数展开为

$$C = C_0 + \Delta C = C_0 \left[1 + \frac{\Delta d}{d_0} + \left(\frac{\Delta d}{d_0}\right)^2 + \left(\frac{\Delta d}{d_0}\right)^3 + \cdots \right] \qquad (4\text{-}36)$$

对式(4-36)做线性化处理,忽略高次的非线性项,经整理可得

$$\Delta C = \frac{C_0}{d_0} \Delta d \qquad (4\text{-}37)$$

由此可见,ΔC 与 Δd 近似为线性关系。

在实际应用中,为了既提高灵敏度,又减小非线性误差,通常采用差动结构,如图 4-22 所示。

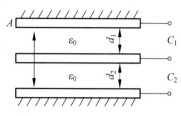

图 4-22　变极距型平板电容器
　　　　的差动式结构

初始时两电容器极板间距均为 d_0,初始电容量为 C_0。当中间的动极板向上位移 Δd 时,电容器 C_1 的极板间距 d_1 变为 $d_0 - \Delta d$,电容器 C_2 极板间距 d_2 变为 $d_0 + \Delta d$,因此有

$$C_1 = C_0 \frac{1}{1 - \dfrac{\Delta d}{d_0}} \tag{4-38}$$

$$C_2 = C_0 \frac{1}{1 + \dfrac{\Delta d}{d_0}} \tag{4-39}$$

在 $\Delta d / d_0 \ll 1$ 时,按泰勒级数展开,可求出两个电容器的电容量 C_1、C_2,从而得到

$$\Delta C = C_1 - C_2 = C_0 \left[2\left(\frac{\Delta d}{d_0}\right) + 2\left(\frac{\Delta d}{d_0}\right)^3 + 2\left(\frac{\Delta d}{d_0}\right)^5 + \cdots \right] \tag{4-40}$$

电容值的相对变化量为

$$\frac{\Delta C}{C_0} = 2\frac{\Delta d}{d_0} \left[1 + \left(\frac{\Delta d}{d_0}\right)^2 + \left(\frac{\Delta d}{d_0}\right)^4 + \left(\frac{\Delta d}{d_0}\right)^6 + \cdots \right] \tag{4-41}$$

略去式(4-41)中的高次项(即非线性项),可得到电容量的相对变化量与极板位移的相对变化量间为近似的线性关系,即

$$\frac{\Delta C}{C_0} \approx 2\frac{\Delta d}{d_0} \tag{4-42}$$

灵敏度为

$$s = \frac{\Delta C / C_0}{\Delta d} = \frac{2}{d_0} \tag{4-43}$$

如果只考虑式(4-41)中的前两项:线性项和三次项(误差项),忽略更高次非线性项,则此时变极距型电容式传感器的相对非线性误差近似为

$$\delta = \frac{\left| 2\left(\dfrac{\Delta d}{d_0}\right)^3 \right|}{\left| 2\dfrac{\Delta d}{d_0} \right|} \times 100\% = \left| \frac{\Delta d}{d_0} \right|^2 \times 100\% \tag{4-44}$$

由上可知,变极距型电容式传感器做成差动结构后,灵敏度提高了一倍,而非线性误差转化为平方关系而得以大大降低。

4.2.2　电容式传感器的测量电路

电容式传感器把被测量转换成电路参数 C,由于电容值及其变化量均很小(几皮法至几十皮法),因此必须借助测量电路测出这一微小电容及其增量,并将其转换成电压、电流、频率等电量参数,以便显示、记录及传输。常用测量转换电路主要有以下几种。

1. 调频电路

调频电路把电容式传感器与一个电感配合,构成一个振荡电路,其原理如图 4-23 所示。

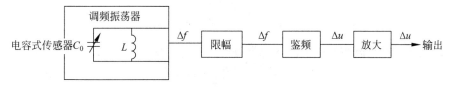

图 4-23　电容式传感器调频电路

当没有被测信号时，$\Delta C = 0$，此时振荡器的固有频率为

$$f_0 = \frac{1}{2\pi\sqrt{LC_0}} \tag{4-45}$$

当有被测信号（被测量改变）时，$\Delta C \neq 0$，此时振荡器的频率发生了变化，有一个相应的改变量 Δf，即

$$f_0' = \frac{1}{2\pi\sqrt{L(C_0 \pm \Delta C)}} = f_0 \mp \Delta f \tag{4-46}$$

由此可见，当输入量导致传感器电容量发生变化时，振荡器的振荡频率发生变化（Δf），此时虽然频率可以作为测量系统的输出，但系统是非线性的，且不易校正。解决的办法是加入鉴频器，将频率的变化转换为振幅的变化（Δu），经过放大后就可以用仪表指示或用记录仪表进行记录。

2. 运算放大器

运算放大器测量电路如图 4-24 所示，图中 C_x 代表电容式传感器。

由于运算放大器的放大倍数非常高（假设 $K = \infty$），图中 O 点为"虚地"，且放大器的输入阻抗很高（假设 $Z_i = \infty$），$\dot{I}_i = 0$，则有

$$\dot{U}_o = -\frac{C_0}{C_x}\dot{U}_i \tag{4-47}$$

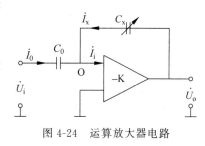

图 4-24　运算放大器电路

式中的"$-$"号说明输出电压与输入电压反相。

如果传感器是变极距型平板电容器，则有

$$C_x = \frac{\varepsilon A}{d} \tag{4-48}$$

将式(4-48)代入式(4-47)，得

$$\dot{U}_o = -\frac{\dot{U}_i C_0}{\varepsilon A}d \tag{4-49}$$

由此可见，输出电压与极板间距呈线性关系。

3. 变压器式交流电桥

变压器式交流电桥测量电路如图 4-25 所示。电桥两臂 C_1、C_2 为差动电容式传感器，另外两臂为交流变压器二次绕组阻抗的一半。当负载阻抗（如放大器）为无穷大时，电桥的输出电压为

$$\dot{U}_o = \frac{C_1 - C_2}{C_1 + C_2} \cdot \frac{\dot{U}_i}{2} \tag{4-50}$$

如果 C_1、C_2 为变极距型电容式传感器,则有

$$\dot{U}_o = \pm \frac{\Delta d}{d_0} \cdot \frac{\dot{U}_i}{2} \tag{4-51}$$

式中：d_0——初始时平板电容式传感器的极板间距。

由此可见,在放大器输入阻抗极大的情况下,输出电压与位移呈线性关系。

4. 脉冲宽度调制电路

脉冲宽度调制电路如图 4-26 所示。图中,C_1、C_2 为差动电容式传感器,电阻 $R_1 = R_2$,A_1、A_2 为比较器。双稳态触发器的两个输出 Q、$\bar{Q}$ 产生反相的方波脉冲电压。

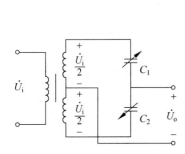

图 4-25　变压器式交流电桥

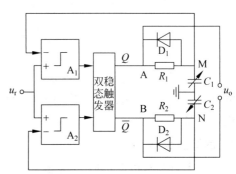

图 4-26　脉冲宽度调制电路原理图

电源接通时,电容充电直到 M 点电位高于参比电位 u_r,即 $u_M > u_r$,比较器 A_1 输出正跳变信号,激励触发器翻转,将使 $Q = 0$(低电平)、$\bar{Q} = 1$(高电平),这时 A 点为低电位,C_1 通过 D_1 迅速放电至 0 电平;与此同时,B 点为高电位,通过 R_2 对 C_2 充电,直至 N 点电位高于参比电位 u_r,即 $u_N > u_r$,使比较器 A_2 输出正跳变信号,激励触发器发生翻转,重复前述过程。如此周而复始,Q 和 $\bar{Q}$ 端(即 A、B 两点间)输出方波。

对电容 C_1、C_2 分别充电至 u_r 时所需的时间分别为

$$T_1 = R_1 C_1 \ln \frac{u_A}{u_A - u_r} \tag{4-52}$$

$$T_2 = R_2 C_2 \ln \frac{u_B}{u_B - u_r} = R_2 C_2 \ln \frac{u_A}{u_A - u_r} \tag{4-53}$$

当差动电容 $C_1 = C_2$ 时(初始平衡态),由于 $R_1 = R_2$,因此,$T_1 = T_2$,两个电容器的充电过程完全一样,A、B 间的电压 u_{AB} 为对称的方波,其直流分量(平均电压值)为 0(对应的各点波形如图 4-27(a)所示)。

当差动电容 $C_1 \neq C_2$ 时,假设 $C_1 > C_2$,则 C_1 充电过程的时间要延长、C_2 充电过程的时间要缩短,导致时间常数 $\tau_1 > \tau_2$,此时 u_{AB} 的方波不对称,各点的波形如图 4-27(b)所示。

当矩形电压波通过低通滤波器后,可得出 u_{AB} 的直流分量(平均电压值)不为 0,而应为

$$u_o = (u_{AB})_{DC} = \frac{T_1 - T_2}{T_1 + T_2} U_1 \tag{4-54}$$

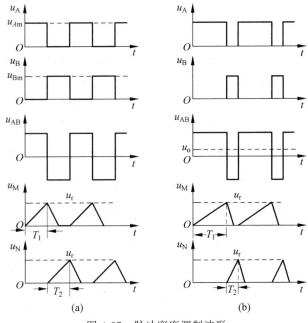

图 4-27 脉冲宽度调制波形

(a) $C_1 = C_2$; (b) $C_1 > C_2$

式中: U_1——双稳态触发器输出的高电平电压平均值。

将 T_1、T_2 代入式(4-54),则有

$$u_o = \frac{C_1 - C_2}{C_1 + C_2} U_1 \qquad (4\text{-}55)$$

若为平板型差动电容,无输入时 $C_1 = C_2 = C_0$,即 $d_1 = d_2 = d_0$, $u_o = 0$; 有输入时,假设 $C_1 > C_2$,即 $d_1 = d_0 - \Delta d$, $d_2 = d_0 + \Delta d$,则有

$$u_o = \frac{\Delta d}{d_0} u_m \qquad (4\text{-}56)$$

若为变面积型差动电容,同样有

$$u_o = \frac{\Delta A}{A_0} u_m \qquad (4\text{-}57)$$

综上所述,差动脉冲宽度调制电路适用于变极距型和变面积型差动电容式传感器,且为线性特性。

 实操技能

4.2.3 任务描述

基于电容式传感器的位移特性测量

本任务通过 ZGL-998 传感器试验台的操作,了解电容式传感器结构及其特点,并掌握应用电容式传感器测量位移的方法。

电容式传感器实验

4.2.4 任务分析

电容传感器是以各种类型的电容器为传感元件,将被测物理量转换成电容量的变化来实现测量的。电容式位移传感器实验原理框图如图 4-28 所示。

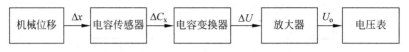

图 4-28 电容式位移传感器实验框图

电容变换器原理图与调理电路中的电容变换器面板如图 4-29 和图 4-30 所示。

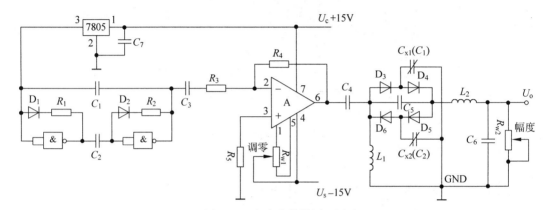

图 4-29 电容变换器原理图

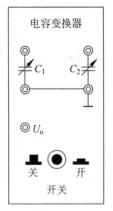

图 4-30 电容变换器面板图

本实验需要用到机头中的振动台、测微头、电容传感器;显示面板中的 F/V 表(或电压表);调理电路面板传感器输出单元中的电容;调理电路单元中的电容变换器、电压放大器。

4.2.5 任务实施

(1) 按图 4-31 所示接线。调节测微头的微分筒使测微头的测杆端部与振动台吸合,再逆时针调节测微头的微分筒(振动台带动电容传感器的动片组上升),直到电容传感器的动片组与静片组上沿基本平齐为止(测微头的读数大约为 20mm)作为位移的起始点。

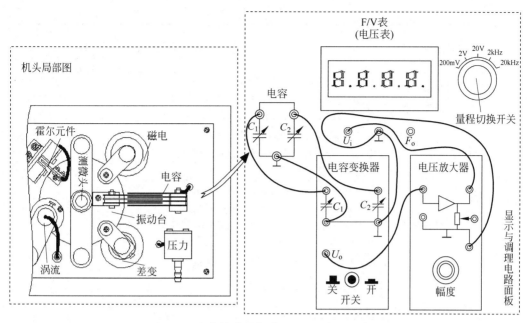

图 4-31　电容传感器位移测量系统接线示意图

（2）将显示面板中的 F/V 表（电压表）的量程切换开关切换到 20V 挡，再将电容变换器的按钮开关按一下（开）。检查接线无误后，合上主、副电源开关，读取电压表显示值为起始点的电压，填入表 4-2 中。

表 4-2　电容传感器测位移实验数据

x/mm									
U/V									

（3）仔细、缓慢地顺时针调节测微头的微分筒一圈 $\Delta x = 0.5$mm（不能转动过量，否则回转会引起机械回程差）从 F/V 表（电压表）上读出相应的电压值，填入表 4-2 中，以后，每调节测微头的微分筒一圈 $\Delta x = 0.5$mm 读出相应的输出电压直到电容传感器的动片组与静片组下沿基本平齐为止。

4.2.6　结果分析

根据表 4-2 数据作出 Δx-U 实验曲线，在实验曲线上截取线性比较好的线段作为测量范围并在测量范围内计算灵敏度 $s = \Delta U / \Delta x$ 与线性度。实验完毕，关闭所有电源开关。

综合评价

4.2.7　考核标准

根据考核标准对本任务实施进行综合评价，并进行任务总结，教师给出评价意见。

考核标准

序号	工作过程	主要内容	评分标准	配分	学生（自评）		教师评价	
					扣分	得分	扣分	得分
1	资讯准备（10分）	任务相关知识查找	查找相关知识学习,该任务知识能力掌握程度,达到60%,扣5分;达到80%,扣2分;达到90%,扣1分;达到100%,不扣分	10				
2	决策计划（10分）	确定方案编写计划	制定整体方案,格式基本规范,方案基本合理,扣2分;格式比较规范,方案比较合理,扣1分;格式规范、方案合理,不扣分	10				
3	实施执行（10分）	记录实施过程步骤	实施过程,步骤记录完整,不扣分;记录不完整度达到10%,扣2分;记录不完整度达到20%,扣3分;记录不完整度达到40%,扣5分	10				
4	检测评价（60分）	元件测试	元件测试规范,不扣分;不会用仪表检测元件质量好坏,扣2分	6				
			仪表使用不正确,扣3分	6				
		电路设计	电路布线杂乱,扣2分	6				
			元件布局不合理,扣2分	6				
			元件损坏,扣3分	6				
		调试检测	不能进行通电调试,扣3分	6				
			校验的方法不正确,扣3分	6				
			校验结果不正确,扣3分	6				
		调试效果	电路调试效果不理想,扣3分	6				
			灵活度较低,扣3分	6				
5	团队合作（10分）	安全操作	违反安全文明操作规程,扣2分	3				
		团队合作	团队合作较差,小组不能配合完成任务,扣2分	3				
		交流表达	不能用专业语言正确流利简述任务成果,扣2分	4				
合计				100				

学生自评总结	
教师评语	

学生签字		教师签字	
	年　月　日		年　月　日

拓展与思考

电容式传感器的典型应用

电容式传感器广泛用于压力、位移、加速度、厚度、振动、液位等测量中。

1. 电容式压力传感器

图 4-32 为差动电容式压力传感器结构。它是由一个膜片动电极和两个在凹形玻璃上电镀成的固定电极组成的差动电容器。差动结构的优点在于灵敏度更高,非线性得到改善。

当被测压力作用于膜片并使之产生位移时,使两个电容器的电容量一个增大、一个减小,该电容值的变化经测量电路转换成电压或电流输出,它反映了压力的大小。

可推导得出

$$\frac{C_L - C_H}{C_L + C_H} = K(P_H - P_L) = K\Delta P \qquad (4\text{-}58)$$

式中:K——与结构有关的常数。

式(4-58)表明,$\dfrac{C_L - C_H}{C_L + C_H}$ 与差压成正比,且与介电常数无关,从而实现了差压-电容的转换。

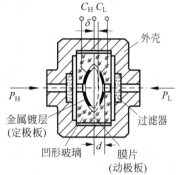

图 4-32 差动电容式压力传感器结构

2. 电容式位移传感器

图 4-33(a)是一种单电极的电容式振动位移传感器。它的平面测端作为电容器的一个极板,通过电极座由引线接入电路;另一个极板由被测物表面构成。金属壳体与测端电极间有绝缘衬垫使彼此绝缘。工作时壳体被夹持在标准台架或其他支承上,壳体接大地可起屏蔽作用。当被测物因振动发生位移时,将导致电容器的两个极板间距发生变化,从而转化为电容器的电容量的改变来实现测量。图 4-33(b)是电容式振动位移传感器的一种应用示意图。

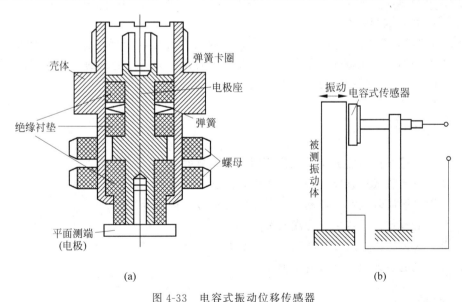

(a)   (b)

图 4-33 电容式振动位移传感器

3. 电容式加速度传感器

图 4-34 为差动电容式加速度传感器结构。它有两个固定极板,中间的质量块的两个端面作为动极板。

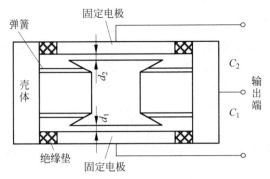

图 4-34 差动电容式加速度传感器结构

当传感器壳体随被测对象在垂直方向作直线加速运动时,质量块因惯性相对静止,因此将导致固定电极与动极板间的距离发生变化,一个增大、另一个减小。经过推导可得到

$$\frac{\Delta C}{C_0} \approx 2\frac{\Delta d}{d_0} = \frac{at^2}{d_0} \tag{4-59}$$

由此可见,此电容增量正比于被测加速度。

4. 电容式厚度传感器

电容式厚度传感器用于测量金属带材在轧制过程中的厚度,其原理如图 4-35 所示。在被测带材的上、下两边各放一块面积相等、与带材中心等距离的极板,这样,极板与带材就构成两个电容器(带材也作为一个极板),此时相当于两个电容并联,其总电容为 $C = C_1 + C_2$。

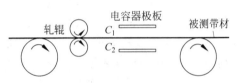

图 4-35 电容式传感器测量厚度原理

金属带材在轧制过程中不断前行,如果带材厚度有变化,将导致它与上、下两个极板间的距离发生变化,从而引起电容量的变化。将总电容量作为交流电桥的一个臂,电容的变化将使得电桥产生不平衡输出,从而实现对带材厚度的测量。

习题与思考

1. 简述电感式传感器的基本工作原理和主要类型。
2. 试比较自感式传感器与差动变压器式传感器的异同。
3. 何谓电涡流效应?怎样利用电涡流效应进行位移测量?
4. 平板电容式传感器可分为哪几种?
5. 电容式传感器常用测量转换电路主要有哪几种?
6. 什么是电容式接近开关传感器?

课程思政

历史故事——张衡与地动仪

地动仪的工作原理

地震、台风等气候灾害都是人类不可避免的,但是人类一直在与大自然做斗争,即使没有诸多条件，古人依旧依靠自己的智慧在与自然灾害做斗争。

张衡是南阳人。十七岁那年背井离乡，先后到了长安和洛阳，在太学里用功读书。古代可没电子游戏，这位有志青年就整天研究数学和天文来解闷。朝廷听说张衡这个人既有学问又好学，于是就给他封了一个郎中在宫里当值，后来担任了太史令，也就是负责观察天文。这个工作正好符合他研究的兴趣。能找到这个工作张衡自然是十分开心，简直就是理想照进了现实。

东汉朝堂动荡，而偏偏最近也经常地震，搞得人心惶惶，频繁的地震也对政局影响很大，同时地震造成的城墙房屋倒塌严重影响了百姓的生命健康和财产安全，如果这时候来一个宣传迷信的人，政府也陷入两难，毕竟古代人也解释不了为何地震频发，就只能怪罪当朝皇帝不作为，遭受天谴降临在百姓身上。但是，张衡不迷信，他对记录下来的地震现象经过细心的考察和试验，发明了一个测报地震的仪器，叫作"地动仪"。

地动仪是用精铜做成的，圆形，有盖子，形似酒樽。表面作金黄色，机器上边有八条金龙，分接在球体的东、西、南、北及东北、东南、西北、西南八个方向。龙倒伏，龙首向下，龙嘴各衔一颗小铜球，与地上仰蹲张嘴的蟾蜍相对。地动仪空腔中央，立一根铜柱，上粗下细。

铜柱周围有八根横杆，称为"八道"，各与一条龙的龙头相连。这么大的物件没有国家支持也是不行的，由此可见汉朝也是支持发明创造的。退一万步说："张衡发明出地动仪，检测地震，那对于朝廷政局也是很好的，能够说明人类可以检测到地震，并不是什么鬼神怪力，那么对于朝廷的谣言就不攻自破了！"

它的工作原理是什么呢？其实就是在平台上放置一颗珠子，如果哪边低了，珠子就会滚向哪边，地震分为横波和纵波，横波可以传向很远的地方，但是如果距离太远的话人们的感觉器官就感觉不到了，张衡发明的地动仪却可以准确地检测到。

公元138年2月的一天，张衡的地动仪正对西方的龙嘴突然张开来，吐出了铜球。按照张衡的设计，这就是报告西部发生了地震。

可是当天并没有消息传出哪里发生了地震，于是张衡就受尽众人的指责，有人说张衡造谣生事，但几日后朝廷快马加急来报说："洛阳城外一千多里的陇西一带发生地震。"陇西距洛阳有一千多里（1里＝500米），地动仪依旧能检测出来，照这么看其实张衡的地动仪设计可以说是成功的。

即使距离一千里地动仪依旧准确，我们可以由此看出张衡一定是对地震波的传播和方向性进行过研究的，否则他也不可能设计出地动仪，更不可能让设计出的地动仪能够准确地检测出地震方位。我们可以想想当时可是汉朝，这在当时来说是非常了不起的，要知道欧洲在1880年才制作出与此类似的仪器，我们的老祖先可是早了一千七百多年呢。

我国古代科技发展是世界任何一个国家都无法比拟的，中国古代的四大发明可以说推动了世界的发展，由此可见科技的重要性。

5.1 课件

5.2 课件

压电式与磁电式传感器的应用

学习目标

知识能力：了解压电式和磁电式传感器的基本原理，掌握压电效应、压电式传感器的主要特性和典型应用；认识霍尔式传感器和磁阻元件、磁敏二极管、磁敏三极管四种半导体磁敏传感器的原理及应用；了解霍尔式传感器的种类与特性。

实操技能：掌握压电式传感器的识别、霍尔式传感器的选用和电路检测方法。

综合能力：提高学生分析问题和解决问题的能力，加强对学生沟通能力及团队协作精神的培养。

思政目标

培养学生的文化自信，感悟"科技兴则民族兴，科技强则国家强"的家国情怀。

压电式传感器工作原理是基于某些介质材料的压电效应，是一种典型的有源传感器。它通过材料受力作用变形时，其表面的电荷产生而实现非电量测量。压电式传感器具有体积小、重量轻、工作频带宽等特点，因此在各种动态力、机械冲击与振动测量，以及声学、医学、力学、宇航等领域得到广泛的应用。

磁电式传感器包括霍尔式传感器、磁阻元件、磁敏二极管和磁敏三极管。霍尔式传感器是利用半导体器件的霍尔效应进行测量的传感器，它可直接测量磁场、电流及微小位移，也可间接测量位置、厚度、速度、转速和压力等工业生产过程参数。磁阻元件、磁敏二极管和磁敏三极管也广泛应用于各种测量和控制领域。

本章通过压电式传感器在压力测量中的应用，介绍压电式传感器的特性和使用情况，以及霍尔式传感器及其应用技术。

5.1 基于压电式传感器的振动特性测试

压电式传感器是一种典型的自发式传感器，它由传力机构、压电元件和测量转换电路组

成。压电元件是以某些电介质的压电效应为基础,在电介质表面产生电荷,从而实现非电量检测的目的。压电元件是力敏感元件,可以测量最终能变换为力的那些非电物理量,如压力、加速度等。

5.1.1　压电式传感器

1. 压电效应

所谓压电效应,就是对某些电介质沿一定方向施以外力使其变形时,其内部将产生极化而使其表面出现电荷集聚的现象,也称为正压电效应。

在研究压电材料时,还发生一些现象:当在片状压电材料的两个电极面上加上交流电压时,压电片将产生机械振动,即压电片在电极方向上产生伸缩变形,压电材料的这种现象称为电致伸缩效应,也称为逆压电效应。逆压电效应是将电能转变为机械能,说明压电效应具有可逆性。

压电式传感器主要用于与力相关的动态参数的测试,如动态力、机械冲击、振动产生的压力、加速度等,它可以把加速度、压力、位移、温度等许多非电量转换为电量。

2. 压电材料

1) 石英晶体(单晶体)

石英晶体的化学成分是 SiO_2,是单晶结构,理想形状为六角锥体,如图 5-1(a)所示。石英晶体是各向异性材料,不同晶向具有各异的物理特性。用 x、y、z 轴来描述。

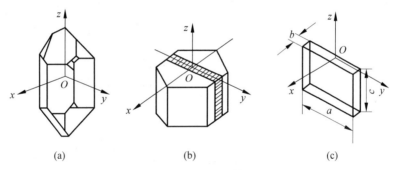

图 5-1　石英晶体
(a) 晶体外形;(b) 轴定义;(c) 切割晶体

z 轴:是通过锥顶端的轴线,是纵向轴,称为光轴,沿该方向受力不会产生压电效应。

x 轴:经过六棱柱的棱线并垂直于 z 轴的轴为 x 轴,称为电轴(压电效应只在该轴的两个表面产生电荷集聚)。沿该方向受力产生的压电效应称为纵向压电效应。

y 轴:与 x、z 轴同时垂直的轴为 y 轴,称为机械轴(该方向只产生机械变形,不会出现电荷集聚)。沿该方向受力产生的压电效应称为横向压电效应。

从晶体上平行 y 轴方向切下一块晶片,如图 5-1(c)所示,下面分析其压电效应情况。

(1) 沿 x 轴方向施加作用力

将在 yz 平面上产生电荷,其大小为

$$q_x = d_{11} f_x \tag{5-1}$$

式中：d_{11}——x 方向受力的压电系数；

$\qquad f_x$——x 轴方向作用力。

电荷 q_x 的符号视 f_x 为压力或拉力而决定。由式(5-1)可知,沿电轴方向的力作用于晶体时所产生电荷量 q_x 的大小与切片的几何尺寸无关。

(2) 沿 y 轴方向施加作用力

仍然在 yz 平面上产生电荷,但极性方向相反,其大小为

$$q_y = d_{12}\frac{a}{b}f_y = -d_{11}\frac{a}{b}f_y \tag{5-2}$$

式中：d_{12}——y 方向受力的压电系数(石英轴对称,$d_{12}=-d_{11}$)；

$\qquad a$——切片的长度；

$\qquad b$——切片的厚度；

$\qquad f_y$——y 轴方向作用力。

由式(5-2)可知,沿机械轴方向的力作用于晶体时产生的电荷量大小 q_y 与晶体切片的几何尺寸有关。

(3) 沿 z 轴方向施加作用力

沿 z 轴方向受力不会产生压电效应,没有电荷产生。

2) 压电陶瓷(多晶体)

压电陶瓷是人工制造的多晶体压电材料。其内部的晶粒有一定的极化方向,在无外电场作用下,晶粒杂乱分布,它们的极化效应被相互抵消,因此压电陶瓷此时呈中性,即原始的压电陶瓷不具有压电性质,如图 5-2(a)所示。

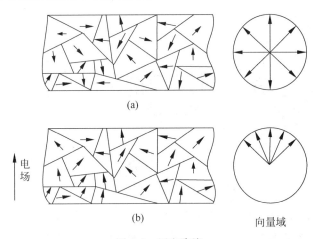

图 5-2　压电陶瓷

(a) 未极化；(b) 已极化

当在陶瓷上施加外电场时,晶粒的极化方向发生变动,趋向于按外电场方向排列,从而使材料整体得到极化。外电场越强,极化程度越高,让外电场强度大到使材料的极化达到饱和程度,即所有晶粒的极化方向都与外电场的方向一致,此时,去掉外电场,材料整体的极化方向基本不变,即出现剩余极化,这时的材料就具有了压电特性,如图 5-2(b)所示。由此可见,压电陶瓷要具有压电效应,需要有外电场和压力的共同作用。此时,当陶瓷材料受到外力作用时,晶粒发生移动,将引起在垂直于极化方向(即外电场方向)的平面上出现极化电

荷,电荷量的大小与外力成正比。

压电陶瓷的压电系数比石英晶体大得多(即压电效应更明显),因此用它做成的压电式传感器的灵敏度较高,但稳定性、机械强度等不如石英晶体。

压电陶瓷材料有多种,最早的是钛酸钡($BaTiO_3$),现在最常用的是锆钛酸铅($PbZrO_3$-$PbTiO_3$,简称 PZT,即 Pb、Zr、Ti 三个元素符号的首字母组合)等。前者工作温度较低(最高 70℃);后者工作温度较高,且有良好的压电性,所以得到了广泛应用。

3)压电高分子材料

高分子材料属于有机分子半结晶或结晶聚合物,其压电效应较复杂,不仅要考虑晶格中均匀的内应变对压电效应的贡献,还要考虑高分子材料中作非均匀内应变所产生的各种高次效应以及与整个体系平均变形无关的电荷位移而表现出来的压电特性。

目前已发现的压电系数最高,且已进行应用开发的压电高分子材料是聚偏二氟乙烯,其压电效应可采用类似铁电体的机理来解释。这种聚合物中碳原子的个数为奇数,经过机械滚压和拉伸制作成薄膜之后,带负电的氟离子和带正电的氢离子分别排列在薄膜的对应上下两边上,形成微晶偶极矩结构。经过一定时间的外电场和温度联合作用后,晶体内部的偶极矩进一步旋转定向,形成垂直于薄膜平面的碳-氟偶极矩固定结构。正是由于这种固定取向后的极化和外力作用时剩余极化的变化,引起了压电效应。

4)压电材料的特性参数

具有压电效应的材料称为压电材料。压电材料的主要特性参数有压电系数、弹性系数、介电常数、机电耦合系数、电阻和居里点。

5)压电材料的选取

选用合适的压电材料是设计、制作高性能传感器的关键。一般应考虑转换性能、机械性能、电性能、温度和湿度稳定性、时间稳定性等参数。常用压电材料的性能参数如表 5-1 所示。

表 5-1 常用压电材料的性能参数

性 能 参 数	压电材料				
	石英	钛酸钡	锆钛酸铅(PZT)		
			PZT-4	PZT-5	PZT-6
压电系数/($\times 10^{-12}$C/N)	$d_{11}=2.31$ $d_{14}=0.73$	$d_{15}=260$ $d_{31}=-78$ $d_{33}=190$	$d_{15}=410$ $d_{31}=-100$ $d_{33}=230$	$d_{15}=670$ $d_{31}=-185$ $d_{33}=600$	$d_{15}=330$ $d_{31}=-90$ $d_{33}=200$
弹性系数/($\times 10^9$N/m²)	80	110	115	117	123
相对介电常数	4.5	1200	1050	2100	1000
机械品质因数	$10^5 \sim 10^6$	—	$600 \sim 800$	80	1000
体积电阻率/(Ω·m)	$>10^{12}$	10^{10}	$>10^{10}$	10^{11}	—
居里点/℃	573	115	310	260	300
密度/($\times 10^3$kg/m³)	2.65	5.5	7.45	7.5	7.45
静抗拉强度/($\times 10^5$N/m²)	$95 \sim 100$	81	76	76	83

3. 压电式传感器概述

1)压电式测力传感器

根据压电效应,压电式传感器可以直接用于实现力-电转换。压电式测力传感器的结构如图 5-3 所示,它主要由石英晶片、绝缘套、电极、上盖和基座等组成。上盖为传力元件,当受外力作用时,它将产生弹性形变,将力传递到石英晶片上,利用石英晶片的压电效应实现力-电转换。绝缘套用于绝缘和定位。该传感器可用于机床动态切削力的测量。

　　2)压电式加速度传感器

　　压电式加速度传感器的结构如图 5-4 所示,它主要由压电元件、质量块、预压弹簧、基座和外壳组成。整个部件用螺栓固定。压电元件一般由两片压电片组成,在压电片的两个表面镀上一层银,并在银层上焊接输出引线,或在两个压电片之间夹一片金属,引线就焊接在金属片上,输出端的另一根引线直接与传感器基座相连。在压电片上放置一个密度较大的质量块,然后用一个硬弹簧或螺栓、螺帽对质量块预加载荷。整个组件装在一个厚基座的金属壳体中,为了避免被测物体的任何应变都传递到压电元件上去,产生假信号输出,一般要加厚基座或选用刚度较大的材料来制造基座。

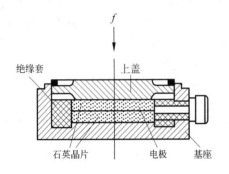 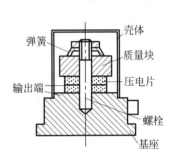

图 5-3　压电式测力传感器结构　　　　　图 5-4　压电式加速度传感器结构

　　测量时,将传感器基座与被测物体刚性固定在一起。当传感器与被测物体一起受到冲击振动时,由于弹簧的刚度相当大,而质量块的质量相对较小,可以认为质量块的惯性很小,因此,质量块与传感器基座感受到相同的振动,并受到与加速度方向相反的惯性力的作用,这样,质量块就有一个正比于加速度的交变力作用于压电片上:$f = ma$。由于压电片的压电效应,因此,在它的两个表面上产生交变电荷 Q,当振动频率远低于传感器的固有频率时,传感器的输出电荷与作用力成正比,即与试件的加速度成正比:

$$Q = d_{11}f = d_{11}ma \tag{5-3}$$

式中：d_{11}——压电系数;

　　　　m——质量块的质量;

　　　　a——加速度。

4. 压电元件的连接

　　压电元件作为压电式传感器的敏感部件,单片压电元件产生的电荷量很小,在实际应用中,通常采用两片(或两片以上)同规格的压电元件黏结在一起,以提高压电式传感器的输出灵敏度。

　　由于压电元件所产生的电荷具有极性区分,相应的连接方法有两种,如图 5-5 所示。从作用力的角度看,压电元件是串接的,每片受到的作用力相同,产生的变形和电荷量大小也一致。

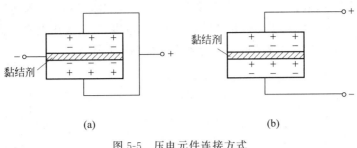

图 5-5 压电元件连接方式

(a) 同极性黏结;(b) 不同极性黏结

图 5-5(a)所示为将两个压电元件的负端黏结在一起,中间插入金属电极作为压电元件连接件的负极,将两边连接起来作为连接件的正极,这种连接方法称为并联法。与单片时相比,在外力作用下,正负电极上的电荷量增加了一倍,总电容量增加了一倍,其输出电压与单片时相同。

并联法输出电荷大、本身电容大、时间常数大,适宜测量慢变信号且以电荷作为输出量的场合。

图 5-5(b)所示为将两个压电元件的不同极性黏结在一起,这种连接方法称为串联法。在外力作用下,两压电元件产生的电荷在中间黏结处正负电荷中和,上、下极板的电荷量 Q 与单片时相同,总电容量为单片时的一半,输出电压增大了一倍。

串联法输出电压大、本身电容小,适宜电压输出信号且测量电路输入阻抗很高的场合。

5.1.2 测量电路

1. 等效电路概述

根据压电元件的工作原理,压电式传感器可等效为一个电容器,正负电荷聚集的两个表面相当于电容的两个极板,极板间物质相当于一种介质,如图 5-6 所示。

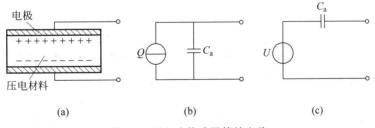

图 5-6 压电式传感器等效电路

(a) 压电片电荷聚集;(b) 电荷等效电路;(c) 电压等效电路

当压电元件受外力作用时,其两表面产生等量的正、负电荷 Q,此时,压电元件的开路电压为

$$U = \frac{Q}{C_a} \tag{5-4}$$

因此,压电式传感器可以等效为一个电荷源 Q 和一个电容器 C_a 并联,如图 5-6(b)所示。压电式传感器也可等效为一个与电容相串联的电压源,如图 5-6(c)所示。

在实际使用中,压电式传感器总是与测量仪器或测量电路相连接,因此还须考虑连接电缆的等效电容 C_c、放大器的输入电阻 R_i、放大器输入电容 C_i 以及压电式传感器的泄漏电阻 R_a。压电式传感器在测量系统中的实际等效电路如图 5-7 所示。

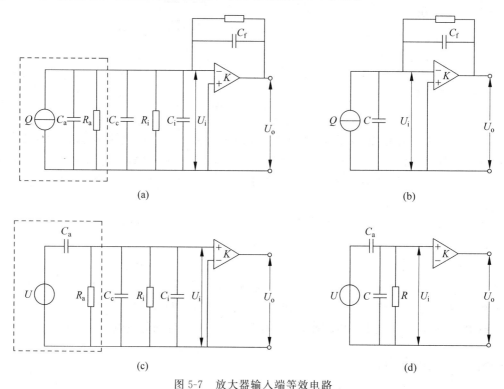

图 5-7　放大器输入端等效电路

(a) 电荷等效电路;(b) 简化的电荷等效电路;(c) 电压等效电路;(d) 简化的电压等效电路

2. 测量电路概述

由于压电式传感器本身的内阻抗很高(通常为 $10^{10}\,\Omega$ 以上),输出能量较小,因此它的测量电路通常需要接入一个高输入阻抗的前置放大器,其作用为:①把它的高输入阻抗(一般为 1000MΩ 以上)变换为低输出阻抗(小于 100Ω);②对传感器输出的微弱信号进行放大。根据压电式传感器的两种等效方式可知,压电式传感器的输出可以是电荷信号或电压信号,因此前置放大器也有电荷放大器和电压放大器两种形式。

1) 电荷放大器

由于运算放大器的输入阻抗很高,其输入端几乎没有分流,故可略去压电式传感器的泄漏电阻 R_a 和放大器输入电阻 R_i 两个并联电阻的影响,将压电式传感器等效电容 C_a、连接电缆的等效电容 C_c、放大器输入电容 C_i 合并为电容 C 后,电荷放大器等效电路如图 5-7(b) 所示。它由一个负反馈电容 C_f 和高增益运算放大器构成。图中 K 为运算放大器的增益。由于负反馈电容于直流工作时相当于开路,对电缆噪声敏感,放大器的零点漂移也较大,因此一般在反馈电容两端并联一个电阻 R_f,其作用是为了稳定直流工作点,减小零点漂移;R_f 通常为 $10^{10} \sim 10^{14}\,\Omega$,当工作频率足够高时,$1/R_f \ll wC_f$,可忽略 $(1+K)\dfrac{1}{R_f}$。反馈电容折合到放大器输入端的有效电容为

$$C'_\mathrm{f} = (1+K)C_\mathrm{f} \tag{5-5}$$

由于

$$\begin{cases} U_\mathrm{i} = \dfrac{Q}{C_\mathrm{a} + C_\mathrm{c} + C_\mathrm{i} + C'_\mathrm{f}} \\ U_\mathrm{o} = -K \cdot U_\mathrm{i} \end{cases} \tag{5-6}$$

因此其输出电压为

$$U_\mathrm{o} = \dfrac{-K \cdot Q}{C_\mathrm{a} + C_\mathrm{c} + C_\mathrm{i} + (1+K)C_\mathrm{f}} \tag{5-7}$$

式中的"−"号表示放大器的输入与输出反相。

当 $K \gg 1$（通常 $K = 10^4 \sim 10^6$），满足 $(1+K)C_\mathrm{f} > 10(C_\mathrm{a}+C_\mathrm{c}+C_\mathrm{i})$ 时，就可将上式近似为

$$U_\mathrm{o} \approx \dfrac{-Q}{C_\mathrm{f}} = U_{C_\mathrm{f}} \tag{5-8}$$

由此可见：①放大器的输入阻抗极高，输入端几乎没有分流，电荷 Q 只对反馈电容 C_f 充电，充电电压 U_{C_f}（反馈电容两端的电压）接近于放大器的输出电压；②电荷放大器的输出电压 U_o 与电缆电容 C_c 近似无关，而与 Q 成正比，这是电荷放大器的突出优点。由于 Q 与被测压力呈线性关系，因此，输出电压与被测压力呈线性关系。

2）电压放大器

电压放大器的原理及等效电路如图 5-7(c)、(d) 所示。

将图中的 R_a、R_i 并联成为等效电阻 R，将 C_c 与 C_i 并联为等效电容 C，于是有

$$R = \dfrac{R_\mathrm{a} R_\mathrm{i}}{R_\mathrm{a} + R_\mathrm{i}} \tag{5-9}$$

$$C = C_\mathrm{c} + C_\mathrm{i} \tag{5-10}$$

如果压电元件受正弦力 $f = F_\mathrm{m}\sin\omega t$ 的作用，则所产生的电荷为

$$Q = df = dF_\mathrm{m}\sin\omega t \tag{5-11}$$

对应的电压为

$$U = \dfrac{Q}{C_\mathrm{a}} = \dfrac{dF_\mathrm{m}}{C_\mathrm{a}}\sin\omega t = U_\mathrm{m}\sin\omega t \tag{5-12}$$

式中：d——压电系数；

U_m——压电元件输出电压的幅值，$U_\mathrm{m} = \dfrac{dF_\mathrm{m}}{C_\mathrm{a}}$。

因此，它们总的等效阻抗为

$$Z = \dfrac{1}{\mathrm{j}\omega C_\mathrm{a}} + \dfrac{R}{1 + \mathrm{j}\omega RC} \tag{5-13}$$

因此，送到放大器输入端的电压为

$$\dot{U}_\mathrm{i} = \dfrac{Z_\mathrm{RC}}{Z}U_\mathrm{m} \tag{5-14}$$

将上述式子代入式(5-14)并整理可得

$$\dot{U}_\mathrm{i} = dF_\mathrm{m}\dfrac{\mathrm{j}\omega R}{1 + \mathrm{j}\omega R(C_\mathrm{a} + C)} = dF_\mathrm{m}\dfrac{\mathrm{j}\omega R}{1 + \mathrm{j}\omega R(C_\mathrm{a} + C_\mathrm{c} + C_\mathrm{i})} \tag{5-15}$$

于是可得放大器输入电压的幅值为

$$U_{im} = \frac{dF_m \omega R}{\sqrt{1 + \omega^2 R^2 (C_a + C_c + C_i)^2}} \tag{5-16}$$

输入电压与作用力间的相位差为

$$\varphi = \frac{\pi}{2} - \arctan\left[\omega R (C_a + C_c + C_i)\right] \tag{5-17}$$

在理想情况下,传感器的泄漏电阻 R_a 和前置放大器的输入电阻 R_i 都为无穷大,根据式(5-9)有 R 无穷大,这时 $\omega R(C_a + C_c + C_i) \gg 1$,代入式(5-16)可得理想情况下放大器的输入电压幅值为

$$U'_{im} = \frac{dF_m}{C_a + C_c + C_i} \tag{5-18}$$

式(5-18)表明,在理想情况下,前置放大器输入电压与频率无关。为了扩展频带的低频段,必须提高回路的时间常数 $R(C_a + C_c + C_i)$。如果单靠增大测量回路电容量的方法将影响传感器的灵敏度 $S = \dfrac{U'_{im}}{F_m} = \dfrac{d}{C_a + C_c + C_i}$,因此常采用 R_i 很大的前置放大器。

联立式(5-16)和式(5-18)可得

$$\frac{U_{im}}{U'_{im}} = \frac{\omega R (C_a + C_c + C_i)}{\sqrt{1 + \omega^2 R^2 (C_a + C_c + C_i)^2}} \tag{5-19}$$

令

$$\omega_0 = \frac{1}{R(C_a + C_c + C_i)} = \frac{1}{\tau} \tag{5-20}$$

式中: τ ——测量电路时间常数。则有

$$\frac{U_{im}}{U'_{im}} = \frac{\omega / \omega_1}{\sqrt{1 + (\omega / \omega_1)^2}} \tag{5-21}$$

对应的相角为

$$\varphi = \frac{\pi}{2} - \arctan(\omega / \omega_1) \tag{5-22}$$

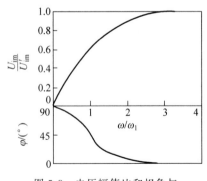

图 5-8　电压幅值比和相角与
频率比的关系曲线

由此得到电压幅值比和相角与频率比的关系曲线如图 5-8 所示。由图 5-8 可见,一般认为 $\omega/\omega_1 > 3$ 时就可认为 U_{im} 与 ω 无关,这也表明压电式传感器有很好的高频响应特性。但当作用力为静态力(即 $\omega = 0$)时,前置放大器的输入电压为 0,电荷会通过放大器输入电阻和传感器本身泄漏电阻漏掉。实际上,外力作用于压电材料上产生电荷只有在无泄漏的情况下才能保存,即需要负载电阻(放大器的输入阻抗)无穷大,并且内部无漏电,但这实际上是不可能的。因此,压电式传感器要以时间常数 $R_i C_a$ 按指数规律放电,不能用于测量静态量。压电材料在交变力的作用下,电荷可以不断补充,以供给测量回

路一定的电流,故适合于动态测量。

实操技能

5.1.3　任务描述

基于压电式传感器的振动特性测试

压电式传感器实验

本任务通过 ZGL-998 传感器试验台的操作,了解压电传感器的原理和测量振动的方法。

5.1.4　任务分析

压电式传感器是一种典型的有源型传感器,其传感元件是压电材料,它以压电材料的压电效应为转换机理实现力到电量的转换。

压电加速度传感器实验原理、电荷放大器与实验面板图如图 5-9、图 5-10 所示。

图 5-9　压电加速度传感器实验原理框图

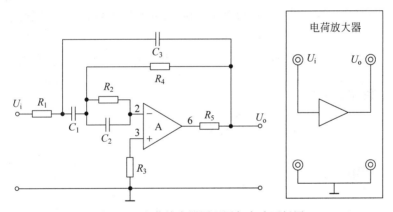

图 5-10　电荷放大器原理图与实验面板图

本实验需要用到机头中的悬臂双平行梁、激振器、压电传感器;显示面板中的低频振荡器;调理电路面板传感器输出单元中的压电、激振;调理电路面板中的电荷放大器、低通滤波器;双踪示波器(自备)。

5.1.5　任务实施

(1) 按图 5-11 示意接线。

(2) 将显示面板中的低频振荡器幅度旋钮逆时针缓慢转到底(低频输出幅度最小),调节低频振荡器的频率在 8~10Hz 左右。检查接线无误后合上主、副电源开关。再调节低频振荡器的幅度使振动台明显振动(如振动不明显可调频率)。

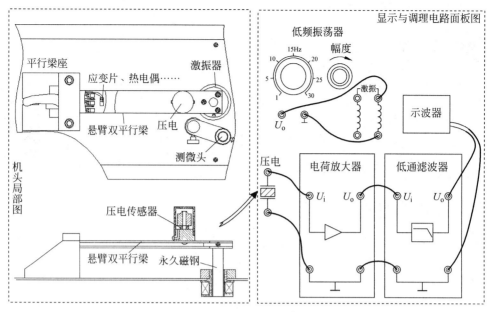

图 5-11   压电传感器测振动实验接线示意图

（3）用示波器的两个通道[正确选择双线（双踪）示波器的"触发"方式及其他（TIME/DIV：在 20～50ms 范围内选择；VOLTS/DIV：在 0.1～1V 范围内选择）设置]同时观察低通滤波器输入端和输出端波形；在振动台正常振动时用手指敲击振动台同时观察输出波形变化。

（4）改变低频振荡器的频率，观察输出波形变化。实验完毕，关闭所有电源开关。

5.1.6   结果分析

分析低频振动频率与输出波形变化的关系曲线。

5.1.7   考核标准

根据考核标准对本任务实施进行综合评价，并进行任务总结，教师给出评价意见。

考核标准

序号	工作过程	主要内容	评 分 标 准	配分	学生（自评）		教师评价	
					扣分	得分	扣分	得分
1	资讯准备（10分）	任务相关知识查找	查找相关知识学习，该任务知识能力掌握程度，达到 60%，扣 5 分；达到 80%，扣 2 分；达到 90%，扣 1 分；达到 100%，不扣分	10				

续表

序号	工作过程	主要内容	评 分 标 准	配分	学生（自评）		教师评价	
					扣分	得分	扣分	得分
2	决策计划（10分）	确定方案编写计划	制定整体方案，格式基本规范，方案基本合理，扣2分；格式比较规范，方案比较合理，扣1分；格式规范、方案合理，不扣分	10				
3	实施执行（10分）	记录实施过程步骤	实施过程，步骤记录完整，不扣分；记录不完整度达到10%，扣2分；记录不完整度达到20%，扣3分；记录不完整度达到40%，扣5分	10				
4	检测评价（60分）	元件测试	元件测试规范，不扣分；不会用仪表检测元件质量好坏，扣2分	6				
			仪表使用不正确，扣3分	6				
		电路设计	电路布线杂乱，扣2分	6				
			元件布局不合理，扣2分	6				
			元件损坏，扣3分	6				
		调试检测	不能进行通电调试，扣3分	6				
			校验的方法不正确，扣3分	6				
			校验结果不正确，扣3分	6				
		调试效果	电路调试效果不理想，扣3分	6				
			灵活度较低，扣3分	6				
5	团队合作（10分）	安全操作	违反安全文明操作规程，扣2分	3				
		团队合作	团队合作较差，小组不能配合完成任务，扣2分	3				
		交流表达	不能用专业语言正确流利简述任务成果，扣2分	4				
合 计				100				

学生自评总结	
教师评语	
学生签字	年 月 日	教师签字	年 月 日

📖 知识拓展

压电式传感器的其他应用

1. 压电传感器在交通监测中的应用

将两根高分子电缆相距若干米，平行埋设于柏油路的路面下约5cm处，如图5-12所示，可以用来测量车速及汽车的载重量，并根据存储在计算机内部的档案数据，判断汽车车型。

将高分子压电电缆埋在公路上，除了可以获取车型分类信息，包括轴数、轴距、轮距、单

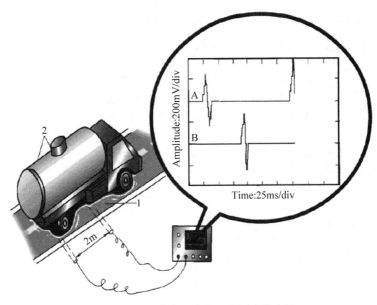

图 5-12   压电传感器在交通监测中的应用

双轮胎外,还可以进行车速监测、收费站地磅、闯红灯拍照、停车区域监控、交通数据信息采集和统计(道路监控)及行驶中称重等。

2. 压电式传感器管道检漏

图 5-13 为压电式传感器管道检漏示意图,地面下一均匀的自来水直管道某处 O 发生漏水,水漏引起的振动从 O 点向管道两端传播,在管道上 A、B 两点放两只压电传感器,从两个传感器接收到的由 O 点传来的 t_0 时刻发出的振动信号所用时间差可计算出 L_A 或 L_B。

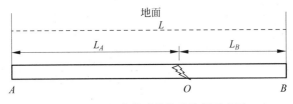

图 5-13   压电式传感器管道检漏示意图

5.2   基于霍尔式传感器的位移特性测量

5.2.1   霍尔式传感器

1. 霍尔效应

金属或半导体薄片置于磁感应强度为 B 的磁场(要求磁场方向不与薄片平行,为简单起见,这里假设磁场方向与薄片垂直,如图 5-14 所示),当有电流 I 通过薄片时,在垂直于电流和磁场方向上将产生一个电势差 U_H,这种现象称为霍尔效应,它是一种电磁效应。

如图 5-14 所示,长度为 L、宽度为 W、厚度为 H 的 N 型半导体薄片,位于磁感应强度为 B 的磁场中,且 B 方向垂直于 L-W 平面,沿 L 方向通以电流 I,N 型半导体中的载流体电子将受到 B 产生的洛伦兹力 F_B 的作用,该力大小如下:

$$F_B = evB \tag{5-23}$$

式中:e——电子的电量,$e = 1.602 \times 8^{-19}\text{C}$;

　　　v——电子的运动速度,其方向与 I 方向相反。

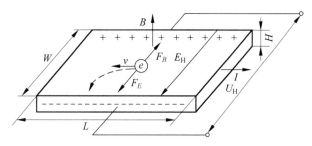

图 5-14　霍尔效应原理

在力 F_B 的作用下,电子向半导体的一个侧面偏转而形成电子积累,该侧面带负电,半导体的另一个侧面因缺少电子带正电,所以在这两个侧面之间产生一个电场 E_H,称为霍尔电场。该电场对电子的作用力与洛伦兹力方向相反,逐渐阻止电子的积累。当两个力大小相等时,电荷的积累达到动态平衡,即有 $eE_H = evB$,则霍尔电场强度为 $E_H = vB$。所以,霍尔电压如下:

$$U_H = E_H W \quad \text{或} \quad U_H = vBW \tag{5-24}$$

当材料中电子浓度为 n 时,运动速度 $v = I/(neHW)$,则式(5-24)变为

$$U_H = \frac{IB}{neH} \tag{5-25}$$

设 $R_H = 1/ne$,则

$$U_H = \frac{R_H IB}{H} \tag{5-26}$$

设 $K_H = R_H/H$,则

$$U_H = K_H IB \tag{5-27}$$

式中:R_H——霍尔系数,表征材料霍尔效应的强弱;

　　　K_H——霍尔灵敏度,表征霍尔元件在单位控制电流和单位磁感应强度时产生的霍尔电压的大小,是霍尔元件的重要技术参数。

2. 霍尔元件

利用霍尔效应制成的元器件称为霍尔元件。金属导体的霍尔效应不明显,而半导体的霍尔效应明显,所以霍尔元件的材料应该选用半导体,常用的霍尔元件材料包括锗、硅、砷化铟等半导体材料。

霍尔元件结构简单,由霍尔片、引线和壳体组成,如图 5-15 所示。图 5-15(a)、(b)中,霍尔

片是矩形半导体单晶薄片,引出四根线。其中,a 和 b 两根线加激励电压或电流,称为激励电极;c 和 d 为霍尔电压输出引线,称为霍尔电极。图 5-15(c)是霍尔元件的图形符号。

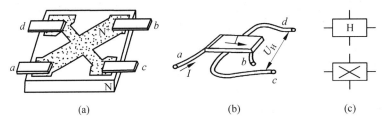

图 5-15　霍尔元件

(a)内部结构;(b)外形结构;(c)图形符号

霍尔元件的主要技术参数除了灵敏度 K_H 外,还包含以下几个主要技术参数。

1)输入电阻 R_{in} 和输出电阻 R_{out}

输入电阻是指 a 和 b 两侧控制电极间的电阻,输出电阻是指 c 和 d 两侧霍尔元件电极间的电阻,可以在无磁场(即 $B=0$)时,用欧姆表等测量。

2)额定控制电流 I_c

给霍尔元件通以电流,能使霍尔元件在空气中产生升温 $10℃$ 的电流值,该电流即为额定控制电流 I_c。

3)不等位电动势 U_0

霍尔元件在额定控制电流作用下,若元件不加外磁场,则输出的霍尔电压的理想值应为零,但由于存在电极不对称、材料电阻率不均衡等因素,所以输出的霍尔电压不为零,该电压称为不等位电动势或不平衡电动势 U_0,其值与输入电压、电流成正比。U_0 一般很小,不大于 $1mV$。

4)霍尔电压 U_H

将霍尔元件置于 $B=0.1T$ 的磁场中,再加上额定控制电流 I_c,此时霍尔元件的输出电压就是霍尔电压 U_H。

5)霍尔电压的温度特性

当温度升高时,霍尔电压减小,呈现负温度特性。在实际使用中采用电阻偏置进行温度补偿。

目前,国内外生产的霍尔元件种类繁多,表 5-2 列出了部分常用国产霍尔元件的有关参数,供选用时参考。

表 5-2　部分常用国产霍尔元件的技术参数

参数名称	符号	单位	HZ-1 型	HZ-2 型	HZ-3 型	HZ-4 型	HT-1 型	HT-2 型	HS-1 型
			材料(N 型)						
			Ge(111)	Ge(111)	Ge(111)	Ge(100)	InSb	InSb	InAs
电阻率	ρ	$\Omega \cdot cm$	0.8~1.2	0.8~1.2	0.8~1.2	0.4~0.5	0.003~0.01	0.003~0.05	—
几何尺寸	$L \times W \times h$	mm	8×4×0.2	8×4×0.2	8×4×0.2	8×4×0.2	6×3×0.2	6×3×0.2	8×4×0.2
输入电阻	R_{in}	Ω	110×(1±20%)	110×(1±20%)	110×(1±20%)	45×(1±20%)	0.8×(1±20%)	0.8×(1±20%)	1.2×(1±20%)

续表

参数名称	符号	单位	HZ-1 型	HZ-2 型	HZ-3 型	HZ-4 型	HT-1 型	HT-2 型	HS-1 型
			材料（N 型）						
			Ge(111)	Ge(111)	Ge(111)	Ge(100)	InSb	InSb	InAs
输出电阻	R_{out}	Ω	$100×(1±20\%)$	$100×(1±20\%)$	$100×(1±20\%)$	$40×(1±20\%)$	$0.5×(1±20\%)$	$0.5×(1±20\%)$	$1×(1±20\%)$
灵敏度	K_H	mV/(mA·T)	>12	>12	>12	>4	$1.8×(1±20\%)$	$1.8×(1±20\%)$	$1±20\%$
不等位电阻	R_0	Ω	<0.07	<0.05	<0.07	<0.02	<0.005	<0.005	<0.003
寄生直流电压	U_{OD}	μV	<150	<200	<150	<100	—	—	—
额定控制电流	I_c	mA	20	15	25	50	250	300	200
霍尔电压温度系数	α	1/℃	0.04%	0.04%	0.04%	0.03%	−1.5%	−1.5%	—
内阻温度系数	β	1/℃	0.5%	0.5%	0.5%	0.3%	−0.5%	−0.5%	—
热阻	R_q	℃/mW	0.4	0.25	0.2	0.1	—	—	—
工作温度	T	℃	−40~45	−40~45	−40~45	−40~75	0~40	0~40	−40~60

3. 集成霍尔式传感器

集成霍尔式传感器是将霍尔元件、放大器、施密特触发器及输出电路集成在一块芯片上，为用户提供一种简化的和较完善的磁敏传感器，具有可靠性高、体积小、重量轻、功耗低等优点。集成霍尔式传感器可分为霍尔开关集成传感器和霍尔线性集成传感器。

1）霍尔开关集成传感器

霍尔开关集成传感器以开关信号形式输出，一般由霍尔元件、放大器、整形电路（施密特触发器）、开关输出电路（三极管）和稳压电路五部分组成，如图 5-16（a）所示。当磁场作用于霍尔开关集成传感器时，由于霍尔效应，霍尔元件输出霍尔电压 U_H，该电压经放大器放大后，送至整形电路。当放大后的 U_H 高于"开启"阈值时，整形电路翻转，输出高电平，使得晶体管 VT 导通并具有拉流作用，整个电路处于开状态。当磁场减弱，U_H 减小至其放大电压小于整形电路"关闭"阈值时，整形电路又翻转，输出低电平，使得晶体管 VT 截止电路处于关状态。这样，一次磁场强度的变化，就会使传感器完成一次开关动作。由于内设整形电路的作用，霍尔开关集成传感器的开关特性具有时滞，如图 5-16（b）所示，具有较好的抗噪声效果。

2）霍尔线性集成传感器

霍尔线性集成传感器的输出电压与外加磁场强度呈线性比例关系。该类传感器一般由霍尔元件、放大器、差动输出电路和稳压电源四部分组成。霍尔线性集成传感器有单端输出型（如 SL3501T）和双端输出型（如 SL3501M，其为 8 脚双列直插封装器件，电位器用于失调调整）两种，如图 5-17（a）、（b）所示。

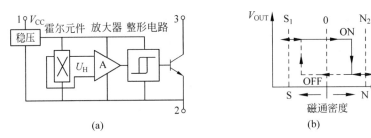

图 5-16 霍尔开关集成传感器的内部框图和输出特性

(a) 内部框图；(b) 输出特性

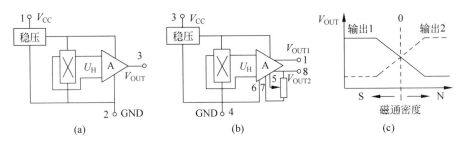

图 5-17 霍尔线性集成传感器的内部框图和输出特性

(a) 单端输出型内部框图；(b) 双端输出型内部框图；(c) 输出特性

当磁场作用于霍尔元件,在一定的磁场强度范围内,霍尔元件产生与磁场强度成线性比例变化的霍尔电压,并经放大器放大后输出,如图 5-17(c)所示,图中线性部分的平衡点相当于 N 和 S 磁极的分界点。

4. 霍尔式传感器的应用

霍尔式传感器具有结构简单、体积小、噪声小、频率范围宽(直流到微波频段)、动态范围大(输出电势变化范围可达 1000：1)和寿命长等特点,但是其转换效率低、受温度影响大。霍尔式传感器广泛应用于位置、(角度/线)位移、厚度、速度、转速、力、重量、磁场和电流等的测量。

1) 霍尔位移传感器

图 5-18 是霍尔位移传感器原理示意图。如图 5-18(a)、(b)所示,在磁场极性相反、强度相同的两个磁钢的气隙中放置一个霍尔元件,该元件固定于被测物,跟随被测物沿 x 轴方向移动。当元件的控制电流 I 恒定不变时,由式(5-24)可知,霍尔电势 U_H 与磁感应强度 B 成正比。霍尔元件沿 x 轴方向移动时,霍尔电势的变化为

$$\frac{\mathrm{d}U_H}{\mathrm{d}x} = K_H I \frac{\mathrm{d}B}{\mathrm{d}x} \tag{5-28}$$

如图 5-18(c)所示,磁场在 $x_1 \sim x_2$ 范围内为梯度磁场,即沿 x 轴方向的变化梯度 $\mathrm{d}B/\mathrm{d}x$ 为一常数,则 U_H 变化量与 x 变化量成正比,即霍尔电压 U_H 与被测物位移 x 成正比。磁场梯度越大,该传感器灵敏度越高；磁场梯度越均匀,该传感器线性度越好。该霍尔位移传感器中,霍尔元件处于磁铁中心位置($\Delta x = 0$)时,磁场强度 $B = 0$,$U_H = 0$；霍尔元件左移($\Delta x < 0$)时,合成磁场强度 B 向下($B > 0$),$U_H > 0$；霍尔元件右移($\Delta x > 0$)时,合成磁场强度 B 向上($B < 0$),$U_H < 0$。上述霍尔位移传感器测量范围为 $1 \sim 2\text{mm}$。

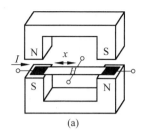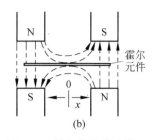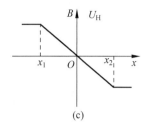

图 5-18 霍尔位移传感器

（a）原理示意图；（b）磁路结构图；（c）B-x（或 B_H-x）输出特性

2）霍尔转速传感器

下面以汽车转速测量为例，介绍霍尔转速传感器的应用。将带有微型磁铁的霍尔转速传感器安装在正对着汽车车轮齿轮的支架上（见图 5-19（a））。车轮转动时，齿轮的齿和齿槽轮流对准霍尔式传感器。当齿对准霍尔式传感器时，如图 5-19（b）所示，受铁质齿轮影响，微型磁铁的磁力线集中穿过霍尔元件，产生较大的霍尔电动势 U_H，放大、整形后输出高电平；反之，齿轮的齿槽对准霍尔元件时，如图 5-19（c）所示，微型磁铁的磁力线分散穿过霍尔元件两侧，产生较小的霍尔电动势 U_H，放大、整形后输出低电平。将高低电平转换为脉冲，计算单位时间内接收到的脉冲数，再根据一圈齿轮的齿数，即可计算出车轮转速。

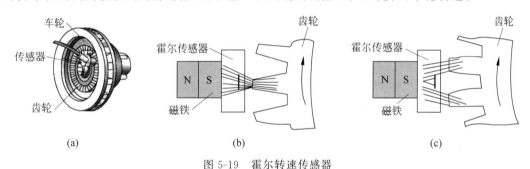

图 5-19 霍尔转速传感器

（a）传感器安装示意图；（b）齿对准霍尔式传感器；（c）齿槽对准霍尔式传感器

3）霍尔电流传感器

霍尔电流传感器可测量工程上的大直流电流，具有结构简单、成本低、准确度高等优点。常用的测量方法有旁侧法、贯穿法和绕线法等，如图 5-20 所示。

旁侧法是较简单的方法，如图 5-20（a）所示，通有控制电流 I_C 的霍尔元件放在被测通电导线附近，被测电流 I 产生的磁场 B 将使霍尔元件产生霍尔电压 U_H，该方法测量精度不高。贯穿法是较实用的方法，如图 5-20（b）所示，导磁铁芯是由磁铁材料做成的开口环状结构，霍尔元件放在其开口处气隙中央，被测通电导线贯穿其环形中央。当被测电流 I 流过导线时，导线周围产生磁场，因为导磁铁芯具有集中磁力线的作用，在气隙处形成一穿过霍尔元件的磁场。I 越大，磁场强度越强，霍尔电压 U_H 越大。贯穿法具有较高的测量精度。绕线法与图 5-20（b）所示贯穿法相类似，由标准环形导磁铁芯和霍尔集成传感器组成，如图 5-20（c）所示，但是被测通电导线是绕在导磁铁芯上。被测电流 I 产生的磁场被导磁铁芯集中并通过霍尔集成传感器，从而产生与电流成正比的霍尔电压 U_H，U_H 与 I 及绕线匝数有关。

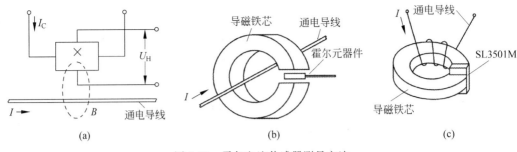

图 5-20　霍尔电流传感器测量方法

(a)旁侧法；(b)贯穿法；(c)绕线法

5.2.2　其他半导体磁敏传感器及应用

半导体磁敏传感器除了霍尔式传感器外,还有磁阻元件、磁敏二极管和磁敏三极管,可测量弱磁场、电流、转速、位移等物理量,也可用于磁力探伤、接近开关和位置控制等。

1. 磁阻元件

某些半导体器件(如霍尔元件)在磁场的作用下,出现电阻率(和电阻值)增大的现象,这种现象称为磁阻效应。霍尔电势是指垂直于电流方向的横向电压,磁阻效应则是沿电流方向的电阻变化。

利用磁阻效应制成的元件称为磁阻元件。磁阻元件的磁阻效应与其材料性质和几何形状有关,材料的迁移率越大,磁阻效应越显著;元件的长宽比越小,磁阻效应越明显。零磁场下磁阻元件的电阻一般为几百欧姆,而磁感应强度为 1T 时,其电阻比零磁场时电阻增大 12 倍左右。

由于磁阻元件具有阻抗低、阻值随磁场变化率大、非接触式测量、频率响应好、动态范围广及噪声小等特点,广泛应用于无触点开关、压力开关、旋转编码器、角度传感器和转速传感器等场合。

2. 磁敏二极管

磁敏二极管是一种磁电转换元器件,它可以将磁信息转换成电信号(电流),其转换灵敏度是霍尔元件的数百倍甚至数千倍,图 5-21 是磁敏二极管符号。图 5-22 是磁敏二极管工作原理图,如图中所示,与一般的二极管不同,磁敏二极管的 PN 结除了 P 型区和 N 型区外,中间还有高纯空间电荷区 i 区(长度远大于载流子扩散的长度)和高复合区 r 区(载流子复合速率较大)。如图 5-22(a)所示,在无外加磁场的情况下,磁敏二极管大部分空穴和电子分别流入 N 区和 P 区而产生电流,极少载流子在 r 区复合,i 区有稳定阻值和电流值。如图 5-22(b)所示,当磁敏二极管受到正向外磁场作用时 B^+ 时,空穴和电子受洛伦兹力作用偏向 r 区快速复合,i 区载流子减小而电阻增大、电流减小。如图 5-22(c)所示,当磁敏二极管受到负向外磁场 B^- 作用时,空穴和电子受洛伦兹力作用偏向 i 区,i 区载流子增大而电阻减小、电流增大。

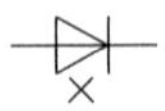

图 5-21　磁敏二极管符号

磁敏二极管可测量磁场强度和方向,具有体积小、灵敏度高、响应快、无触点、输出功率大和性能稳定等特点,但其线性度不如霍尔元件,广泛应用于转速、位移、电流的测量和磁场检测、磁力探伤、无触点开关、无刷直流电机等场合。

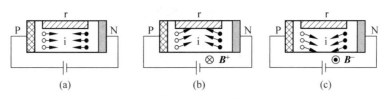

图 5-22　磁敏二极管工作原理图

(a) 无磁场；(b) 正向磁场作用；(c) 负向磁场作用

3. 磁敏三极管

磁敏三极管又称磁敏晶体管或磁三极管，图 5-23 是磁敏三极管符号。图 5-24 是磁敏三极管工作原理图。当无外加磁场时，如图 5-24(a)所示，发射极 e 注入 i 区的电子受横向磁场 U_{be} 作用，大部分与 i 区空穴复合形成基极电流 I_b，少部分注入集电极 c 形成集电极电流 I_c，此时 $I_b > I_c$；当磁敏三极管受正向外磁场 B^+ 作用时，如图 5-24(b)所示，发射极 e 注入 i 区的电子受横向电场 U_{be} 和磁场洛伦兹力作用，部分偏离集电极 c 注入 i 区，部分向 r 区偏转快速复合，此时 I_c 减小、I_b 基本保持不变；当磁敏三极管受负向外磁场 B^- 作用时，如图 5-24(c)所示，与图 5-24(b)相反，发射极 e 注入 i 区的电子受磁场洛伦兹力作用，向集电极 c 偏转和远离 r 区，I_c 增大、I_b 基本保持不变。因此，在正向或反向磁场作用下，会引起集电极电流 I_c 减小或增大，即可用磁场方向控制 I_c 增大或减小和用磁场强弱控制 I_c 增大或减小的变化量。

图 5-23　磁敏三极管符号

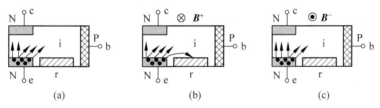

图 5-24　磁敏三极管工作原理图

(a) 无磁场；(b) 正向磁场作用；(c) 负向磁场作用

5.2.3　任务描述

基于霍尔式传感器的位移特性测量

霍尔式传感器实验

本任务通过 ZGL-998 传感器试验台的操作，了解霍尔式传感器原理与应用，掌握霍尔式传感器测位移的方法。

5.2.4　任务分析

霍尔式传感器是一种磁敏传感器，基于霍尔效应原理工作。它将被测量的磁场变化(或以磁场为媒体)转换成电动势输出。霍尔效应是具有载流子的半导体同时处在电场和磁场中而产生电势的一种现象。

本实验采用的霍尔式位移(小位移1~2mm)传感器由线性霍尔元件、两只半圆形永久磁钢组成,其他很多物理量如力、压力、机械振动等本质上都可转变成位移的变化来测量。霍尔式位移传感器的工作原理和实验电路原理如图5-25、图5-26所示。将磁场强度相同的两块永久磁钢极性相对放置,线性霍尔元件置于两块磁钢间的上下中点,其磁感应强度为0,设这个位置为位移的零点,即 $x=0$,因磁感应强度 $B=0$,故输出电压 $U_H=0$。

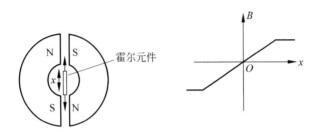

图 5-25　霍尔式位移传感器工作原理

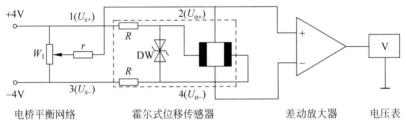

图 5-26　霍尔式位移传感器实验电路原理

当霍尔元件沿 x 轴有位移时,由于 $B\neq0$,则有一电压 U_H 输出,U_H 经差动放大器放大输出为 U。U 与 B、B 与 x 有一一对应的线性关系。图5-26中的 W_1 是调节霍尔片的不定位电势,所谓不定位电势:$B=0$ 时 $U_H\neq0$。

注意:线性霍尔元件有四个引线端。涂黑两端 $1(U_{s+})$、$3(U_{s-})$ 是电源输入激励端,另外两端 $2(U_{o+})$、$4(U_{o-})$ 是输出端。接线时,电源输入激励端与输出端千万不能颠倒,否则霍尔元件会损坏。

本实验需要用到机头中的振动台、测微头、霍尔式位移传感器;显示面板中的 F/V 表(或电压表)、±4V 直流稳压电源;调理电路面板传感器输出单元中的霍尔式传感器;调理电路单元中的电桥、差动放大器电路。

5.2.5　任务实施

(1) 差动放大器调零。按图5-27示意接线,F/V 表(或电压表)量程切换开关打到 2V 挡,检查接线无误后合上主、副电源开关。将差动放大器的增益电位器顺时针方向缓慢转到底,再逆时针回转一点点(防电位器的可调触点在极限端点位置接触不良);调节差动放大器的调零电位器,使电压表显示为 0。关闭主电源。

(2) 在振动台与测微头吸合的情况下,调节测微头到 10mm 处使振动台上的霍尔片大

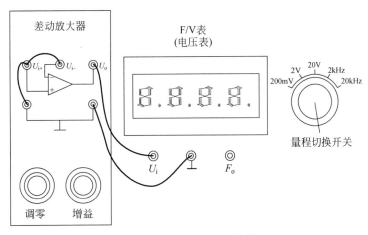

图 5-27 差动放大器调零接线图

约处在两块磁钢间的上、下中点位置(目测)。按示意图 5-28 接线,将差动放大器的增益电位器沿逆时针方向缓慢转到底(增益最小)。检查接线无误后合上主电源开关,仔细调节电桥单元中的 W_1 电位器,使电压表显示 0。

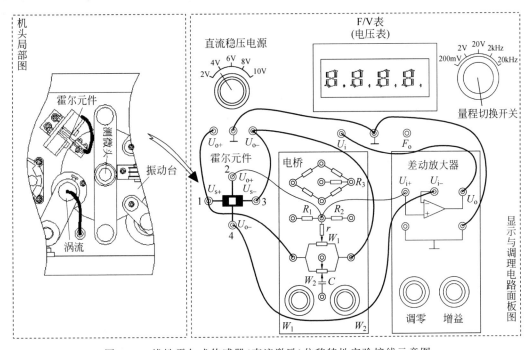

图 5-28 线性霍尔式传感器(直流激励)位移特性实验接线示意图

注意:线性霍尔元件有四个引线端。涂黑两端 $1(U_{s+})$、$3(U_{s-})$ 是电源输入激励端,另外两端 $2(U_{o+})$、$4(U_{o-})$ 是输出端。接线时,电源输入激励端与输出端千万不能颠倒,否则霍尔元件将损坏。

(3) 将测微头从 10mm 处调到 15mm 处作为位移起点并记录电压表读数。以后,反方向(顺时针方向)仔细调节测微头的微分筒(0.01mm/小格)$\Delta x = 0.1$mm(实验总位移从 15 到 5mm),从电压表上读出相应的电压 U_o 值,填入表 5-3。

表 5-3 霍尔式传感器位移实验数据

x/mm									
U_o/V									

5.2.6 结果分析

(1) 根据表 5-3 实验数据作出 $U\text{-}x$ 特性实验曲线,在实验曲线上截取线性较好的区域作为传感器的位移量程。

(2) 分析曲线,计算不同测量范围(±0.5mm、±1mm、±2mm)时的灵敏度和非线性误差。实验完毕,关闭电源。

5.2.7 考核标准

根据考核标准对本任务实施进行综合评价,并进行任务总结,教师给出评价意见。

考核标准

序号	工作过程	主要内容	评 分 标 准	配分	学生(自评)		教师评价	
					扣分	得分	扣分	得分
1	资讯准备 (10分)	任务相关知识查找	查找相关知识学习,该任务知识能力掌握程度,达到 60% ,扣 5 分;达到 80% ,扣 2 分;达到 90% ,扣 1 分;达到 100% ,不扣分	10				
2	决策计划 (10分)	确定方案编写计划	制定整体方案,格式基本规范,方案基本合理,扣 2 分;格式比较规范,方案比较合理,扣 1 分;格式规范,方案合理,不扣分	10				
3	实施执行 (10分)	记录实施过程步骤	实施过程,步骤记录完整,不扣分;记录不完整度达到 10% ,扣 2 分;记录不完整度达到 20% ,扣 3 分;记录不完整度达到 40% ,扣 5 分	10				
4	检测评价 (60分)	元件测试	元件测试规范,不扣分;不会用仪表检测元件质量好坏,扣 2 分	6				
			仪表使用不正确,扣 3 分	6				
		电路设计	电路布线杂乱,扣 2 分	6				
			元件布局不合理,扣 2 分	6				
			元件损坏,扣 3 分	6				
		调试检测	不能进行通电调试,扣 3 分	6				
			校验的方法不正确,扣 3 分	6				
			校验结果不正确,扣 3 分	6				
		调试效果	电路调试效果不理想,扣 3 分	6				
			灵活度较低,扣 3 分	6				

续表

序号	工作过程	主要内容	评 分 标 准	配分	学生(自评)		教师评价	
					扣分	得分	扣分	得分
5	团队合作（10分）	安全操作	违反安全文明操作规程,扣2分	3				
		团队合作	团队合作较差,小组不能配合完成任务,扣2分	3				
		交流表达	不能用专业语言正确流利简述任务成果,扣2分	4				
合计				100				
学生自评总结								
教师评语								
学生签字			年 月 日	教师签字			年 月 日	

磁电感应式传感器的应用

1. 磁电感应式振动速度传感器

图 5-29 是动圈式恒磁通振动速度传感器结构示意图,其结构主要由钢制圆形外壳制成,里面用铝支架将圆柱形永久磁铁与外壳固定成一体,永久磁铁中间有一个小孔,穿过小孔的芯轴两端架起线圈和阻尼环,芯轴两端通过圆形膜片支撑架空且与外壳相连。

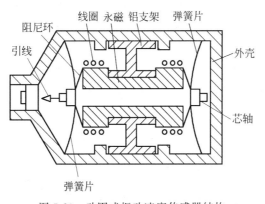

图 5-29 动圈式振动速度传感器结构

工作时,传感器与被测物体刚性连接,当物体振动时,传感器外壳和永久磁铁随之振动,而架空的芯轴、线圈和阻尼环因惯性而不随之振动。这样,磁路气隙中的线圈切割磁力线而产生正比于振动速度的感应电动势,线圈的输出通过引线送到测量电路。该传感器测量的是振动速度参数,如果在测量电路中接入积分电路,则输出电势与位移成正比;如果在测量电路中接入微分电路,则其输出电势与加速度成正比。

2. 电磁流量计

电磁流量计是根据电磁感应原理制成的一种流量计,用来测量导电液体的流量,属于恒磁通

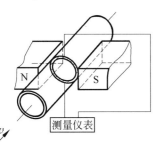

图 5-30 电磁流量计原理图

式。电磁流量计的工作原理如图 5-30 所示,它由产生均匀磁场的磁路系统、用不导磁材料制成的管道及在管道横截面上的导电电极组成。要求磁场方向、电极连线和管道轴线三者在空间上互相垂直。

当被测导电液体流过管道时,切割磁力线,在和磁场及流动方向垂直的方向上产生感应电动势 E,其值与被测流体的流速成正比,即

$$E = BDv \tag{5-29}$$

式中:B——磁感应强度,T;

D——管道内径,m;

v——流体的平均流速,m/s。

相应地,流体的体积流量可表示为

$$q_V = \frac{\pi D^2}{4} v = \frac{\pi D E}{4B} = KE \tag{5-30}$$

式中:K——仪表常数,$K = \dfrac{\pi D}{4B}$,对于某一个确定的电磁流量计,该常数为定值。

3. 非接触式电流监控器

半导体磁敏电阻 MS-F06 可非接触测量交流电流,如图 5-31 所示,将 MS-F06 靠近被测电线即可输出电压。在测量距离相同和传输线材料、直径相同的情况下,MS-F06 的输出

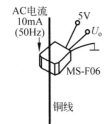

图 5-31 MS-F06 测量
交流电流

电压有效值与其测量的交流电流有效值接近线性关系。

若 MS-F06 放置在紧靠铜线 0.1mm 处,铜线中流过 50Hz、0.1A(有效值)的电流,将在铜线附近产生磁场,在该磁场作用下 MS-F06 产生 0.27mV 电压(有效值)。当 MS-F06 输出电压为 5.4mV 时,该铜线上流过的电流为 0.1A×(5.4mV/0.27mV)=2A。若测量电流有效值范围为 0~2A,则输出电压有效值为 0~5.4mV,实际测量电路需对输出电压有效值进行放大等处理,可采用如图 5-32 所示的测量电路,该电路有 100~1000 倍的可调增益。表 5-4 是非接触式电流监控器元件列表。

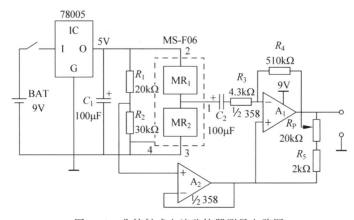

图 5-32 非接触式电流监控器测量电路图

表 5-4　非接触式电流监控器元件列表

元件名称	符　号	型　号	说　　明	厂家
运算放大器	A_1、A_2	LM358	一个芯片中有两个运算放大器	NS
三端稳压器	IC_1	TA78005	5V 输出	东芝
电容	C_1、C_2	20%,16V	电解电容	—
电阻	$R_1 \sim R_5$	2%,1W	金属膜电阻	—
电位器	R_P	单圈型	金属陶瓷	—
磁传感器	MS-F06	—	—	三洋电机
干电池	BAT	006P 型	9V	—

4. 磁漏探伤仪

磁漏探伤是无损检测方法之一,具有检测速度快、可靠性高且对工件表面清洁度要求不高等特点,因此磁漏探伤仪广泛应用于金属材料的检测和相关产品的评估。磁漏探伤仪使用磁敏二极管。

图 5-33 所示为磁漏探伤仪原理图,磁漏探伤仪由铁芯、激励线圈、磁敏二极管探头、放大电路和显示仪表组成,激励线圈激励的磁场(图中虚线部分)被铁芯集中在其内部。如图 5-33(a)所示,若被检物(图中为铜棒)表面和内部无缺陷或夹杂物,磁通通过铁芯集中后全部通过被检物,此时磁敏二极管探头未检测到磁场信号。如图 5-33(b)所示,若被检物表面或内部存在缺陷或夹杂物,缺陷(或夹杂物)处及其附近的磁阻增加,导致缺陷(或夹杂物)附近的磁场发生畸变,分成了三部分:①大部分磁通在工件内部绕过缺陷;②少部分磁通穿过缺陷;③部分磁通离开被测物进入空气。第③部分即磁漏通,它会被探伤仪内部的核心部件磁敏二极管探头检测、转化为电信号,该电信号经放大电路放大后显示在显示仪表上,通过观察显示仪表上的信号变化即可判断被测物是否有缺陷和夹杂物。该方法已广泛应用于油气管道、储罐罐底的腐蚀检测和钢丝绳、钢板、钢块等磁性材料的无损检测中。

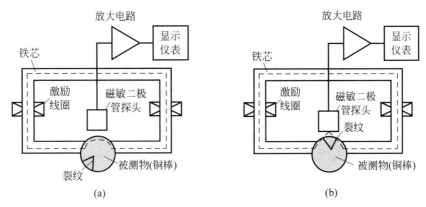

图 5-33　磁漏探伤仪原理图

(a) 被测物无缺陷；(b) 被测物有缺陷

习题与思考

1. 什么是正压电效应？
2. 什么是逆压电效应？
3. 什么是纵向压电效应？
4. 什么是横向压电效应？
5. 简要说明什么是电荷放大器。
6. 压电式传感器中采用电荷放大器有何优点？
7. 什么是霍尔效应？霍尔式传感器有哪些特点和应用？
8. 什么是磁阻效应？磁阻元件有什么特点？

课程思政

北斗卫星系统
视频介绍

走近科学——北斗卫星定位系统

2020 年 7 月 31 日,北斗三号全球卫星导航系统(以下简称北斗三号系统)正式开通。多年来,中国科学院发挥多学科综合优势,在卫星制造、关键单机及部组件、核心芯片、时间与轨道测量、星地试验等方面,为北斗三号系统研制提供了强有力的科技支撑,诠释了科技创新的核心价值。

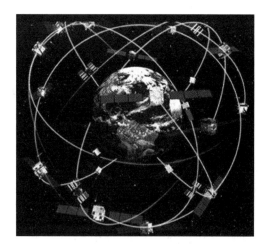

自主创新的"北斗星"

"自主铸就北斗星,创新擘画玉汝成。开放彰显乾宇志,融合时空谋共赢。万众抗疫同舟济,一心相异退群声。追求普惠华夏愿,卓越湛卢献和平。"2020 年 7 月 31 日,中国科学院微小卫星创新研究院副院长、北斗三号系统总设计师林宝军以新时代北斗精神——自主创新、开放融合、万众一心、追求卓越为题,作了一首藏头诗。他把北斗比喻成"湛卢剑",科研人员则是"铸剑人"。

作为国家战略科技力量,中国科学院微小卫星创新研究院、精密测量科学与技术创新研究院、上海天文台、国家授时中心、国家空间科学中心等多家科研院所联合攻关,成功研制和发射 12 颗北斗导航卫星,为北斗系统提供从原材料、元器件、核心部组件到卫星,从星上到地面的全链条解决方案。

科研人员通过自主创新实现多项高科技:突破全球系统组网卫星的关键核心技术,首创导航星座星间链路技术,实现了"一星通、星星通",卫星观测 PDOP(位置精度强弱度)值提高 10～30 倍,在 7 万 km 的距离,100ms 可以实现卫星捕获和测距,卫星双向测距精度高达 1cm;全面推进自主可控,采用了国产龙芯+Flash 的架构,填补了国产航天处理器空白,同时实现了微波等核心器件全部国产化,带动材料、器件、部组件、单机到系统整个产业链发展,使核心器部件自主可控……

最强"大脑"和"心脏"

在诸多自主创新技术中,最为基础和核心的技术是全球卫星导航系统时空基准技术,也就是卫星系统的"大脑"和"心脏"。

由中国科学院上海天文台研发的信息处理系统部分基础模块就像北斗的"最强大脑",能实时修正误差、多备份,以保持高可靠度,确保北斗空间信号精度与 GPS 相当。

星载原子钟为卫星系统提供高稳定的时间频率基准信号,因其必须不间断且稳定,如同脉搏和心跳,被称为导航卫星的"心脏"。中国科学院精密测量科学与技术创新研究院研制的第三代星载铷原子钟,如今已实现精度每天一百亿分之三秒,达到国际领先水平;中国科学院上海天文台研制的星载氢原子钟实现了约 600 万年仅误差 1s 的精度,大幅提升北斗导航卫星系统的时间基准精度。

"北斗为大家导航,而我们为北斗'导航'",科研人员中流传着这样一句话。正是有了最强"大脑"和"心脏",北斗三号系统的建成才令世界对中国的卫星研制技术刮目相看。

"长板"创新拓展未来需求

在林宝军看来,中国科学院北斗导航卫星研制团队的前沿科技创新来源于理念上的变革。"通常,大家都习惯于'短板理论',希望通过弥补技术短板来实现性能提升,'短板理论'最经济。"他告诉记者。

因此,一般卫星上使用新技术的比例不到 30%。但是,在北斗三号系统的研制中,中国科学院科研团队创造性地采取"长板理论"的策略,旨在最大限度拓展未来成长性需求。林宝军认为,这给北斗三号系统的设计带来了颠覆性改变。

中国科学院上海天文台研制成功的第一台双频氢原子钟便是"长板理论"的最好诠释,其精度比铷原子钟高一个数量级。"这台氢原子钟虽然没有在轨运行过,但我们认为技术是可靠的,同时也装备了铷原子钟以确保万无一失。"林宝军介绍。

同时,科研人员也看到了先进技术创造的潜在应用场景。氢原子钟可在 20ps 内与铷原子钟"无缝切换",实现自主连续提供信号。"这就意味着,如果开车时导航信号中断,可以在用户察觉不到的情况下切换到备份信号。"林宝军说。

基于"长板理论",科研团队相信,新技术只要靠谱,不用十年,就能创造巨大的应用空间。

第6章

光电式传感器的应用

6.1 课件　　6.2 课件

学习目标

知识能力：了解光电式传感器的基本原理；掌握光电式传感器在各种检测中的应用。

实操技能：掌握光电式传感器的识别、选用和检测方法。

综合能力：提高学生分析问题和解决问题的能力，加强对学生沟通能力及团队协作精神的培养。

思政目标

培养学生的工匠精神，使学生勇于创新、善于思考。

光电式传感器是将被测量的变化转换成光信号的变化，再通过光电器件将光信号的变化转换成电信号的一种传感器。光电式传感器一般由光源、光学通路和光电元件三部分组成。光电检测方法具有频谱高、不易受电磁干扰、响应快、可非接触测量、可靠性高等优点，在自动检测、计算机和控制系统中得到广泛的应用。

本章通过光电式传感器在电机转速测量中的应用、光纤传感器的位移测量应用两个项目，介绍如下核心知识技能：

（1）光电式传感器的使用；

（2）光纤传感器的使用。

6.1　基于光电式传感器的位移特性测量

知识能力

6.1.1　光电效应

光电器件的理论基础是光电效应，光子是具有能量的粒子，每个光子的能量可表示为

$$E = h\nu_0$$

（6-1）

式中：h——普朗克常数，$h = 6.626 \times 10^{-34} \text{J} \cdot \text{s}$；

　　ν_0——光的频率。

根据爱因斯坦假设：一个光子的能量只给一个电子。因此，如果一个电子要从物体中逸出，入射光子能量 E 必须大于物体表面逸出功 A_0，这时，逸出表面的电子具有的动能，可用光电效应方程表示为

$$E_k = \frac{1}{2}mv^2 = h\nu_0 - A_0 \tag{6-2}$$

式中：m——电子的质量；

　　v——电子逸出的初始速度。

根据光电效应方程，当光照射在某些物体上时，光能作用于被测物体而释放出电子，即物体吸收具有一定能量的光子后所产生的电效应，这就是光电效应。光电效应中所释放出的电子叫光电子，能产生光电效应的敏感材料称作光电材料。光电效应一般分为外光电效应和内光电效应两大类。根据光电效应可以制作出相应的光电转换元件，简称光电器件或光敏器件，它是构成光电式传感器的主要部件。

1. 外光电效应

当光照射到金属或金属氧化物的光电材料上时，光子的能量传给光电材料表面的电子，如果入射到表面的光能使电子获得足够的能量，电子会克服正离子对它的吸引力，脱离材料表面而进入外界空间，这种现象称为外光电效应。也就是说，外光电效应是在光能作用下，电子逸出物体表面的现象。根据外光电效应制作的光电器件有光电管和光电倍增管。

2. 内光电效应

内光电效应是指物体受到光照后所产生的光电子只在物体内部运动，而不会逸出物体的现象。内光电效应多发生于半导体内，可分为因光照引起半导体电阻率变化的光电导效应和因光照产生电动势的光伏效应两种。

1) 光电导效应

光电导效应是物体在入射光能量的激发下，其内部产生光生载流子（电子-空穴对），使物体中载流子数量显著增加而电阻减小的现象。这种效应在大多数半导体和绝缘体中都存在，但金属因电子能态不同，不会产生光电导效应。

2) 光伏效应

光伏效应是光照在半导体中激发出的光电子和空穴在空间分开而产生电位差的现象，是将光能变为电能的一种效应。光照在半导体 PN 结或金属-半导体接触面上时，在 PN 结或金属-半导体接触面的两侧会产生光生电动势，这是因为 PN 结或金属-半导体接触面因材料不同质或不均匀而存在内建电场，半导体受光照激发产生的电子或空穴会在内建电场的作用下向相反方向移动和积聚，从而产生电位差。

基于光电导效应的光电器件有光敏电阻；基于光伏效应的光电器件典型的有光电池，此外，光敏二极管、光敏三极管也是基于光伏效应的光电器件。

6.1.2　光电器件

1. 光电管和光电倍增管

光电管（phototube）是一种基于外光电效应的基本光电转换器件。光电管可使光信号

转换成电信号。光电管分为真空光电管和充气光电管两种。光电管的典型结构是将球形玻璃壳抽成真空,在内半球面上涂一层光电材料作为阴极,球心放置小球形或小环形金属作为阳极。若球内充低压惰性气体就成为充气光电管。光电子在飞向阳极的过程中与气体分子碰撞而使气体电离,可增加光电管的灵敏度。

1) 真空光电管

真空光电管又称电子光电管,由封装于真空管内的光电阴极和阳极构成。当入射光线穿过光窗照到阴极上时,由于外光电效应,光电子就从极层内发射至真空。在电场的作用下,光电子在极间做加速运动,最后被高电位的阳极接收,在阳极电路内就可测出光电流,其大小取决于光照强度和光阴极的灵敏度等因素。

2) 充气光电管

充气光电管又称离子光电管,由封装于充气管内的光电阴极和阳极构成。它不同于真空光电管的是,光电子在电场作用下向阳极运动时与管中气体分子碰撞而发生电离现象。由电离产生的电子和光电子一起都被阳极接收,正离子却反向运动被阴极接收。因此在阳极电路内形成数倍于真空光电管的光电流。充气光电管的电极结构也不同于真空光电管。

光电倍增管是进一步提高光电管灵敏度的光电转换器件。管内除光电阴极和阳极外,两极间还放置多个瓦形倍增电极。使用时相邻两倍增电极间均加有电压用来加速电子。光电阴极受光照后释放出光电子,在电场作用下射向第一倍增电极,引起电子的二次发射,激发出更多的电子,然后在电场作用下飞向下一个倍增电极,又激发出更多的电子。如此电子数不断倍增,阳极最后收集到的电子可增加 $10^4 \sim 10^8$ 倍,这使光电倍增管的灵敏度比普通光电管要高得多,可用来检测微弱光信号。光电倍增管高灵敏度和低噪声的特点使它在光测量方面获得广泛应用。

2. 光敏电阻

1) 光敏电阻的结构和工作原理

当入射光照到半导体上时,若光电导体为本征半导体材料,而且光辐射能量又足够强,则电子受光子的激发由价带越过禁带跃迁到导带,在价带中就留有空穴,在外加电压下,导带中的电子和价带中的空穴同时参与导电,即载流子数增多,电阻率下降。由于光的照射,引起半导体的电阻变化,所以称为光敏电阻。

如果把光敏电阻连接到外电路中,在外加电压的作用下,电路中有电流流过,用检流计可以检测到该电流;如果改变照射到光敏电阻上的光度量(即照度),可发现流过光敏电阻的电流发生了变化,即用光照射能改变电路中电流的大小,实际上是光敏电阻的阻值随照度发生了变化。图 6-1(a) 为单晶光敏电阻的结构图。一般单晶的体积小,受光面积也小,额定电流容量低。为了加大感光面,通常采用微电子工艺在玻璃(或陶瓷)基片上均匀地涂敷一层薄薄的光电导多晶材料,经烧结后放上掩蔽膜,蒸镀上两个金(或铟)电极,再在光敏电阻材料表面覆盖一层漆保护膜(用于防止周围介质的影响,但要求该漆膜对光敏层最敏感波长范围内的光线透射率最大)。感光面大的光敏电阻的表面大多采用图 6-1(b) 所示的梳状电极结构,这样可得到比较大的光电流。图 6-1(c) 所示为光敏电阻的测量电路。

2) 光敏电阻的主要参数

暗电阻、亮电阻和光电流是光敏电阻的主要参数。光敏电阻在未受到光照时的阻值称为暗电阻,此时流过的电流称为暗电流。光敏电阻在受到光照时的电阻称为亮电阻,此时的

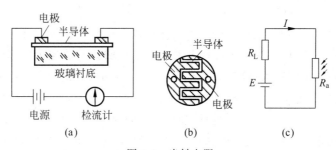

图 6-1 光敏电阻

(a) 结构；(b) 梳状电极；(c) 测量电路

电流称为亮电流。亮电流与暗电流之差,称为光电流。

3) 光敏电阻的基本特性

(1) 伏安特性

在一定照度下,光敏电阻两端所加的电压与流过光敏电阻的电流之间的关系称为伏安特性。硫化镉(CdS)光敏电阻的伏安特性曲线如图 6-2 所示,虚线为允许功耗线或额定功耗线(使用时应不使光敏电阻的实际功耗超过额定值)。

(2) 光照特性

光敏电阻的光照特性用于描述光电流和光照强度之间的关系,绝大多数光敏电阻光照特性曲线是非线性的,不同光敏电阻的光照特性是不同的,硫化镉光敏电阻的光照特性如图 6-3 所示。光敏电阻一般在自动控制系统中用作开关、光电信号转换器,而不宜用作线性测量元件。

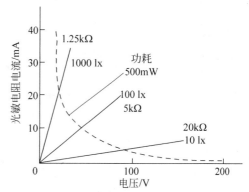

图 6-2 硫化镉光敏电阻的伏安特性

(3) 光谱特性

对于不同波长的光,不同的光敏电阻的灵敏度是不同的,即不同的光敏电阻对不同波长的入射光有不同的响应特性。光敏电阻的相对灵敏度与入射波长的关系称为光谱特性。

几种常用光敏电阻材料的光谱特性如图 6-4 所示。

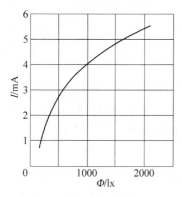

图 6-3 硫化镉光敏电阻的光照特性

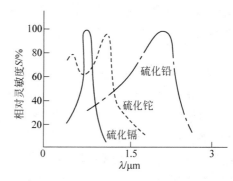

图 6-4 光敏电阻的光谱特性

（4）响应时间和频率特性

实验证明,光敏电阻的光电流不能随着光照量的改变而立即改变,即光敏电阻产生的光电流有一定的惰性,这个惰性通常用时间常数来描述。时间常数越小,响应越迅速。但大多数光敏电阻的时间常数都较大,这是它的缺点之一。不同材料的光敏电阻有不同的时间常数,因此其频率特性也各不相同,与入射的辐射信号的强弱有关。图 6-5 所示为硫化镉和硫化铅光敏电阻的频率特性。硫化铅的使用频率范围最大,其他材料的光敏电阻的使用频率范围都较窄。目前正在通过改进生产工艺来改善各种材料光敏电阻的频率特性。

（5）温度特性

光敏电阻的温度特性与光电导材料有密切关系,不同材料的光敏电阻有不同的温度特性。光敏电阻的光谱响应、灵敏度和暗电阻都要受到温度变化的影响,受温度影响最大的是硫化铅光敏电阻,其光谱响应的温度特性曲线如图 6-6 所示。

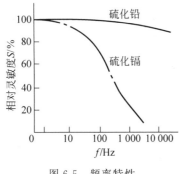

图 6-5　频率特性

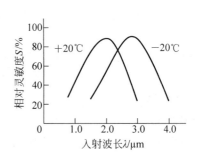

图 6-6　硫化铅光敏电阻的温度特性

由图 6-6 可见,随着温度的上升,其光谱响应曲线向左(即短波长的方向)移动。因此,要求硫化铅光敏电阻在低温、恒温的条件下使用。

3. 光敏管

大多数半导体二极管和三极管都是对光敏感的,当二极管和三极管的 PN 结受到光照射时,通过 PN 结的电流将增大,因此,常规的二极管和三极管都用金属罐或其他壳体密封起来,以防光照;而光敏管(包括光敏二极管和光敏三极管)则必须使 PN 结能接收最大的光照射。光电池与光敏二极管、光敏三极管都是 PN 结,它们的主要区别在于后者的 PN 结处于反向偏置,无光照时反向电阻很大、反向电流很小,相当于截止状态。当有光照时将产生光生的电子-空穴对,在 PN 结电场作用下电子向 N 区移动,空穴向 P 区移动,形成光电流。

1）光敏管的结构和工作原理

光敏二极管是一种 PN 结型半导体器件,与一般半导体二极管类似,其 PN 结装在管的顶部,以便接收光照,上面有一个透镜制成的窗口,可使光线集中在敏感面上。其结构原理和基本电路如图 6-7 所示。

在无光照射时,处于反偏的光敏二极管工作在截止状态,这时只有少数载流子在反向偏压下越过阻挡层,形成微小的反向电流即暗电流。当光敏二极管受到光照射之后,光子在半导体内被吸收,使 P 型区的电子数增多,也使 N 型区的空穴增多,即产生新的自由载流子

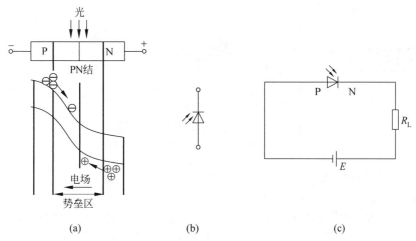

图 6-7　光敏二极管的结构原理和基本电路

(a) 结构原理；(b) 符号；(c) 基本电路

(即光生电子-空穴对)。这些载流子在结电场的作用下，空穴向 N 型区移动，电子向 N 型区移动，从而使通过 PN 结的反向电流大为增加，这就形成了光电流，处于导通状态。当入射光的强度发生变化时，光生载流子的多少相应发生变化，通过光敏二极管的电流也随之变化，这样就把光信号变成了电信号。达到平衡时，在 PN 结的两端将建立起稳定的电压差，这就是光生电动势。光敏三极管(习惯上常称为光敏晶体管)是光敏二极管和三极管放大器一体化的结果，它有 NPN 型和 PNP 型两种基本结构，用 N 型硅材料为衬底制作的光敏三极管为 NPN 型，用 P 型硅材料为衬底制作的光敏三极管为 PNP 型。

这里以 NPN 型光敏三极管为例，其结构与普通三极管很相似，只是它的基极做得很大，以扩大光的照射面积，且其基极往往不接引线，即相当于在普通三极管的基极和集电极之间接有光敏二极管且对电流加以放大。光敏三极管的工作原理分为光电转换和光电流放大两个过程。光电转换过程与一般光敏二极管相同，在集电极与发射极加正向电压，而基极不接时，集电极就是反向偏置，当光照在基极上时，就会在基极附近激发产生电子-空穴对，在反向偏置的 PN 结势垒电场作用下，自由电子向集电区(N 区)移动并被集电极所收集，空穴流向基区(P 区)被正向偏置的发射结发出的自由电子填充，这样就形成一个由集电极到发射极的光电流，相当于三极管的基极电流 I_b。空穴在基区的积累提高了发射结的正向偏置，发射区的多数载流子(电子)穿过很薄的基区向集电区移动，在外电场作用下形成集电极电流 I_c，结果表现为基极电流将被集电结放大 β 倍，这一过程与普通三极管放大基极电流的作用相似。不同的是，普通三极管是由基极向发射结注入空穴载流子控制发射极的扩散电流，而光敏三极管是由注入到发射结的光生电流控制。PNP 型光敏三极管的工作与NPN 型相同，只是它以 P 型硅为衬底材料构成，它工作时的电压极性与 NPN 型相反，集电极的电位为负。

光敏三极管是兼有光敏二极管特性的器件，它在把光信号变为电信号的同时又将信号电流放大，光敏三极管的光电流可达 $0.4 \sim 4\text{mA}$，而光敏二极管的光电流只有几十微安，因此光敏三极管有更高的灵敏度。图 6-8 给出了光敏三极管的结构和工作原理。

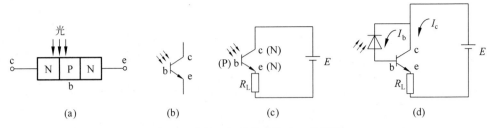

图 6-8 光敏三极管的结构和工作原理

（a）结构；（b）符号；（c）基本电路；（d）工作原理

2）光敏管的基本特性

（1）光谱特性

光谱特性是指光敏管在照度一定时,输出的光电流(或光谱相对灵敏度)随入射光的波

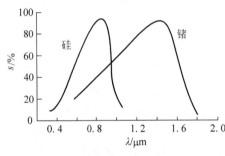

图 6-9 光敏管的光谱特性

长而变化的关系。图 6-9 所示为硅和锗光敏管（光敏二极管、光敏三极管）的光谱特性曲线。对一定材料和工艺制成的光敏管,必须对应一定波长范围（即光谱）的入射光才会响应,这就是光敏管的光谱响应。从图中可以看出,硅光敏管适用于 $0.4 \sim 1.1 \mu m$ 波长,最灵敏的响应波长为 $0.8 \sim 0.9 \mu m$；而锗光敏管适用于 $0.6 \sim 1.8 \mu m$ 的波长,其最灵敏的响应波长为 $1.4 \sim 1.5 \mu m$。

由于锗光敏管暗电流比硅光敏管大,故在可见光作光源时都采用硅管；但是在用红外光源探测时,则锗管较为合适。光敏二极管、光敏三极管几乎全用锗或硅材料做成。由于硅管比锗管无论在性能上还是制造工艺上都更为优越,所以目前硅管发展与应用更广泛。

（2）伏安特性

伏安特性是指光敏管在照度一定的条件下,光电流与外加电压之间的关系。图 6-10 所示为硅光敏二极管、硅光敏三极管在不同照度下的伏安特性曲线。由图可见,光敏三极管的光电流比相同管型光敏二极管的光电流大上百倍。由图 6-10（b）可见,光敏三极管在偏置电压为零时,无论光照度有多强,集电极的电流都为零,说明光敏三极管必须在一定的偏置电压作用下才能工作,偏置电压要保证光敏三极管的发射结处于正向偏置、集电结处于反向偏置；随着偏置电压的增高伏安特性曲线趋于平坦。由图 6-10 还可看出,与光敏三极管不同的是：一方面,在零偏压时,光敏二极管仍有光电流输出,这是因为光敏二极管存在光伏效应；另一方面,随着偏置电压的增高,光敏三极管的伏安特性曲线向上偏斜,间距增大,这是因为光敏三极管除了具有光电灵敏度外,还具有电流增益 β,且 β 值随光电流的增加而增大。图 6-10（b）中光敏三极管的特性曲线始端弯曲部分为饱和区,在饱和区光敏三极管的偏置电压提供给集电结的反偏电压太低,集电极的电子收集能力低,造成光敏三极管饱和,因此,应使光敏三极管工作在偏置电压大于 5V 的线性区域。

（3）光照特性

光照特性就是光敏管的输出电流 I_0 和照度 Φ 之间的关系。硅光敏管的光照特性如图 6-11 所示,从图中可以看出,光照度越大,产生的光电流越强。光敏二极管的光照特性曲线的线性较好；光敏三极管在照度较小时,光电流随照度增加缓慢,而在照度较大时（光照

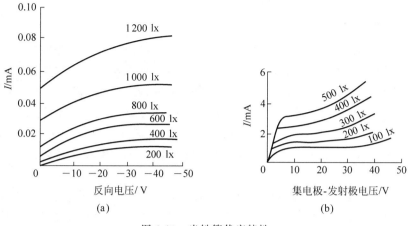

图 6-10 光敏管伏安特性

（a）硅光敏二极管；（b）硅光敏三极管

度为几千勒克斯）光电流存在饱和现象，这是由于光敏三极管的电流放大倍数在小电流和大电流时都有下降的缘故。

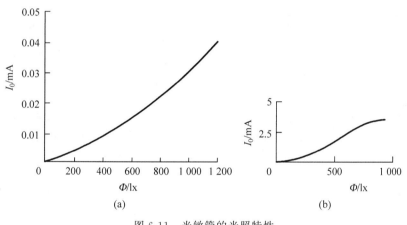

图 6-11 光敏管的光照特性

（a）硅光敏二极管；（b）硅光敏三极管

（4）频率特性

光敏管的频率特性是光敏管输出的光电流（或相对灵敏度）与光强变化频率的关系。光敏二极管的频率特性好，其响应时间可以达到 $8^{-8} \sim 8^{-7}$ s，因此它适用于测量快速变化的光信号。由于光敏三极管存在发射结电容和基区渡越时间（发射极的载流子通过基区所需要的时间），所以光敏三极管的频率响应比光敏二极管差，而且和光敏二极管一样，负载电阻越大，高频响应越差，因此，在高频应用时应尽量降低负载电阻的阻值。图 6-12 给出了硅光敏三极管的频率特性曲线。

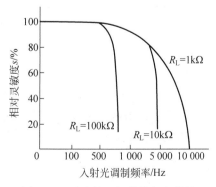

图 6-12 硅光敏三极管的频率特性

4. 光电池

1) 结构原理

光电池实质上是一个电压源,是利用光伏效应把光能直接转换成电能的光电器件。由于它广泛用于把太阳能直接转变成电能,因此也称为太阳能电池。一般能用于制造光电阻器件的半导体材料均可用于制造光电池,例如硒光电池、硅光电池、砷化镓光电池等。

光电池结构如图 6-13 所示。硅光电池是在一块 N 型硅片上,用扩散的方法掺入一些 P 型杂质形成 PN 结。当入射光照射在 PN 结上时,若光子能量 $h\nu_0$ 大于半导体材料的禁带宽度 E,则在 PN 结内激发出电子-空穴对,在 PN 结内电场的作用下,N 型区的光生空穴被拉向 P 型区,P 型区的光生电子被拉向 N 型区,结果使 P 型区带正电、N 型区带负电,这样 PN结就产生了电位差,若将 PN 结两端用导线连接起来,电路中就有电流流过,电流方向由 P型区流经外电路至 N 型区(见图 6-14)。若将外电路断开,就可以测出光生电动势。

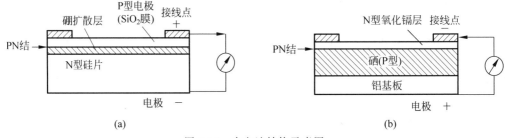

图 6-13　光电池结构示意图

(a) 硅光电池结构;(b) 硒光电池结构

硒光电池是在铝片上涂硒(P 型),再用溅射工艺,在硒层上形成一层半透明的氧化镉(N 型)。在正、反两面喷上低熔合金作为电极。在光线照射下,镉材料带负电,硒材料带正电,形成电动势或光电流。光电池的符号、基本电路及等效电路如图 6-15 所示。

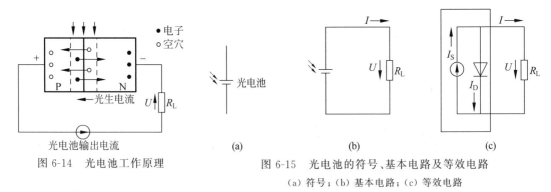

图 6-14　光电池工作原理

图 6-15　光电池的符号、基本电路及等效电路

(a) 符号;(b) 基本电路;(c) 等效电路

光电池的种类很多,有硅光电池、硒光电池、锗光电池、砷化镓光电池、氧化亚铜光电池等,但最受人们重视的是硅光电池。这是因为它具有性能稳定、光谱范围宽、频率特性好、转换效率高、耐高温辐射、价格便宜、寿命长等特点。

2) 光电池特性

(1) 光谱特性

① 光电池对不同波长的光的灵敏度是不同的。硅光电池的光谱响应波长范围为 0.4～

$1.2\mu m$,而硒光电池在$0.38\sim0.75\mu m$。相对而言,硅光电池的光谱响应范围更宽。硒光电池在可见光谱范围内有较高的灵敏度,适宜测可见光。

② 不同材料的光电池的光谱响应峰值所对应的入射光波长也是不同的。硅光电池在$0.8\mu m$附近,硒光电池在$0.5\mu m$附近。因此,使用光电池时对光源应有所选择。

（2）光照特性

光电池在不同光照度(指单位面积上的光通量,表示被照射平面上某一点的光亮程度。单位：lm/m^2 或 lx)下,其光电流和光生电动势是不同的,它们之间的关系称为光照特性。从实验知道,对于不同的负载电阻,可在不同的照度范围内,使光电流与光照度保持线性关系。负载电阻越小,光电流与照度间的线性关系越好,线性范围也越宽。因此,应用光电池时,所用负载电阻大小,应根据光照的具体情况来决定。

（3）频率特性

光电池的 PN 结面积大,极间电容大,因此频率特性较差。

（4）温度特性

半导体材料易受温度的影响,将直接影响光电流的值。光电池的温度特性用于描述光电池的开路电压和短路电流随温度变化的情况。温度特性将影响测量仪器的温漂和测量或控制的精度等。

5. 光电耦合器件

光电耦合器件是将发光元件和光敏元件合并使用,以光为媒介实现信号传递的光电器件。发光元件通常采用砷化镓发光二极管,它由一个 PN 结组成,有单向导电性,随正向电压的提高,正向电流增加,产生的光通量也增加。光敏元件可以是光敏二极管或光敏三极管等。为了保证灵敏度,要求发光元件与光敏元件在光谱上得到最佳匹配。

1）光电耦合器

光电耦合器将发光元件和光敏元件集成在一起,封装在一个外壳内,如图 6-16 所示。光电耦合器件的输入电路和输出电路在电气上完全隔离,仅仅通过光的耦合才把二者联系在一起。工作时,把电信号加到输入端,使发光器件发光,光敏元件则在此光照下输出光电流,从而实现电-光-电的两次转换。

图 6-16 光电耦合器

光电耦合器实际上能起到电量隔离的作用,具有抗干扰和单向信号传输功能。光电耦合器件广泛应用于电量隔离、电平转换、噪声抑制、无触点开关等领域。

2）光电开关

光电开关是一种利用感光元件对变化的入射光加以接收,并进行光电转换,同时加以某种形式的放大和控制,从而获得最终的控制输出"开""关"信号的器件。

图 6-17 为典型的光电开关结构图。图 6-17(a)是一种透射式光电开关,它的发光元件

和接收元件的光轴是重合的。当不透明的物体位于或经过它们之间时,会阻断光路,使接收元件接收不到来自发光元件的光,这样就起到了检测作用。图 6-17(b)是一种反射式光电开关,它的发光元件和接收元件的光轴在同一平面且以某一角度相交,交点一般为待测物所在处。当有物体经过时,接收元件将接收从物体表面反射的光,没有物体时则接收不到。光电开关的特点是小型、高速、非接触,而且与 TTL、MOS 等电路容易结合。

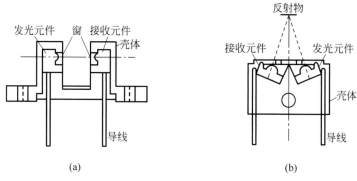

图 6-17　光电开关的结构
(a) 透射式;(b) 反射式

用光电开关检测物体时,大部分只要求其输出信号有高、低(1、0)之分即可。图 6-18 是光电开关的基本电路示例。图 6-18(a)、(b)表示负载为 CMOS 比较器等高输入阻抗电路时的情况,图 6-18(c)表示用晶体管放大光电流的情况。

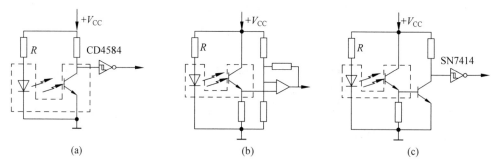

图 6-18　光电开关的基本电路

光电开关广泛用于工业控制、自动化包装及安全装置中,作为光控和光探测装置,可在自动控制系统中用作物体检测、产品计数、料位检测、尺寸控制、安全报警及计算机输入接口等。

6. 电荷耦合器件

电荷耦合器件(charge coupled device,CCD)以电荷转移为核心,是一种使用非常广泛的固体图像传感器。

1) CCD 的结构及工作原理

CCD 的突出特点是以电荷作为信号,有人将其称为"排列起来的 MOS 电容阵列"。一个 MOS 电容器是一个光敏单元,可以感应一个像素点,如一个图像有 1024×768 个像素点,就需要同样多个光敏单元,即传递一幅图像需要由许多 MOS 光敏单元大规模集成的器件。因此,CCD 的基本功能是信号电荷的产生、存储、传输和输出。

（1）CCD 的 MOS 光敏单元结构

CCD 是按照一定规律排列的 MOS 电容器阵列组成的移位寄存器，CCD 的单元结构是 MOS 电容器，如图 6-19(a)所示。

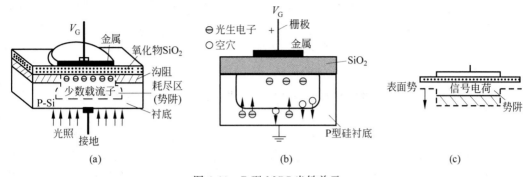

图 6-19　P 型 MOS 光敏单元

（a）剖面图；（b）结构；（c）有信号电荷势阱图

其中"金属"为 MOS 结构的电极，称为"栅极"（此栅极材料通常不是金属而是能够透过一定波长范围光的多晶硅薄膜）；"半导体"作为衬底电极；在两电极之间有一层"氧化物"（SiO_2）绝缘体，构成电容，但它具有一般电容所不具有的耦合电荷的能力。

（2）电荷存储原理

所有电容器都能存储电荷，MOS 电容器也不例外。例如，如果 MOS 电容器的半导体是 P 型硅，当在金属电极上施加一个 V_G 正电压时（衬底接地），金属电极板上就会充上一些正电荷，附近的 P 型硅中的多数载流子-空穴被排斥到表面入地。如图 6-19(b)所示，在衬底 Si-SiO$_2$ 界面处的表面势能将发生变化，处于非平衡状态，表面区有表面势 ϕ_s，若衬底电位为 0，则表面处电子的静电位能为 $-e\phi_s$（e 代表单个电子的电荷量）。因为 $\phi_s>0$，电子位能 $-e\phi_s<0$，则表面处有储存电荷的能力，半导体内的电子被吸引到界面处来，从而在表面附近形成一个带负电荷的耗尽区（称为电子势阱或表面势阱），电子在这里势能较低，沉积于此，成为积累电荷的场所，如图 6-19(c)所示。势阱的深度与所加电压大小成正比关系，在一定条件下，若 V_G 增加，栅极上充的正电荷数目增加，在 SiO_2 附近的 P-Si 中形成的负离子数目相应增加，耗尽区的宽度增加，表面势阱加深。

若形成 MOS 电容的半导体材料是 N-Si，则 V_G 加负电压时，在 SiO_2 附近的 N-Si 中形成空穴势阱。

如果此时有光照射在硅片上，在光子作用下，半导体硅吸收光子，产生电子-空穴对，其中的光生电子被附近的势阱吸收，吸收的光生电子数量与势阱附近的光强度成正比。光强度越大，产生电子-空穴对越多，势阱中收集的电子数就越多；反之，光越弱，收集的电子数越少。同时，产生的空穴被电场排斥出耗尽区。因此势阱中电子数目的多少可以反映光的强弱和图像的明暗程度，即这种 MOS 电容器可实现光信号向电荷信号的转变。若给光敏单元阵列同时加上 V_G，整个图像的光信号将同时变为电荷包阵列。当有部分电子填充到势阱中时，耗尽层深度和表面势将随着电荷的增加而减小。势阱中的电子处于被存储状态，即使停止光照，一定时间内也不会损失，这就实现了对光照的记忆。

（3）电荷转移原理

由于所有光敏单元共用一个电荷输出端，因此需要进行电荷转移。为了方便进行电荷转移,CCD器件基本结构是一系列彼此非常靠近(间距为 $15\sim20\mu m$)的 MOS 光敏单元,这些光敏单元使用同一半导体衬底;氧化层均匀、连续;相邻金属电极间隔极小。

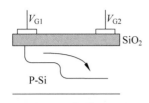

图 6-20 电荷转移示意图

若两个相邻 MOS 光敏单元所加的栅压分别为 V_{G1}、V_{G2},且 $V_{G1}<V_{G2}$(见图 6-20)。任何可移动的电荷都将力图向表面势大的位置移动。因 V_{G2} 高,表面形成的负离子多,则表面势 $\phi_{s2}>\phi_{s1}$,电子的静电位能 $-e\phi_{s2}<-e\phi_{s1}<0$,则 V_{G2} 吸引电子能力强,形成的势阱深,则 1 中电子有向 2 中转移的趋势。若串联很多光敏单元,且使 $V_{G1}<V_{G2}<\cdots<V_{Gn}$,可形成一个输运电子的路径,实现电子的转移。

由前面分析可知,MOS 电容的电荷转移原理是通过在电极上加不同的电压(称为驱动脉冲)实现的。电极的结构按所加电压的相数分为二相、三相和四相系统。由于二相结构要保证电荷单项移动,必须使电极下形成不对称势阱,通过改变氧化层厚度或掺杂浓度来实现,这两者都使工艺复杂化。为了保证信号电荷按确定的方向和路线转移,在 MOS 光敏单元阵列上所加的各路电压脉冲要求严格满足相位要求。

以图 6-21 所示的三相 CCD 器件为例说明其工作原理。设 ϕ_1、ϕ_2、ϕ_3 为三个驱动脉冲,它们的顺序脉冲(时钟脉冲)为 $\phi_1\rightarrow\phi_2\rightarrow\phi_3\rightarrow\phi_1$,且三个脉冲的形状完全相同,彼此间有相位差(差 1/3 周期),如图 6-21 (a)所示。把 MOS 光敏单元电极分为三组,ϕ_1 驱动 1、4 电极,ϕ_2 驱动 2、5 电极,ϕ_3 驱动 3、6 电极,如图 6-21(b)所示。

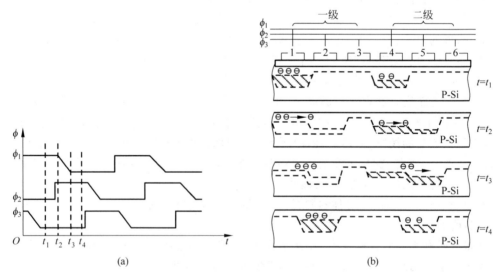

图 6-21 三相时钟驱动电荷转换原理

(a) 三相时钟脉冲波形;(b) 电荷转移过程

三相时钟脉冲控制、转移存储电荷的过程如下。

$t=t_1$:ϕ_1 相处于高电平,ϕ_2、ϕ_3 相处于低电平,因此在电极 1、4 下面出现势阱,存入电荷。

$t=t_2$:ϕ_2 相也处于高电平,电极 2、5 下出现势阱。因相邻电极间距离小,电极 1、2 及 4、5 下面的势阱互相连通,形成大势阱。原来在电极 1、4 下的电荷向电极 2、5 下的势阱中转移。接着 ϕ_1 相电压下降,电极 1、4 下的势阱相应变浅。

$t=t_3$：更多的电荷转移到电极 2、5 下势阱内。

$t=t_4$：只有 ϕ_2 相处于高电平，信号电荷全部转移到电极 2、5 下的势阱内。

以此下去，通过脉冲电压的变化，在半导体表面形成不同的势阱，且右边产生更深势阱，左边形成阻挡势阱，使信号电荷自左向右作定向运动，在时钟脉冲的控制下从一端移位到另一端，直到输出。

（4）电荷的注入

① 光信号注入

当光信号照射到 CCD 衬底硅片表面时，在电极附近的半导体内产生电子-空穴对，空穴被排斥入地，少数载流子（电子）则被收集在势阱内，形成信号电荷存储起来，存储电荷的多少与光照强度成正比，如图 6-22(a) 所示。

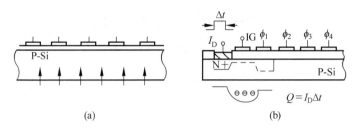

图 6-22　CCD 电荷注入方法

（a）背面光注入；（b）电信号注入

② 电信号注入

CCD 通过输入结构（如输入二极管），将信号电压或电流转换为信号电荷，注入势阱中。如图 6-22(b) 所示，二极管位于输入栅衬底下，当输入栅 IG 加上宽度为 Δt 的正脉冲时，输入二极管 PN 结的少数载流子通过输入栅下的沟道注入 ϕ_1 电极下的势阱中，注入电荷量为 $Q=I_D\Delta t$。

（5）电荷的输出

CCD 信号电荷在输出端被读出的方法如图 6-23 所示。OG 为输出栅。它实际上是 CCD 阵列的末端衬底上制作的一个输出二极管，当输出二极管加上反向偏压时，转移到终端的电荷在时钟脉冲作用下移向输出二极管，被二极管的 PN 结所收集，在负载 R_L 上形成脉冲电流 I_o。输出电流的大小与信号电荷的大小成正比，并通过负载电阻 R_L 转换为信号电压 U_o 输出。

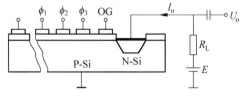

图 6-23　CCD 输出结构

2）CCD 图像传感器的分类

CCD 图像传感器从结构上可分为两类：一类用于获取线图像，称为线阵 CCD；另一类用于获取面图像，称为面阵 CCD。线阵 CCD 目前主要用于产品外部尺寸非接触检测、产品表面质量评定、传真和光学文字识别技术等方面，面阵 CCD 主要用于摄像领域。

（1）线阵型 CCD 图像传感器

对于线阵 CCD 图像传感器，它可以直接接收一维光信息，而不能将二维图像转换为一维的电信号输出，为了得到整个二维图像，就必须采取扫描的方法来实现。线阵 CCD 图像传感器由线阵光敏区、转移栅、模拟移位寄存器、偏置电荷电路、输出栅和信号读出电路等组成。

线阵 CCD 图像传感器有两种基本形式,即单沟道和双沟道线阵图像传感器,其结构如图 6-24 所示,由感光区和传输区两部分组成。

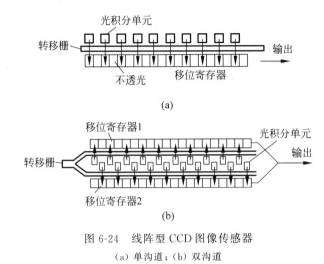

图 6-24　线阵型 CCD 图像传感器

(a) 单沟道;(b) 双沟道

(2) 面阵型 CCD 图像传感器

面阵型 CCD 图像器件的感光单元呈二维矩阵排列,能检测二维平面图像。按传输和读出方式不同,可分为行传输、帧传输和行间传输三种。

行传输(line transmission,LT)面阵型 CCD 的结构如图 6-25(a)所示,它由行选址电路、感光区、输出寄存器组成。当感光区光积分结束后,由行选址电路一行一行地将信号电荷通过输出寄存器转移到输出端。行传输的特点是有效光敏面积大,转移速度快,转移效率高;但需要行选址电路,结构较复杂,且在电荷转移过程中,必须加脉冲电压,与光积分同时进行,会产生"拖影",故采用较少。

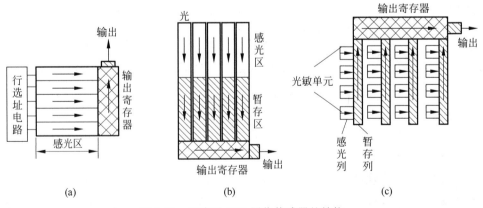

图 6-25　面阵型 CCD 图像传感器的结构

(a) 行传输;(b) 帧传输;(c) 行间传输

帧传输(frame transmission,FT)面阵型CCD的结构如图6-25(b)所示,它由感光区、暂存区和输出寄存器三部分组成。感光区由并行排列的若干电荷耦合沟道组成,各沟道之间用沟阻隔开,水平电极条横贯各沟道。假设有 M 个转移沟道,每个沟道有 N 个光敏单元,则整个感光区共有 $M \times N$ 个光敏单元。在感光区完成光积分后,先将信号电荷迅速转移到暂存区,然后再从暂存区一行一行地将信号电荷通过输出寄存器转移到输出端。设置暂存区是为了消除"拖影",以提高图像的清晰度和与电视图像扫描制式相匹配。

帧传输的特点是光敏单元密度高,电极简单;但增加了暂存区,器件面积相对于行传输型增大了一倍。

行间传输(interline transmission,ILT)面阵型CCD的结构如图6-25(c)所示。它的特点是感光区和暂存区行与行相间排列。在感光区结束光积分后,同时将每列信号电荷转移入相邻的暂存区中,然后再进行下一帧图像的光积分,并同时将暂存区中的信号电荷逐行通过输出寄存器转移到输出端。其优点是不存在拖影问题,但这种结构不适宜光从背面照射。

行间传输的特点是光敏单元面积小,密度高,图像清晰;但单元结构复杂。行间传输是用得最多的一种结构形式。

3) CCD图像传感器的特性参数

用来评价CCD图像传感器的主要参数有分辨率、光电转移效率、灵敏度、光谱响应、动态范围、暗电流及噪声等。不同的应用场合,对特性参数的要求也各不相同。

4) CCD图像传感器的应用

CCD图像传感器的应用主要在以下几方面。

(1) 计量检测仪器:工业生产产品的尺寸、位置、表面缺陷的非接触在线检测、距离测定等。

(2) 光学信息处理:光学字符识别(optical character recognition,OCR)、标记识别、图形识别、传真、摄像等。

(3) 生产过程自动化:自动工作机械、自动售货机、自动搬运机、监视装置等。

(4) 军事应用:导航、跟踪、侦察(带摄像机的无人驾驶飞机、卫星侦察)。

6.1.3　光纤传感器

1. 光纤

1) 光纤及其传光原理

光纤是一种多层介质结构的同心圆柱体,包括纤芯、包层和保护层(涂敷层及护套)。核心部分是纤芯和包层,纤芯粗细、纤芯材料和包层材料的折射率,对光纤的特性起决定性影响。其中纤芯由高度透明的材料制成,是光波的主要传输通道;纤芯材料的主体是 SiO_2 玻璃,并掺入微量的 GeO_2、P_2O_5 以提高材料的光折射率。纤芯直径 $5 \sim 75 \mu m$。包层可以是一层、二层或多层结构,总直径约 $100 \sim 200 \mu m$,包层材料主要也是 SiO_2,掺入了微量的 B_2O_3 或 SiF_4 以降低包层对光的折射率;包层的折射率略小于纤芯,这样的构造可以保证入射到光纤内的光波集中在纤芯内传输。涂敷层保护光纤不受水汽的侵蚀和机械擦伤,同时又增加光纤的柔韧性,起着延长光纤寿命的作用。护套采用不同颜色的塑料管套,一方面起保护作用,另一方面以颜色区分多条光纤。许多根单条光纤组成光缆。

光在同一种介质中是直线传播的,如图 6-26 所示。当光线以不同的角度入射到光纤端面时,在端面发生折射进入光纤后,又入射到折射率 n_1 较大的光密介质(纤芯)与折射率 n_2 较小的光疏介质(包层)的交界面,光线在该处有一部分透射到光疏介质,一部分反射回光密介质。根据折射定理有

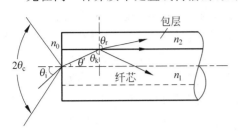

图 6-26 光纤传输原理

$$\frac{\sin\theta_k}{\sin\theta_r} = \frac{n_2}{n_1} \quad (6-3)$$

$$\frac{\sin\theta_i}{\sin\theta'} = \frac{n_1}{n_0} \quad (6-4)$$

式中:θ_i——光纤端面的入射角;

θ'——光纤端面处的折射角;

θ_k——光密介质与光疏介质界面处的入射角;

θ_r——光密介质与光疏介质界面处的折射角。

在光纤材料确定的情况下,n_1/n_0、n_2/n_1 均为定值,因此若减小 θ_i,则 θ' 也将减小,相应地,θ_k 将增大,θ_r 也增大。当 θ_i 达到 θ_c 使折射角 $\theta_r = 90°$ 时,即折射光将沿界面方向传播,称此时的入射角 θ_c 为临界角,所以有

$$\sin\theta_c = \frac{n_1}{n_0}\sin\theta' = \frac{n_1}{n_0}\cos\theta_k = \frac{n_1}{n_0}\sqrt{1 - \left(\frac{n_2}{n_1}\sin\theta_r\right)^2} \quad (6-5)$$

当 $\theta_r = 90°$ 时,有

$$\sin\theta_c = \frac{1}{n_0}\sqrt{n_1^2 - n_2^2} \quad (6-6)$$

外界介质一般为空气,$n_0 = 1$,故有

$$\theta_c = \arcsin\sqrt{n_1^2 - n_2^2} \quad (6-7)$$

当入射角 θ_i 小于临界角 θ_c 时,光线就不会透过其界面而全部反射到光密介质内部,即发生全反射。全反射的条件为

$$\theta_i < \theta_c \quad (6-8)$$

在满足全反射的条件下,光线就不会射出纤芯,而是在纤芯和包层界面不断地产生全反射向前传播,最后从光纤的另一端面射出。光的全反射是光纤传感器工作的基础。

2) 光纤的主要特性

(1) 数值孔径

由式(6-7)可知,θ_c 是出现全反射的临界角,且某种光纤的临界入射角的大小是由光纤本身的性质——折射率 n_1、n_2 所决定的,与光纤的几何尺寸无关。光纤光学中把 $\sin\theta_c$ 定义为光纤的数值孔径(numerical aperture,NA),即

$$\sin\theta_c = \sqrt{n_1^2 - n_2^2} \quad (6-9)$$

数值孔径是光纤的一个重要参数,它能反映光纤的集光能力,光纤的 NA 越大,表明它可以在较大入射角 θ_i 范围内输入全反射光,集光能力就越强,光纤与光源的耦合越容易,且保证实现全反射向前传播。即在光纤端面,无论光源的发射功率有多大,只有 $2\theta_c$ 张角内的入射光才能被光纤接收、传播。如果入射角超出这个范围,进入光纤的光线将会进入包层而

散失(产生漏光)。但 NA 越大,光信号的畸变也越大,所以要适当选择 NA 的大小。石英光纤的 NA$=0.2\sim0.4$(对应的 $\theta_c=11.5°\sim23.5°$)。

（2）光纤模式

光波在光纤中的传播途径和方式称为光纤模式。对于不同入射角的光线,在界面反射的次数是不同的,传递的光波间的干涉也是不同的,这就是传播模式不同。一般总希望光纤信号的模式数量要少,以减小信号畸变的可能。

光纤分为单模光纤和多模光纤。单模光纤直径较小($2\sim12\mu m$),只能传输一种模式。其优点是信号畸变小,信息容量大,线性好,灵敏度高;缺点是纤芯较小,制造、连接、耦合较困难。多模光纤直径较大($50\sim100\mu m$),传输模式不止一种。其缺点是性能较差;优点是纤芯面积较大,制造、连接、耦合容易。

（3）传输损耗

光信号在光纤中的传播不可避免地存在着损耗。光纤传输损耗主要有材料吸收损耗(因材料密度及浓度不均匀引起)、散射损耗(因光纤拉制时粗细不均匀引起)、光波导弯曲损耗(因光纤在使用中可能发生弯曲引起)。

2. 光纤传感器

温度、压力、电场、磁场、振动等外界因素作用于光纤时,会引起光纤中传输的光波特征参量(振幅、相位、频率、偏振态等)发生变化,只要测出这些参量随外界因素的变化关系,就可以确定对应物理量的变化大小,这就是光纤传感器的基本工作原理。

1）光纤温度传感器

（1）辐射温度计

辐射温度计是利用非接触方式检测来自被测物体的热辐射方法,若采用光导纤维将热辐射引导到传感器中,可实现远距离测量;利用多束光纤可对物体上多点的温度及其分布进行测量;可在真空、放射线、爆炸性和有毒气体等特殊环境下进行测量。$400\sim1600℃$ 的黑体辐射的光谱主要由近红外线构成。采用高纯石英玻璃的光导纤维在 $1.1\sim1.7\mu m$ 的波长带域内显示出低于 1dB/km 的低传输损失,所以最适合于上述温度范围的远距离测量。

图 6-27 所示为可测量高温的探针型光纤温度传感器系统。将直径为 $0.25\sim1.25\mu m$、长度为 $0.05\sim0.3m$ 的蓝宝石纤维接于光纤的前端,蓝宝石纤维的前端用 Ir(铱)的溅射薄膜覆盖。用这种温度计可检测具有 $0.1\mu m$ 带宽的可见单色光($\lambda=0.5\sim0.7\mu m$),从而可测量 $600\sim2000℃$ 范围的温度。

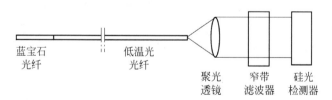

图 6-27　探针型光纤温度传感器

（2）光强调制型光纤温度传感器

图 6-28 所示是一种光强调制型光纤温度传感器,它利用了多数半导体材料的能量带隙随温度的升高几乎线性减小的特性。如图 6-29 所示,半导体材料的透光率特性曲线边沿的

波长 λ_g 随温度的增加而向长波方向移动。如果适当地选定一种光源,它发出的光的波长在半导体材料工作范围内,当此种光通过半导体材料时,其透射光的强度将随温度 T 的增加而减小,即光的透过率随温度升高而降低。

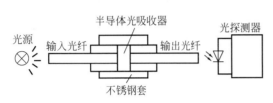

图 6-28 光强调制型光纤温度传感器

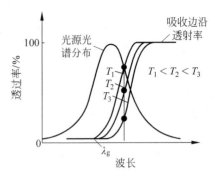

图 6-29 半导体的光透过率特性

敏感元件是一个半导体光吸收器(薄片),光纤用于传输信号。当光源发出的光以恒定的强度经输入光纤到达半导体光吸收器时,透过吸收器的光强受薄片温度调制(温度越高,透过的光强越小),然后透射光再由输出光纤传到光探测器。它将光强的变化转化为电压或电流的变化,达到传感温度的目的。

这种传感器的测量范围随半导体材料和光源而变,通常在 $-100\sim300℃$,响应时间大约为 2s,测量精度为 $\pm3℃$。目前,国外光纤温度传感器可探测到 2000℃ 高温,灵敏度达到 $\pm1℃$,响应时间为 2s。

2) 光纤图像传感器

图像光纤是由数目众多的光纤组成一个图像单元,典型数目为 0.3 万~10 万股,每一股光纤的直径约为 $10\mu m$,图像经图像光纤传输的原理如图 6-30 所示。在光纤的两端,所有的光纤都是按同一规律整齐排列的。投影在光纤束一端的图像被分解成许多像素,每一个像素(包含图像的亮度与颜色信息)通过一根光纤单独传送,因此,整个图像是作为一组亮度与颜色

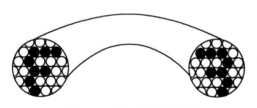

图 6-30 光纤图像传输原理

不同的光点传送的,并在另一端重建原图像。

工业内窥镜用于检查系统的内部结构,它采用光纤图像传感器,将探头放入系统内部,通过光束的传输在系统外部可以观察监视,如图 6-31 所示。光源发出的光通过传光束照射到被测物体上,通过物镜和传像束把内部图像传送出来,以便观察、照相,或通过传像束送入 CCD 器件,将图像信号转换成电信号,送入微机进行处理,可在屏幕上显示和打印观测结果。

3) 光纤旋涡式流量传感器

光纤旋涡式流量传感器是将一根多模光纤垂直地装入管道,当液体或气体流经与其垂直的光纤时,光纤受到流体涡流的作用而振动,振动的频率与流速有关。测出光纤振动的频率就可确定液体的流速。光纤旋涡式流量传感器结构如图 6-32 所示。

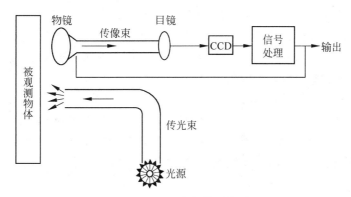

图 6-31 工业用内窥镜系统原理

当流体运动受到一个垂直于流动方向的非流线体阻碍时，根据流体力学原理，在某些条件下，在非流线体的下游两侧产生有规则的旋涡，其旋涡的频率 f 与流体的流速 v 之间的关系可表示为

$$f = Sr \cdot \frac{v}{d} \qquad (6\text{-}10)$$

式中：d——流体中物体的横向尺寸（光纤的直径）；

Sr——斯特劳哈尔（Strouhal）系数，它是一个无量纲的常数。

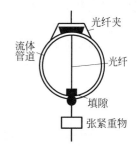

图 6-32 光纤旋涡式流量传感器结构

在多模光纤中，光以多种模式进行传输，在光纤的输出端，各模式的光就形成了干涉图样，这就是光斑。一根没有外界扰动的光纤所产生的干涉图样是稳定的，当光纤受到外界扰动时，干涉图样的明暗相间的斑纹或斑点发生移动。如果外界扰动是流体的涡流引起的，那么干涉图样斑纹或斑点就会随着振动的周期变化来回移动，这时测出斑纹或斑点的移动，即可获得对应于振动频率的信号，根据式(6-10)推算流体的流速。

光纤旋涡式流量传感器可测量液体和气体的流量，传感器没有活动部件，测量可靠，而且对流体流动几乎不产生阻碍作用，压力损耗非常小。

实操技能

6.1.4 任务描述

基于光纤传感器的位移特性测量

本任务通过 ZGL-998 传感器试验台的操作，了解光纤位移传感器的工作原理和性能，掌握光纤位移传感器测量位移的方法。

光纤传感器实验

6.1.5 任务分析

光纤传感器是利用光纤的特性研制而成的传感器。光纤传感器主要分为两类：功能型光纤传感器及非功能型光纤传感器(也称为物性型和结构型)。功能型光纤传感器利用对外界信息具有敏感能力和检测功能的光纤,构成"传"和"感"合为一体的传感器。这里光纤不仅起传光的作用,还起敏感作用。工作时利用检测量去改变描述光束的一些基本参数,如光的强度、相位、偏振、频率等,它们的改变反映了被测量的变化。由于对光信号的检测通常使用光电二极管等光电元件,所以光的那些参数的变化,最终都要被光接收器接收并被转换成光强度及相位的变化。这些变化经信号处理后,就可得到被测的物理量。应用光纤传感器的这种特性可以实现压力、温度等物理参数的测量。非功能型光纤传感器主要是利用光纤对光的传输作用,由其他敏感元件与光纤信息传输回路组成测试系统,光纤在此仅起传输作用。

本实验采用的是传光型光纤位移传感器,它由两束光纤混合后,组成 Y 形光纤,半圆分布即双 D 分布,一束光纤端部与光源相接发射光束,另一束光纤端部与光电转换器相接接收光束。两光束混合后的端部是工作端亦称探头,它与被测体相距 d,由光源发出的光纤传到端部出射后再经被测体反射回来,另一束光纤接收光信号由光电转换器转换成电量,如图 6-33 所示。

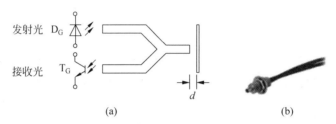

图 6-33　Y 形光纤测位移工作原理图
(a) 光纤测位移工作原理;(b) Y 形光纤

传光型光纤传感器位移量测是根据传送光纤的光场与受信光纤交叉地方的场景决定的。当光纤探头与被测物接触或零间隙时($d=0$),则全部传输光量直接被反射至传输光纤。没有提供光给接收端的光纤,输出信号便为"零"。当探头与被测物的距离增加时,接收端的光纤接收的光量也越多,输出信号便增大,当探头与被测物的距离增加到一定值时,接收端光纤全部被照明,此时也被称为"光峰值"。达到光峰值之后,探针与被测物的距离继续增加时,将造成反射光扩散或超过接收端接收视野。使得输出的信号与量测距离成反比例关系。如图 6-34 曲线所示,一般都选用线性范围较好的前坡为测试区域。

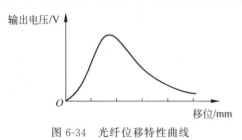

图 6-34　光纤位移特性曲线

本实验需要用到机头中的振动台、被测体(铁圆片抛光反射面)、Y 形光纤探头、光纤座(光电变换)、测微头;显示面板中的 F/V 表(或电压表);调理电路面板传感器输出单元中的光纤;调理电路单元中的差动放大器。

6.1.6　任务实施

(1) 拧松光纤探头支架安装轴套上的螺钉,小心缓慢地拔出支架安装轴。观察两根多模光纤组成的 Y 形位移传感器：将两根光纤尾部端面(包铁端部)对着自然光照射,观察探头端面现象,当其中一根光纤的尾部端面用不透光纸挡住时,探头端面为半圆双 D 形结构。

(2) 按图 6-35 示意安装、接线。①在振动台上安装被测体(铁圆片抛光反射面),在振动台与测微头吸合的情况下调节测微头到 10mm 处。②安装光纤：安装光纤时,要用手抓捏两根光纤尾部的包铁部分轻轻插入光纤座中,绝对不能用手抓捏光纤的黑色包皮部分进行插拔,插入时不要过分用力,以免损坏光纤座组件中的光电管。将光纤探头支架安装轴插入轴套中,调节光纤探头支架,当光纤探头自由贴住振动台的被测体反射面时拧紧轴套的紧固螺钉。③按图 6-35 示意接线。

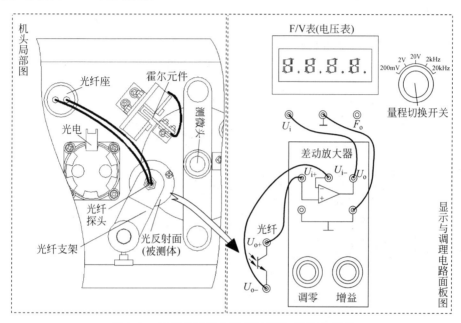

图 6-35 光纤传感器位移实验安装、接线示意图

(3) 检查接线无误后合上主、副电源开关,将 F/V 表(或电压表)的量程切换开关切换到 2V 挡。将差动放大器的增益电位器顺时针缓慢转到底后再逆向回转一点点,调节差动放大器的调零电位器使 F/V 表(或电压表)显示为 0。

(4) 顺时针调节测微头,每隔 $\Delta x = 0.1$mm 读取电压表显示值(取 $x > 8$mm 行程的数据),将数据填入表 6-1。

表 6-1　光纤位移传感器输出电压与位移数据

x/mm											
U/V											

6.1.7　结果分析

根据表 6-1 中的数据作出实验曲线并找出线性区域较好的范围(前坡)作为光纤位移传感器的量程计算灵敏度和非线性误差。实验完毕,关闭主、副电源。

综合评价

6.1.8 考核标准

根据考核标准对本任务实施进行综合评价,并进行任务总结,教师给出评价意见。

考核标准

序号	工作过程	主要内容	评 分 标 准	配分	学生(自评)		教师评价	
					扣分	得分	扣分	得分
1	资讯准备 (10分)	任务相关知识查找	查找相关知识学习,该任务知识能力掌握程度,达到60%,扣5分;达到80%,扣2分;达到90%,扣1分;达到100%,不扣分	10				
2	决策计划 (10分)	确定方案编写计划	制定整体方案,格式基本规范,方案基本合理,扣2分;格式比较规范,方案比较合理,扣1分;格式规范、方案合理,不扣分	10				
3	实施执行 (10分)	记录实施过程步骤	实施过程,步骤记录完整,不扣分;记录不完整度达到10%,扣2分;记录不完整度达到20%,扣3分;记录不完整度达到40%,扣5分	10				
4	检测评价 (60分)	元件测试	元件测试规范,不扣分;不会用仪表检测元件质量好坏,扣2分	6				
			仪表使用不正确,扣3分	6				
		电路设计	电路布线杂乱,扣2分	6				
			元件布局不合理,扣2分	6				
			元件损坏,扣3分	6				
		调试检测	不能进行通电调试,扣3分	6				
			校验的方法不正确,扣3分	6				
			校验结果不正确,扣3分	6				
		调试效果	电路调试效果不理想,扣3分	6				
			灵活度较低,扣3分	6				
5	团队合作 (10分)	安全操作	违反安全文明操作规程,扣2分	3				
		团队合作	团队合作较差,小组不能配合完成任务,扣2分	3				
		交流表达	不能用专业语言正确流利简述任务成果,扣2分	4				
合计				100				

学生自评总结	
教师评语	
学生签字	年 月 日
教师签字	年 月 日

6.2 基于光电式传感器的电机转速测量设计

6.2.1 光电式编码器

编码器是将机械转动的位移(模拟量)转换成数字式电信号的传感器。编码器在角位移测量方面应用广泛,具有高精度、高分辨率、高可靠性的特点。光电式编码器是在自动测量和自动控制中用得较多的一种数字式编码器,从结构上可分为码盘式和脉冲盘式两种。

1. 码盘式编码器

码盘式编码器(也叫绝对编码器)的结构如图 6-36 所示,由光源、与旋转轴相连的码盘、窄缝、光敏元件等组成。

码盘如图 6-37 所示,它由光学玻璃制成,其上刻有许多同心码道,每位码道都按一定编码规律(二进制码、十进制码、循环码等)分布着透光和不透光部分,分别称为亮区和暗区。对应于亮区和暗区光敏元件输出的信号分别是 1 和 0。

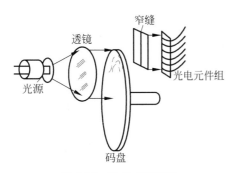

图 6-36 码盘式编码器

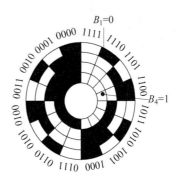

图 6-37 四位二进制码盘

图 6-38 所示码盘由四个同心码道组成,当来自光源(多采用发光二极管)的光束经聚光透镜投射到码盘上时,转动码盘,光束经过码盘进行角度编码,再经窄缝射入光敏元件(多为硅光电池或光敏管)组。光敏元件的排列与码道一一对应,即保证每个码道有一个光敏元件负责接收透过的光信号。码盘转至不同的位置时,光敏元件组输出的信号反映了码盘的角位移大小。光路上的窄缝是为了方便取光和提高光电转换效率。

码盘的刻划可采用二进制、十进制、循环码等方式。一个 n 位二进制码盘的最小分辨率是 $360°/2^n$。

二进制码盘最大的问题是任何微小的制作误差,都可能造成读数的粗误差。

为了消除粗误差,应用最广的方法是采用循环码(也叫格雷码)方案,循环码、二进制码和十进制码的对应关系如表 6-2 所示。循环码的特点是:它是一种无权码,任何相邻的两个数码间只有一位是变化的,因此,如果码盘存在刻划误差,这个误差只影响一个码道的读数,产生的误差最多等于最低位的一个比特(即一个分辨率单位。如果 n 较大,这种误差的影响不会太大,不存在粗误差),能有效克服由于制作和安装不准带来的误差。也正是基于这一原因,循环码码盘获得了广泛的应用。

表 6-2　码盘上不同码制的对比

十进制码	二进制码	循环码	十进制码	二进制码	循环码
0	0000	0000	8	1000	1100
1	0001	0001	9	1001	1101
2	0010	0011	10	1010	1111
3	0011	0010	11	1011	1110
4	0100	0110	12	1100	1010
5	0101	0111	13	1101	1011
6	0110	0101	14	1110	1001
7	0111	0100	15	1111	1000

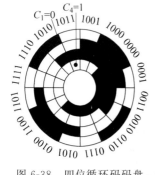

图 6-38　四位循环码码盘

循环码存在的问题是:这是一种无权码,译码相对困难。一般的处理办法是先将它转换为二进制码,再译码。按表 6-2,基于二进制码得到循环码的转换方法是

$$\left.\begin{array}{l} C_n = B_n \\ C_i = B_i \oplus B_{i+1} \quad (i = 1, 2, \cdots, n-1) \end{array}\right\} \quad (6\text{-}11)$$

式中:C——循环码;

　　　B——二进制码;

　　　i——所在的位数;

　　　$\oplus$——不进位“加”,即异或。

由式(6-11)可见,两种码制进行转换时,第 n 位(最高位)保持不变。不进位“加”在数字电路中可用异或门来实现。

相应地,循环码转换为二进制码的方法为

$$\left.\begin{array}{l} B_n = C_n \\ B_i = C_i \oplus B_{i+1} \quad (i = 1, 2, \cdots, n-1) \end{array}\right\} \quad (6\text{-}12)$$

使用码盘式编码器(绝对编码器)时,若被测转角不超过 360°,它所提供的是转角的绝对值,即从起始位置(对应于输出各位均为 0 的位置)所转过的角度。在使用中如遇停电,在恢复供电后的显示值仍然能正确地反映当时的角度,故称为绝对型角度编码器。当被测角大于 360°时,为了仍能得到转角的绝对值,可以用两个或多个码盘与机械减速器配合,扩大角度量程,如选用两个码盘,两者间的转速为 10∶1,此时测角范围可扩大 10 倍。但这种情况下,低转速的高位码盘的角度误差应小于高转速的低位码盘的角度误差,否则其读数是没有意义的。

2. 脉冲盘式编码器

脉冲盘式编码器(也叫增量编码器)不能直接产生 n 位的数码输出,当转动时可产生串行光脉冲,用计数器将脉冲数累加起来就可反映转过的角度大小,但遇停电,就会丢失累加的脉冲数,因此,必须有停电记忆措施。

1) 工作原理

脉冲盘式编码器是在圆盘上开有两圈相等角矩的缝隙,外圈 A 为增量码道、内圈 B 为辨向码道,内、外圈的相邻两缝隙之间的距离错开半条缝宽,另外,在内外圈之外的某一径向位置,也开有一缝隙,表示码盘的零位,码盘每转一圈,零位对应的光敏元件就产生一个脉冲,称为零位脉冲。在开缝圆盘的两边分别安装光源及光敏元件,如图 6-39(a)所示。一种脉冲盘式编码器的内部结构如图 6-39(b)所示,光栏板上有两个狭缝,其距离是码盘上两个相邻狭缝距离的 1/4,并设置了两组对应的光敏元件(称为 cos、sin 元件),对应图中的 A、B 两个信号(1/4 间距差保证了两路信号的相位差为 90°,便于辨向),C 信号代表零位脉冲。

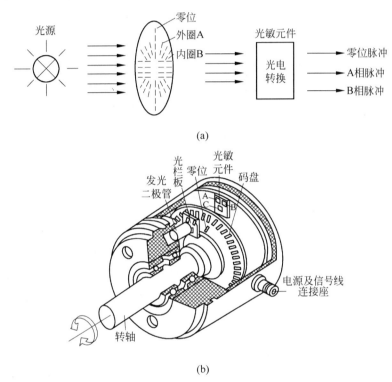

图 6-39　脉冲盘式编码器
(a) 原理图；(b) 结构图

当码盘随被测工作轴转动时,每转过一个缝隙就发生一次光线明暗的变化,通过光敏元件产生一次电信号的变化,所以每圈码道上的缝隙数将等于其光敏元件每一转输出的脉冲数。利用计数器记录脉冲数,就能反映码盘转过的角度。

2) 辨向原理

为了辨别码盘的旋转方向,可以采用图 6-40(a)所示的辨向原理框图来实现,其波形如图 6-40(b)所示。

光敏元件 1 和 2 的输出信号经放大整形后,产生矩形脉冲 P_1 和 P_2,它们分别接到 D 触发器的 D 端和 C 端,D 触发器在 C 脉冲(即 P_2)的上升沿触发。两个矩形脉冲相差 1/4 个周期(或相位相差 90°)。当正转时,设光敏元件 1 比光敏元件 2 先感光,即脉冲 P_1 的相位超前脉冲 P_2 90°,D 触发器的输出 $Q=1$,使可逆计数器的加减控制线为高电位,计数器将

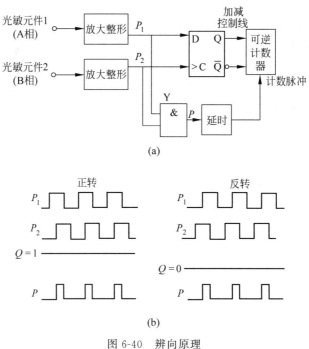

图 6-40 辨向原理

(a) 辨向原理框图；(b) 波形图

作加法计数。同时 P_1 和 P_2 又经与门 Y 输出脉冲 P,经延时电路送到可逆计数器的计数输入端,计数器进行加法计数。当反转时,P_2 超前 P_1 $90°$,D 触发器输出 $Q=0$,计数器进行减法计数。设置延时电路的目的是等计数器的加减信号抵达后,再送入计数脉冲,以保证不丢失计数脉冲。零位脉冲接至计数器的复位端,使码盘每转动一圈计数器复位一次。这样,无论是正转还是反转,计数器每次反映的都是相对于上次角度的增量,故称为增量式编码器。

增量式编码器最大的优点是结构简单。它除可直接用于测量角位移外,还常用于测量转轴的转速,如在给定时间内对编码器的输出脉冲进行计数即可测量平均转速。

3. 光电式编码器的应用

1) 位置测量

把输出的两个脉冲分别输入到可逆计数器的正、反计数端进行计数,可检测到输出脉冲的数量,把这个数量乘以脉冲当量(转角/脉冲)就可测出码盘转过的角度。为了能够得到绝对转角,在起始位置时,对可逆计数器要清零。

在进行直线距离测量时,通常把它装到伺服电动机轴上,伺服电动机与滚珠丝杠相连,当伺服电动机转动时,由滚珠丝杠带动工作台或刀具移动,这时编码器的转角对应直线移动部件的移动量,因此,可根据伺服电动机和丝杠的转动以及丝杠的导程来计算移动部件的位置。

2) 转速测量

转速可由编码器发出的脉冲频率或周期来测量。利用脉冲频率测量是在给定的时间内对编码器发出的脉冲计数,然后由下式求出其转速:

$$n = \frac{N_1/t}{N} = \frac{N_1}{Nt}(\text{r/s}) = \frac{N_1}{N} \cdot \frac{60}{t}(\text{r/min}) \tag{6-13}$$

式中：t——测速采样时间；

N_1/t——时间 t 内测得的脉冲个数；

N——编码器每转脉冲数(pulse/r，与所用编码器型号有关)。

图 6-41(a)所示为用脉冲频率法测转速的原理图。在给定时间 t 内，使门电路选通，编码器输出脉冲允许进入计数器计数，这样，可计算出 t 时间内编码器的平均转速。

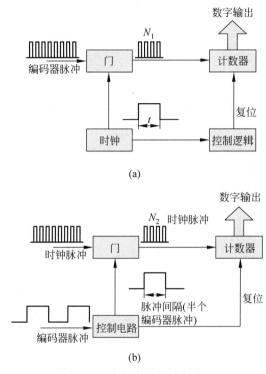

图 6-41　光电编码器测速原理

(a)脉冲频率法测转速；(b)脉冲周期法测转速

利用脉冲周期法测量转速，是通过计数编码器一个脉冲间隔内(半个脉冲周期)标准时钟脉冲个数来计算其转速，因此，要求时钟脉冲的频率必须高于编码器脉冲的频率。图 6-41(b)所示为用脉冲周期法测量转速的原理图。当编码器输出脉冲正半周时选通门电路，标准时钟脉冲通过控制门进入计数器计数，计数器输出 N_2，可得出转速计算公式为

$$n = \frac{1}{2N_2 NT}(\text{r/s}) \tag{6-14}$$

或

$$n = \frac{60}{2N_2 NT}(\text{r/min}) \tag{6-15}$$

式中：N——编码器每转脉冲数，pulse/r；

N_2——编码器一个脉冲间隔(即半个编码器脉冲周期)内标准时钟脉冲输出个数；

T——标准时钟脉冲周期，s。

6.2.2 计量光栅

计量光栅是利用光栅的莫尔条纹现象,以线位移和角位移为基本测试内容,应用于高精度加工机床、光学坐标镗床、制造大规模集成电路的设备及检测仪器等。

计量光栅按应用范围不同,可分为透射光栅和反射光栅两种;按用途不同,有测量线位移的长光栅和测量角位移的圆光栅;按光栅的表面结构不同,又可分为幅值(黑白)光栅和相位(闪耀)光栅。

1. 光栅的结构和工作原理

这里以黑白、透射型长光栅为例介绍光栅的工作原理。

1) 光栅的结构

在一块长条形镀膜玻璃上均匀刻制许多有明暗相间、等间距分布的细小条纹(称为刻

图 6-42 透射长光栅

线),这就是光栅,如图 6-42 所示,图中,a 为栅线的宽度(不透光),b 为栅线的间距(透光),$a+b=W$ 称为光栅的栅距(也叫光栅常数),通常 $a=b$。目前常用的光栅是每毫米宽度上刻 10、25、50、100、125、250 条线。

2) 光栅的工作原理

如图 6-43 所示,两块具有相同栅线宽度和栅距的长光栅(即选用两块同型号的长光栅)叠合在一起,中间留有很小的间隙,并使两者的栅线之间形成一个很小的夹角 θ,则在大致垂直于栅线的方向上出现明暗相间的条纹,称为莫尔条纹。莫尔(moire)在法文中的原意是水面上产生的波纹。由图可见,在两块光栅栅线重合的地方,透光面积最大,出现亮带(图中的 $d—d$),相邻亮带之间的距离用 B_H 表示;有的地方两块光栅的栅线错开,形成了不透光的暗带(图中的 $f—f$),相邻暗带之间的距离用 B_H' 表示。很明显,当光栅的栅线宽度和栅距相等($a=b$)时,则所形成的亮、暗带距离相等,即 $B_H=B_H'$,将它们统一称为条纹间距。当夹角 θ 减小时,条纹间距 B_H 增大,适当调整夹角 θ 可获得所需的条纹间距,如图 6-44 所示。

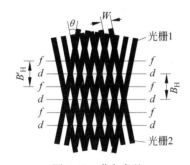

图 6-43 莫尔条纹

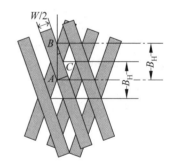

图 6-44 莫尔条纹间距与栅距和夹角之间的关系

莫尔条纹测位移具有以下特点。

(1) 对位移的放大作用

光栅每移动一个栅距 W,莫尔条纹移动一个间距 B_H,可得出莫尔条纹的间距 B_H 与两光栅夹角 θ 的关系为

$$B_{\mathrm{H}} = \frac{W/2}{\sin\dfrac{\theta}{2}} \approx \frac{W/2}{\theta/2} = \frac{W}{\theta} \tag{6-16}$$

式中：W——光栅的栅距；

$\quad\quad\theta$——刻线夹角，rad。

由此可见，θ 越小，B_{H} 越大，B_{H} 相当于把 W 放大了 $1/\theta$ 倍。

（2）莫尔条纹移动方向

光栅每移动一个光栅间距 W，条纹跟着移动一个条纹宽度 B_{H}。当固定一个光栅时，另一个光栅向右移动时，则莫尔条纹将向上移动；反之，如果另一个光栅向左移动，则莫尔条纹将向下移动。因此，莫尔条纹的移动方向有助于判别光栅的运动方向。

（3）莫尔条纹的误差平均效应

由于光电元件所接收到的是进入它的视场的所有光栅刻线的总的光能量，它是许多光栅刻线共同作用造成的对光强进行调制的集体作用的结果。这使个别刻线在加工过程中产生的误差、断线等所造成的影响大为减小。如其中某一刻线的加工误差为 δ_0，根据误差理论，它所引起的光栅测量系统的整体误差可表示为

$$\Delta = \pm\frac{\delta_0}{\sqrt{n}} \tag{6-17}$$

式中：n——光电元件能接收到对应信号的光栅刻线的条数。

利用光栅具有莫尔条纹的特性，可以通过测量莫尔条纹的移动数，来测量两光栅的相对位移量，这比直接计数光栅的线纹更容易；由于莫尔条纹是由光栅的大量刻线形成的，对光栅刻线的本身刻划误差有平均抵消作用，所以成为精密测量位移的有效手段。

2. 计量光栅的组成

计量光栅由光电转换装置（光栅读数头）、光栅数显表两部分组成。

1）光电转换

光电转换装置利用光栅原理把输入量（位移量）转换成电信号，实现了将非电量转换为电量，即计量光栅涉及三种信号：输入的非电量信号、光媒介信号和输出的电量信号。如图 6-45 所示，光电转换装置主要由主光栅（用于确定测量范围）、指示光栅（用于检取信号，即读数）、光路系统和光电元件等组成。

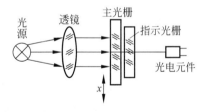

图 6-45　光电转换装置

用光栅的莫尔条纹测量位移，需要两块光栅：长的称主光栅，与运动部件连在一起，它的大小与测量范围一致；短的称为指示光栅，固定不动。主光栅与指示光栅之间的距离为

$$d = \frac{W^2}{\lambda} \tag{6-18}$$

式中：W——光栅的栅距；

$\quad\quad\lambda$——有效光波长。

根据前面的分析已知，莫尔条纹是一个明暗相间的光带，光强变化是从最暗→渐亮→最亮→渐暗→最暗的过程。

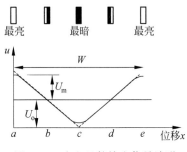

图6-46 光电元件输出信号波形

用光电元件接收莫尔条纹移动时的光强变化,可将光信号转换为电信号。上述的遮光作用和光栅位移成线性变化,故光通量的变化是理想的三角形,但实际情况并非如此,而是一个近似正弦周期信号,之所以称为"近似"正弦信号,因为最后输出的波形是在理想三角形的基础上被削顶和削底的结果,原因在于为了使两块光栅不致发生摩擦,它们之间有间隙存在,再加上衍射、刻线边缘总有毛糙不平和弯曲等。光电元件输出信号波形如图6-46所示。

其电压输出近似用正弦信号形式表示为

$$u = U_\circ + U_\mathrm{m}\sin\left(\frac{\pi}{2} + \frac{2\pi x}{W}\right) \tag{6-19}$$

式中：u——光电元件输出的电压;

$U_\circ$——输出电压中的平均直流分量;

U_m——输出电压中正弦交流分量的幅值;

W——光栅的栅距;

x——光栅的位移。

由式(6-19)可见,输出电压反映了瞬时位移量的大小。当 x 从 0 变化到 W 时,相当于角度变化了 $360°$,一个栅距 W 对应一个周期。如果采用 50 线/mm 的光栅,当主光栅移动了 x mm,指示光栅上的莫尔条纹就移动了 $50x$ 条(对应光电元件检测到莫尔条纹的亮条纹或暗条纹的条数,即脉冲数 p),将此条数用计数器记录,就可知道移动的相对距离 x,即

$$x = \frac{p}{n}\,(\mathrm{mm}) \tag{6-20}$$

式中：p——检测到的脉冲数;

n——光栅的刻线密度,线/mm。

2) 辨向与细分

光电转换装置只能产生正弦信号,实现确定位移量的大小。为了进一步确定位移的方向和提高测量分辨率,需要引入辨向和细分技术。

(1) 辨向原理

根据前面的分析可知,莫尔条纹每移动一个间距 B_H,对应着的光栅移动一个栅距 W,相应输出信号的相位变化一个周期 2π。因此,在相隔 $B_\mathrm{H}/4$ 间距的位置上,放置两个光电元件 1 和 2(见图 6-47),得到两个相位差 $\pi/2$ 的正弦信号 u_1 和 u_2(设已消除式(6-19)中的直流分量),经过整形后得到两个方波信号 u_1' 和 u_2'。

从图中波形的对应关系可看出,当光栅沿 A 方向移动时,u_1' 经微分电路后产生的脉冲,正好发生在 u_2' 的 1 电平时,从而经 Y_1 输出一个计数脉冲;而 u_1' 经反相并微分后产生的脉冲,则与 u_2' 的 0 电平相遇,与门 Y_2 被阻塞,无脉冲输出。

当光栅沿 $\overline{A}$ 方向移动时,u_1' 的微分脉冲发生在 u_2' 为 0 电平时,与门 Y_1 无脉冲输出;而

u'_1的反相微分脉冲则发生在u'_2的 1 电平时,与门 Y_2 输出一个计数脉冲,则说明 u'_2 的电平状态作为与门的控制信号,用于控制在不同的移动方向时,u'_1 所产生的脉冲输出。这样,就可以根据运动方向正确地给出加计数脉冲或减计数脉冲,再将其输入可逆计数器。根据式(6-20)可知脉冲数对应位移量,因此通过计算能实时显示出相对于某个参考点的位移量如图 6-47 所示。

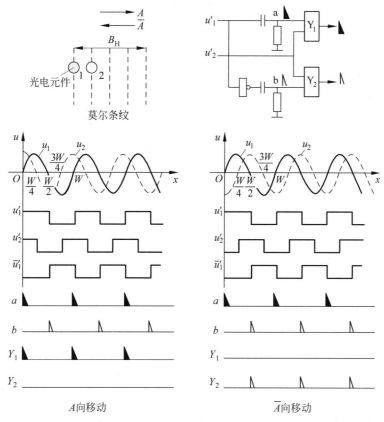

图 6-47　辨向原理

（2）细分原理

光栅测量原理是以移过的莫尔条纹的数量来确定位移量,其分辨率为光栅栅距。现代测量不断提出高精度的要求,数字读数的最小分辨值也逐步减小。为了提高分辨率,测量比光栅栅距更小的位移量,可以采用细分技术。

细分就是为了得到比栅距更小的分度值,即在莫尔条纹信号变化一个周期内,发出若干个计数脉冲,以减小每个脉冲相当的位移,相应地提高测量精度,如一个周期内发出 N 个脉冲,计数脉冲频率提高到原来的 N 倍,每个脉冲相当于原来栅距的 $1/N$,则测量精度将提高到原来的 N 倍。

细分方法可以采用机械或电子方式实现,常用的有倍频细分法和电桥细分法。利用电子方式可以使分辨率提高几百倍甚至更高。

实操技能

6.2.3 任务描述

基于光电式传感器的电机转速测量

光电式传感器实验

本任务通过 ZGL-998 传感器试验台的操作,了解光电转速传感器测量转速的原理及方法。

6.2.4 任务分析

光电式转速传感器有反射型和透射型两种,本实验装置采用透射型的光电式传感器,由于光信号是断续的,故称光断续器,也称光耦。传感器端部两内侧分别装有发光管和光电管,发光管发出的光源透过转盘上通孔后由光电管接收转换成电信号,由于转盘上有均匀间隔的 6 个孔,转动时将获得与转速有关的脉冲数,脉冲经处理由频率表显示 f,即可得到转速 $n=10f$。实验原理框图如图 6-48 所示。

图 6-48　光耦测转速实验原理框图

光断续器原理如图 6-49 所示,当光断续器的开口处被遮住时,光敏三极管接收不到发光二极管的光信号,输出电压为 0,否则有电压输出。图 6-50 为测速装置示意图,其中微型电动机带动转盘在两个成 $90°$ 的光断续器的开口中转动,转盘上一半为黑色,另一半透明,转动时,两个光断续器将输出不同相位的方波信号,这两个方波信号经过转换电路中的四个运放器,可输出相位差分别为 $0°$、$90°$、$180°$、$270°$ 的方波信号,它们的频率都是相同的,其中任意一个方波信号均可输出至频率表显示频率。方波信号经整形电路后可转换为电压信号进行显示,原理如图 6-51 所示。微型电动机的转速可调,电路图如图 6-52 所示,调节电位器 R_p 可输出 $0\sim12$V 的直流电压。

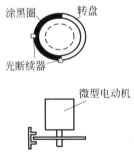

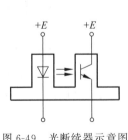

图 6-49　光断续器示意图

图 6-50　测速装置示意图

本实验需要用到主板 F/V 表(或频率表)、1.2~12V 电压调节、电机驱动、转速盘、光电传感器(已装在转速盘上)、光电输出口。

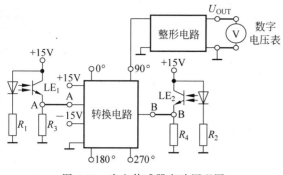

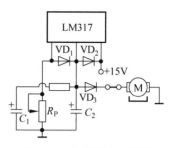

图 6-51 光电传感器实验原理图   图 6-52 电机调速电路图

6.2.5 任务实施

（1）在主板上按图 6-53 所示接线，将 F/V 表的切换开关切换到频率 2kHz 挡（如果是频率表就不需要切换）。

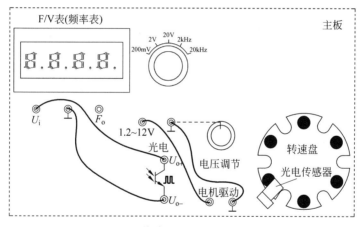

图 6-53 光电传感器测转速实验接线示意图

（2）检查接线无误后，合上主电源开关，调节 1.2～12V 电压调节旋钮，F/V 表（或频率表）就显示相应的频率 f，计算转速为 $n=10f$。实验完毕，关闭电源。

6.2.6 结果分析

已进行的实验中用了多种传感器测量转速，试分析比较一下哪种方法最简单、方便。

 综合评价

6.2.7 考核标准

根据考核标准对本任务实施进行综合评价，并进行任务总结，教师给出评价意见。

考核标准

序号	工作过程	主要内容	评分标准	配分	学生（自评）		教师评价	
					扣分	得分	扣分	得分
1	资讯准备（10分）	任务相关知识查找	查找相关知识学习,该任务知识能力掌握程度,达到60%,扣5分;达到80%,扣2分;达到90%,扣1分;达到100%,不扣分	10				
2	决策计划（10分）	确定方案编写计划	制定整体方案,格式基本规范,方案基本合理,扣2分;格式比较规范,方案比较合理,扣1分;格式规范,方案合理,不扣分	10				
3	实施执行（10分）	记录实施过程步骤	实施过程,步骤记录完整,不扣分;记录不完整度达到10%,扣2分;记录不完整度达到20%,扣3分;记录不完整度达到40%,扣5分	10				
4	检测评价（60分）	元件测试	元件测试规范,不扣分;不会用仪表检测元件质量好坏,扣2分	6				
			仪表使用不正确,扣3分	6				
		电路设计	电路布线杂乱,扣2分	6				
			元件布局不合理,扣2分	6				
			元件损坏,扣3分	6				
		调试检测	不能进行通电调试,扣3分	6				
			校验的方法不正确,扣3分	6				
			校验结果不正确,扣3分	6				
		调试效果	电路调试效果不理想,扣3分	6				
			灵活度较低,扣3分	6				
5	团队合作（10分）	安全操作	违反安全文明操作规程,扣2分	3				
		团队合作	团队合作较差,小组不能配合完成任务,扣2分	3				
		交流表达	不能用专业语言正确流利简述任务成果,扣2分	4				
	合计			100				

学生自评总结	
教师评语	

学生签字		教师签字	
	年 月 日		年 月 日

光电应用-数字全息术

📖 **知识拓展**

光电传感器的其他应用

1. 光敏电阻的应用

这里以火灾探测报警器应用为例说明光敏电阻的应用。图 6-54 为以光敏电阻为敏感探测元件的火灾探测报警器电路,在 $1\mathrm{mW/cm^2}$ 照度下,硫化铅(PbS)光敏电阻的暗电阻阻值为 $1\mathrm{M\Omega}$,亮电阻阻值为 $0.2\mathrm{M\Omega}$,峰值响应波长为 $2.2\mu m$,与火焰的峰值辐射光谱波长接近。

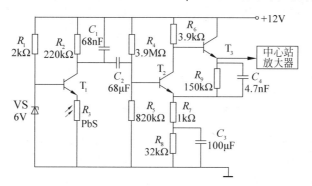

图 6-54　火灾探测报警器电路

由 T_1、电阻 R_1、电阻 R_2 和稳压二极管 VS 构成对光敏电阻 R_3 的恒压偏置电路,该电路在更换光敏电阻时只要保证光电导灵敏度不变,输出电路的电压灵敏度就不会改变,可保证前置放大器的输出信号稳定。当被探测物体的温度高于燃点或被探测物体被点燃而发生火灾时,火焰将发出波长接近于 $2.2\mu m$ 的辐射(或"跳变"的火焰信号),该辐射光将被 PbS 光敏电阻接收,使前置放大器的输出跟随火焰"跳变"信号,并经电容 C_2 耦合,由 T_2、T_3 组成的高输入阻抗放大器放大。放大的输出信号再送给中心站放大器,由其发出火灾报警信号或自动执行喷淋等灭火动作。

2. 光敏管的应用

图 6-55 为路灯自动控制器电路原理图。D 为光敏二极管。当夜晚来临时,光线变暗,D 截止,T_1 饱和导通,T_2 截止,继电器 K 线圈失电,其常闭触点 K_1 闭合,路灯 HL 点亮。天亮后,当光线亮度达到预定值时,D 导通,T_1 截止,T_2 饱和导通,继电器 K 线圈带电,其常闭触点 K_1 断开,路灯 HL 熄灭。

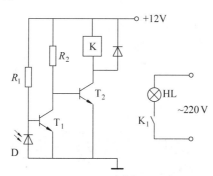

图 6-55　路灯自动控制器电路原理

习题与思考

1. 什么是光电效应和光伏效应?

2. 典型的光电器件有哪些?

3. 简述光纤传感器的工作原理。

4. 光电编码器有哪几种类型？

5. 什么是计量光栅？计量光栅由哪几部分组成？

课程思政

走近科学——蓝光 LED 照亮世界

蓝光 LED

2014 年诺贝尔物理学奖的奖杯由赤崎勇、天野浩、中村修二共举。照亮奖杯的，是他们发明的蓝光 LED,它推动了整个 LED 照明产业迈向实用化。

LED 照明需要红绿蓝三原色汇聚成白光,红光 LED 和绿光 LED 早在 20 世纪六七十年代相继诞生,蓝光 LED 的研发却卡壳了。敲碎这层壳的正是赤崎勇和天野浩师徒。他们首次突破瓶颈发明蓝光 LED,随后中村修二研发出生产高效蓝光 LED 的技术,三原色集合完毕,真正开启了"新光明"时代。

LED 的核心是由 P 型和 N 型的半导体组成的晶片,两者间有一个过渡层,称为 PN 结。PN 结两端加正向电压时,P 区中的空穴会流向 N 区,N 区中的电子则会流向 P 区,空穴和电子相遇而产生复合,促使发射光辐射。

尽管红光和绿光 LED 技术已经出现多年,但蓝光 LED 的技术难度要大得多,它在长达数十年的时间里都让科学界和工业界倍感困扰。如果没有它们,我们就无法利用三原色原理合成白色照明光源。

现在,采用蓝光 LED 技术的产品进入了全世界的千家万户,它为你照明,它存在于你的相机和手机里。在全世界各地的办公室和家庭,白色灯光照亮了屋子,而它们所耗费的能源则要比白炽灯和日光灯小得多。在颁奖词中,诺贝尔奖委员会写道:"白炽灯照亮 20 世纪,而 LED 灯将照亮 21 世纪。"

由于全世界有 1/4 的电力被用于照明用途,更加节能高效的灯具在全球压缩二氧化碳排放的大背景下将具有愈发重要的意义。LED 灯还将帮助全球超过 15 亿人告别没有照明的时代,LED 灯更低的能耗将让采用当地太阳能小型电站电力实现照明成为可能。

英国剑桥大学教授科林·汉弗瑞爵士(Sir Colin Humphreys)指出:"这是一项巨大的成就,赤崎勇、天野浩和中村修二当之无愧。他们发明的蓝光 LED 技术为研发明亮而节能的灯具,更高效的照明技术铺平了道路。"

第7章

半导体式传感器的应用

7.1 课件　　7.2 课件

学习目标

知识能力：了解半导体传感器的基本原理，掌握半导体气敏传感器、半导体湿敏传感器等在各种检测中的应用。

实操技能：掌握半导体传感器的识别、选用和检测方法。

综合能力：提高学生分析问题和解决问题的能力，加强对学生沟通能力及团队协作精神的培养。

思政目标

培养学生的工程师精神，重视科学，科技改变生活，创造永无止境。

半导体传感器(semiconductor transducer)是利用半导体材料的各种物理、化学和生物学特性制成的传感器。所采用的半导体材料多数是硅以及Ⅲ-Ⅴ族和Ⅱ-Ⅵ族元素化合物。半导体传感器种类繁多，它利用近百种物理效应和材料的特性，具有类似于人眼、耳、鼻、舌、皮肤等多种感觉功能。

半导体传感器的优点是灵敏度高、响应速度快、体积小、重量轻，便于集成化、智能化，能使检测转换一体化。半导体传感器的主要应用领域是工业自动化、遥测、工业机器人、家用电器、环境污染监测、医疗保健、医药工程和生物工程。半导体传感器按输入信息分为物理敏感、化学敏感和生物敏感三类。根据检出对象，半导体传感器可分为物理传感器(检出对象为光、温度、磁、压力、湿度等)、化学传感器(检出对象为气体分子、离子、有机分子等)、生物传感器(检出对象为生物化学物质)。

本章通过半导体气敏传感器酒精浓度检测、半导体湿敏传感器湿度检测两个项目的应用，介绍如下核心知识技能：

(1) 半导体气敏传感器的使用；

(2) 半导体湿敏传感器的使用。

7.1 基于气敏传感器的酒精浓度特性测试

知识能力

气敏传感器是用来检测气体类别、浓度和成分的传感器。由于气体种类繁多,性质各不相同,不可能用一种传感器检测所有类别的气体,因此,能实现气-电转换的传感器种类很多,按构成气敏传感器材料不同可分为半导体和非半导体两大类。目前实际使用最多的是半导体气敏传感器。

7.1.1 半导体气敏传感器

1. 半导体气敏传感器分类

半导体气敏传感器是利用待测气体与半导体表面接触时产生电导率等物理特性变化来检测气体的。按照半导体与气体相互作用时产生变化,可分为表面控制型和体控制型。前者半导体表面吸附气体与半导体间发生电子接收,结果使半导体的电导率等物理特性发生变化,但内部化学组成不变;后者半导体与气体反应,使半导体内部组成发生变化,使电导率变化。按照半导体变化的物理特性,又可分为电阻型和非电阻型。电阻型半导体气敏元件是利用敏感材料接触气体时,其阻值变化来检测气体的成分或浓度;非电阻型半导体气敏元件是利用其他参数,如二极管伏安特性和场效应晶体管的阈值电压变化来检测被测气体的。表 7-1 为半导体气敏元件的分类。

表 7-1 半导体气敏元件的分类

类 型		主要物理特性	检 测 气 体	气 敏 元 件
电阻型	表面控制型	电阻	可燃性气体	SnO_2、ZnO 等的烧结体,薄膜、厚膜
	体控制型		酒精、可燃性气体、氧气	MgO、SnO_2、TiO(烧结体)、$T-Fe_2O_3$
非电阻型	表面控制型	二极管整流特性	氢气、一氧化碳、酒精	铂-硫化镉、铂-硫化钛、金属-半导体结型二极管
		晶体管特性	氢气、硫化氢	铂栅、钯栅 MOS 场效应管

气敏传感器在各种成分气体中使用,由于检测现场温度、湿度的变化很大,又存在大量粉尘和油雾等,所以其工作条件较恶劣,而且气体与传感元件的材料发生化学反应产生的化学反应物,附着在元件表面,往往会使其性能变差。因此,对气敏元件有下列要求:能长期稳定工作,重复性好,响应速度快,共存物质产生影响小。用半导体气敏元件组成的气敏传感器主要用于工业上的天然气、煤气,石油化工等部门的易燃、易爆、有毒等有害气体的监测、预报和自动控制。

2. 半导体气敏传感器的原理

半导体气敏传感器利用气体在半导体表面发生氧化和还原反应导致敏感元件阻值变化

而制成。当半导体器件被加热到稳定状态,在气体接触半导体表面而被吸附时,被吸附的分子首先在表面物性自由扩散,失去运动能量,一部分分子被蒸发掉,另一部分残留分子产生热分解而固定在吸附处(化学吸附)。当半导体的功函数小于吸附分子的亲和力(气体的吸附和渗透特性)时,吸附分子将从器件夺得电子而变成负离子吸附,半导体表面呈现电荷层。例如氧气等具有负离子吸附倾向的气体被称为氧化型气体或电子接收性气体。如果半导体的功函数大于吸附分子的离解能,吸附分子将向器件释放出电子,而形成正离子吸附。具有正离子吸附倾向的气体有 H_2、CO、碳氢化合物和醇类,它们被称为还原型气体或电子供给性气体。

当氧化型气体吸附到 N 型半导体上、还原型气体吸附到 P 型半导体上时,将使半导体载流子减少、电阻值增大。当还原型气体吸附到 N 型半导体上、氧化型气体吸附到 P 型半导体上时,则载流子增多、电阻值下降。图 7-1 表示了气体接触 N 型半导体时所产生的器件阻值变化情况。由于空气中含氧量大体上是恒定的,因此氧的吸附量也是恒定的,器件阻值也相对固定。若气体浓度发生变化,其阻值也将变化。根据这一特性,可以从阻值的变化得知吸附气体的种类和浓度。半导体气敏时间(响应时间)一般不超过 1min。N 型材料有 SnO_2、ZnO、TiO 等,P 型材料有 MoO_2、Cr_2O_3 等。

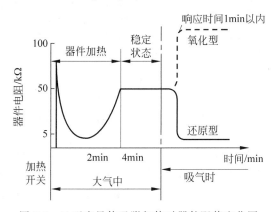

图 7-1　N 型半导体吸附气体时器件阻值变化图

3. 半导体气敏传感器类型及结构

1) 电阻型半导体气敏传感器

半导体气敏传感器一般由三部分组成:敏感元件、加热器和外壳,按其制造工艺可分为烧结型、薄膜型和厚膜型三类,图 7-2 给出了其典型结构。图 7-2(a)为烧结型气敏器件,这类器件以 SnO_2 半导体材料为基体,将铂电极和加热器埋入 SnO_2 材料中,用加热、加压、高温(700~900℃)的制陶工艺烧结成形,被称为半导体陶瓷,简称半导瓷。半导瓷内的晶粒直径为 $1\mu m$ 左右,晶粒的大小对电阻有一定影响,但对气体检测灵敏度则无很大的影响。烧结型气敏器件制作方法简单,器件寿命长;但由于烧结不充分,器件机械强度不高,电极材料较贵重,电性能一致性较差,因此应用受到一定限制。图 7-2(b)为薄膜型气敏器件,它采用蒸发或溅射工艺,在石英基片上形成氧化物半导体薄膜(其厚度约在 100nm 以下),制作方法也很简单。实验证明,SnO_2 半导体薄膜的气敏特性最好,但这种半导体薄膜为物理性附着,因此器件间性能差异较大。图 7-2(c)为厚膜型气敏器件,这种器件是将氧化物半导体材料与硅凝胶混合制成能印刷的厚膜胶,再把厚膜胶印刷到装有电极的绝缘基片上,经烧结制成的。由于这种工艺制成的器件机械强度高,离散度小,适合大批量生产。

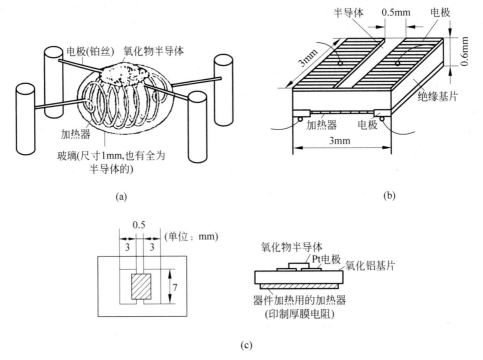

图 7-2　半导体气敏传感器的器件结构

(a) 烧结型气敏器件；(b) 薄膜型气敏器件；(c) 厚膜型气敏器件

　　这些器件全部附有加热器,它的作用是将附着在敏感元件表面上的尘埃、油雾等烧掉,加速气体的吸附,从而提高器件的灵敏度和响应速度。加热器的温度一般控制在 $200\sim$ $400℃$。由于加热方式一般有直热式和旁热式两种,因而形成了直热式和旁热式气敏器件。

　　直热式气敏器件的结构及符号如图 7-3 所示。直热式器件是将加热丝、测量丝直接埋入 SnO_2 或 ZnO 等粉末中烧结而成的,工作时加热丝通电,测量丝用于测量器件阻值。这类器件制造工艺简单、成本低、功耗小,可以在高电压回路中使用；但热容量小,易受环境气流的影响,测量回路和加热回路间没有隔离而易相互影响。国产 QN 型和日本费加罗 TGS 109 型气敏传感器均属此类结构。

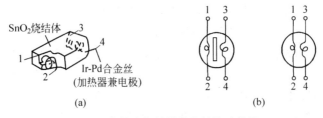

图 7-3　直热式气敏器件的结构及符号

(a) 结构；(b) 符号

　　旁热式气敏器件的结构及符号如图 7-4 所示,它的特点是将加热丝放置在一个陶瓷管内,管外涂梳状金电极作测量极,在金电极外涂上 SnO_2 等材料。旁热式结构的气敏传感器克服了直热式结构的缺点,使测量极和加热极分离,而且加热丝不与气敏材料接触,避免了测量回路和加热回路的相互影响,器件热容量大,降低了环境温度对器件加热温度的影响,所以这类结构器件的稳定性、可靠性都较直热式器件好,国产 QM-N5 型和日本费加罗 TGS 812、813 型等气敏传感器都采用这种结构。

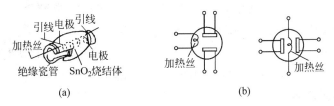

图 7-4　旁热式气敏器件的结构及符号

(a) 结构;(b) 符号

　　2) 非电阻型半导体气敏传感器

　　非电阻型气敏器件也是半导体气敏传感器之一。它是利用 MOS 二极管的电容-电压特性的变化以及 MOS 场效应晶体管(MOSFET)的阈值电压的变化等物性而制成的气敏器件。由于此类器件的制造工艺成熟,便于器件集成化,因而其性能稳定且价格便宜。利用特定材料还可以使器件对某些气体特别敏感。

　　(1) MOS 二极管气敏器件

　　MOS 二极管气敏元件制作过程是在 P 型半导体硅片上,利用热氧化工艺生成一层厚度为 $50 \sim 100nm$ 的二氧化硅(SiO_2)层,然后在其上面蒸发一层钯(Pd)的金属薄膜,作为栅电极,如图 7-5(a)所示。由于 SiO_2 层电容 C_a 固定不变,而 Si 和 SiO_2 界面电容 C_s 是外加电压的函数(其等效电路见图 7-5(b)),因此由等效电路可知,总电容 C 也是栅偏压 U 的函数。其函数关系称为该类 MOS 二极管的 $C\text{-}U$ 特性,如图 7-5(c)曲线 a 所示。由于钯对氢气(H_2)特别敏感,当钯吸附了 H_2 以后,会使钯的功函数降低,导致 MOS 管的 $C\text{-}U$ 特性向负偏压方向平移,如图 7-5(c)曲线 b 所示。根据这一特性就可用于测定 H_2 的浓度。

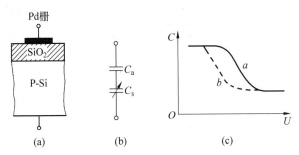

图 7-5　MOS 二极管结构和等效电路

(a) 结构;(b) 等效电路;(c) $C\text{-}U$ 特性

　　(2) 钯-MOS 场效应晶体管气敏器件

　　钯-MOS 场效应晶体管(Pd-MOSFET)的结构如图 7-6 所示。由于 Pd 对 H_2 具有很强的吸附性,当 H_2 吸附在 Pd 栅极上时,会引起 Pd 的功函数降低。由 MOSFET 工作原理可知,当栅极(G)、源极(S)之间加正向偏压 U_{GS},且 $U_{GS} >$ U_T(阈值电压)时,则栅极氧化层下面的硅从 P 型变为 N 型。这个 N 型区就将源极和漏极连接起来,形成导电通道,即为 N 型沟道。此时,MOSFET 进入工作状态。若此时,在源(S)漏(D)极之间加电压 U_{DS},则源极和漏极之间有电流(I_{DS})流通。I_{DS} 随 U_{DS} 和 U_{GS} 的大小而变化,其变化规律即为 MOSFET 的伏安特性。当 $U_{GS} < U_T$ 时,MOSFET 的沟道未形成,故无漏源电流。U_T 的大小

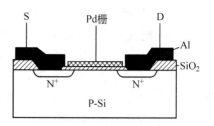

图 7-6　钯-MOS 场效应晶体管的结构

除了与衬底材料的性质有关外,还与金属和半导体之间的功函数有关。Pd-MOSFET 气敏器件就是利用 H_2 在钯栅极上吸附后引起阈值电压 U_T 下降这一特性来检测 H_2 浓度的。

4. 气敏传感器应用

半导体气敏传感器由于具有灵敏度高、响应时间和恢复时间快、使用寿命长以及成本低等优点,从而得到了广泛的应用。按其用途可分为以下几种类型:气体泄漏报警、自动控制、自动测试等。表 7-2 给出了半导体气敏传感器的应用举例。

表 7-2　半导体气敏传感器的各种检测对象气体

分　类	检测对象气体	应 用 场 所
爆炸性气体	液化石油气、城市用煤气	家庭
	甲烷、可燃性气体	煤矿
有毒气体	一氧化碳	煤气灶
	硫化氢、含硫有机化合物	特殊场合
	卤素、卤化物	特殊场合
环境气体	氧气(防止缺氧)	家庭、办公室
	二氧化碳(防止缺氧)	家庭、办公室
	水蒸气(调节温度、防止结霜)	电子设备、汽车
	大气污染(SO_x、NO_x 等)	温室
工业气体	氧气(控制燃烧)	发电机、锅炉
	一氧化碳(防止不完全燃烧)	发电机、锅炉
	水蒸气(食品加工)	电炊灶
其他	呼出气体中的酒精、烟等	—

7.1.2　任务描述

基于气敏传感器的酒精浓度特性测试

气敏传感器实验

本任务通过 ZGL-998 传感器试验台的操作,了解气敏传感器原理及特性,掌握应用气敏传感器检测酒精浓度的测试方法。

7.1.3 任务分析

气敏传感器(又称气敏元件)是指能将被测气体浓度转换为与其成一定关系的电量输出的装置或器件。它一般可分为半导体式、接触燃烧式、红外吸收式、热导率变化式等。本实验所采用的 MQ-3 型 SnO_2(氧化锡)半导体气敏传感器是对酒精敏感的电阻型气敏元件;该敏感元件由纳米级 SnO_2 及适当掺杂混合剂烧结而成,具微珠式结构,应用电路简单,可将传导性变化转变为一个输出信号,与酒精浓度对应。传感器对酒精浓度的响应特性曲线、实物原理如图 7-7 所示。

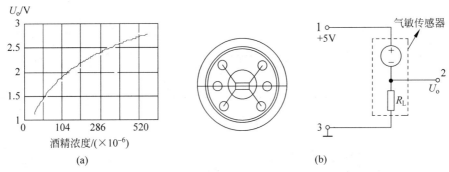

图 7-7 传感器对酒精浓度的响应特性曲线、实物原理图

(a) MQ-3 酒精浓度-输出曲线;(b) 传感器实物、原理图

本实验需要用到机主板 F/V 表(或电压表)、+5V 电源;气敏传感器、酒精棉球(自备)。

7.1.4 任务实施

(1) 按图 7-8 示意接线,注意传感器的引线。

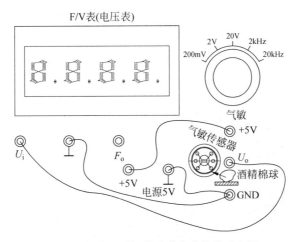

图 7-8 气敏(酒精)传感器实验接线示意图

(2) 将 F/V 表(或电压表)量程切换到 20V 挡。检查接线无误后合上主电源开关,传感器通电较长时间(至少 5min,因传感器长时间不通电的情况下,内阻会很小,上电后 U_o 输出很大,不能即时进入工作状态)后才能工作。

(3) 等待传感器输出 U_o 较小(小于 1.5V)时,用自备的酒精小棉球靠近传感器端面,并吹 2 次气,使酒精挥发进入传感网内,观察电压表读数变化。实验完毕,关闭主电源。

7.1.5　结果分析

分析酒精浓度与电压表读数的关系曲线。

7.1.6　考核标准

根据考核标准对本任务实施进行综合评价,并进行任务总结,教师给出评价意见。

考核标准

序号	工作过程	主要内容	评 分 标 准	配分	学生(自评)		教师评价	
					扣分	得分	扣分	得分
1	资讯准备(10分)	任务相关知识查找	查找相关知识学习,该任务知识能力掌握程度,达到 60%,扣 5 分;达到 80%,扣 2 分;达到 90%,扣 1 分;达到 100%,不扣分	10				
2	决策计划(10分)	确定方案编写计划	制定整体方案,格式基本规范,方案基本合理,扣 2 分;格式比较规范,方案比较合理,扣 1 分;格式规范、方案合理,不扣分	10				
3	实施执行(10分)	记录实施过程步骤	实施过程,步骤记录完整,不扣分;记录不完整度达到 10%,扣 2 分;记录不完整度达到 20%,扣 3 分;记录不完整度达到 40%,扣 5 分	10				
4	检测评价(60分)	元件测试	元件测试规范,不扣分;不会用仪表检测元件质量好坏,扣 2 分	6				
			仪表使用不正确,扣 3 分	6				
		电路设计	电路布线杂乱,扣 2 分	6				
			元件布局不合理,扣 2 分	6				
			元件损坏,扣 3 分	6				
		调试检测	不能进行通电调试,扣 3 分	6				
			校验的方法不正确,扣 3 分	6				
			校验结果不正确,扣 3 分	6				
		调试效果	电路调试效果不理想,扣 3 分	6				
			灵活度较低,扣 3 分	6				
5	团队合作(10分)	安全操作	违反安全文明操作规程,扣 2 分	3				
		团队合作	团队合作较差,小组不能配合完成任务,扣 2 分	3				
		交流表达	不能用专业语言正确流利简述任务成果,扣 2 分	4				
	合计			100				

续表

学生自评总结			
教师评语			
学生签字	年　月　日	教师签字	年　月　日

7.2　基于湿敏传感器的空气湿度特性测试

知识能力

湿度是指大气中的水蒸气含量,通常采用绝对湿度和相对湿度两种表示方法。绝对湿度是指在一定温度和压力条件下,每单位体积的混合气体中所含水蒸气的质量,单位为 g/m^3,一般用符号 AH 表示。相对湿度是指气体的绝对湿度与同一温度下达到饱和状态的绝对湿度之比,一般用符号%RH 表示。相对湿度给出大气的潮湿程度,它是一个无量纲的量,在实际中多用相对湿度这一概念。

湿敏传感器是能够感受外界湿度变化,并通过器件材料的物理或化学性质变化,将湿度转化成有用信号的器件。湿度检测较之其他物理量的检测显得困难:这首先是因为空气中水蒸气含量要比空气少得多;另外,液态水会使一些高分子材料和电解质材料溶解,一部分水分子电离后与溶入水中的空气中的杂质结合成酸或碱,使湿敏材料不同程度地受到腐蚀和老化,从而丧失其原有的性质;再者,湿信息的传递必须靠水对湿敏器件直接接触来完成,因此湿敏器件只能直接暴露于待测环境中,不能密封。通常,对湿敏器件有下列要求:在各种气体环境下稳定性好,响应时间短,寿命长,有互换性,耐污染和受温度影响小等。微型化、集成化及廉价化是湿敏器件的发展方向。

7.2.1　湿敏传感器

1. 氯化锂湿敏电阻

氯化锂湿敏电阻是利用吸湿性盐类潮解,离子导电率发生变化而制成的测湿元件。它由引线、基片、感湿层与电极组成,如图 7-9 所示。

氯化锂通常与聚乙烯醇组成混合体,在氯化锂(LiCl)溶液中,Li 和 Cl 均以正负离子的形式存在,而 Li^+ 对水分子的吸引力强,离子水合程度高,其溶液中的离子导电能力与浓度成正比。当溶液置于一定温湿场中,若环境相对湿度高,溶液将吸收水分,使浓度降低,其溶液电阻率增高;反之,环境相对湿度变低时,则溶液浓度升高,其电阻率下降,从而实现对湿度的测量。氯化锂湿敏元件电阻-湿度特性曲线如图 7-10 所示。

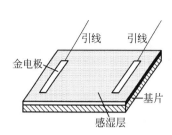

图 7-9　湿敏电阻结构示意图

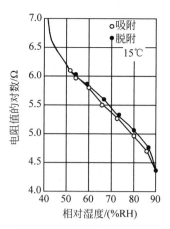

图 7-10　氯化锂湿敏元件电阻-湿度特性曲线

由图 7-10 可知,在 50%～80%相对湿度范围内,电阻与湿度的变化呈线性关系。为了扩大湿度测量的线性范围,可以将多个氯化锂(LiCl)含量不同的器件组合使用,如将测量范围分别为(10%～20%)RH、(20%～40%)RH、(40%～70%)RH、(70%～90%)RH 和(80%～99%)RH 五种器件配合使用,可自动地转换完成整个湿度范围的湿度测量。

氯化锂湿敏元件的优点是滞后小,不受测试环境风速影响,检测精度高达±5%;但其耐热性差,测量范围小,特性重复性不好,受温度影响大,使用寿命短。

2. 半导体陶瓷湿敏电阻

通常,半导体陶瓷湿敏电阻用两种以上的金属氧化物半导体材料混合烧结而成为多孔陶瓷,这些材料有 $ZnO\text{-}LiO_3\text{-}V_2O_5$ 系、$Si\text{-}Na_2O\text{-}V_2O_5$ 系、$TiO_3\text{-}MgO\text{-}Cr_2O_3$ 系、Fe_3O_4 等。前三种材料的电阻率随湿度增加而下降,故称为负特性湿敏半导体陶瓷;最后一种的电阻率随湿度增加而增大,故称为正特性湿敏半导体陶瓷。

1) 负特性湿敏半导瓷的导电机理

由于水分子中的氢原子具有很强的正电场,当水在半导瓷表面吸附时,就有可能从半导瓷表面俘获电子,使半导瓷表面带负电。如果该半导瓷是 P 型半导体,则由于水分子吸附使表面电势下降,将吸引更多的空穴到达其表面,于是,其表面层的电阻下降。若该半导瓷为 N 型,则由于水分子的附着使表面电势下降,如果表面电势下降较多,不仅使表面层的电子耗尽,同时吸引更多的空穴达到表面层,有可能使到达表面层的空穴浓度大于电子浓度,出现所谓表面反型层,这些空穴称为反型载流子。它们同样可以在表面迁移而表现出电导特性。因此,由于水分子的吸附,使 N 型半导瓷材料的表面电阻下降。

由此可见,无论是 N 型还是 P 型半导瓷,其电阻率都随湿度的增加而下降。图 7-11 表示几种负特性半导瓷阻值与湿度之间的关系。

2) 正特性湿敏半导瓷的导电机理

正特性湿敏半导瓷的结构、电子能量状态与负特性材料有所不同。当水分子附着在半导瓷的表面使电势变负时,导致其表面层电子浓度下降,但这还不足以使表面层的空穴浓度增加到出现反型程度,此时仍以电子导电为主。于是,表面电阻将由于电子浓度下降而加大,这类半导瓷材料的表面电阻将随湿度的增加而加大。如果对某一种半导瓷,它的晶粒间的电阻并不比晶粒内电阻大很多,那么表面层电阻的加大对总电阻并不起多大作用。不过,通常湿敏半导瓷材料都是多孔的,表面电导占的比例很大,故表面层电阻的升高,必将引起总电阻值的明显升高。由于晶体内部低阻支路仍然存在,正特性半导瓷的总电阻值的升高没有负特性材料的阻值下降得那么明显。图 7-12 给出 Fe_3O_4 正特性半导瓷湿敏电阻阻值与湿度的关系曲线。从图 7-13 与图 7-14 可以看出,当相对湿度从 0%RH 变化到 100%RH 时,负特性材料的阻值均下降 3 个数量级,而正特性材料的阻值只增大了约一倍。

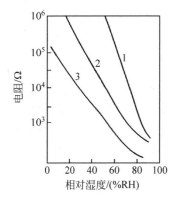

1—ZnO-LiO$_2$-V$_2$O$_5$ 系；2—Si-Na$_2$O-V$_2$O$_5$ 系；

3—TiO$_2$-MgO-Cr$_2$O$_3$ 系。

图 7-11　几种半导瓷的负湿敏特性

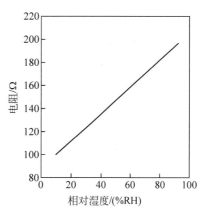

图 7-12　Fe_3O_4 半导瓷的正湿敏特性

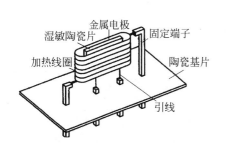

图 7-13　$MgCr_2O_4$-TiO_2 陶瓷湿度传感器结构

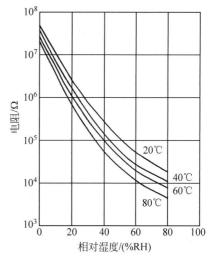

图 7-14　$MgCr_2O_4$-TiO_2 陶瓷湿度传感器相对湿度与电阻的关系

3) 典型半导瓷湿敏元件

(1) $MgCr_2O_4$-TiO_2 湿敏元件

氧化镁复合氧化物-二氧化钛湿敏材料通常制成多孔陶瓷型湿-电转换器件,它是负特性半导瓷,$MgCr_2O_4$ 为 P 型半导体,它的电阻率低,阻值温度特性好,结构如图 7-15 所示,在 $MgCr_2O_4$-TiO_2 陶瓷片的两面涂敷有多孔金电极。金电极与引出线烧结在一起,为了减小测量误差,在陶瓷片外设置由镍铬丝制成的加热线圈,以便对器件加热清洗,排除恶劣气氛对器件的污染。整个器件安装在陶瓷基片上,电极引线一般采用铂-铱合金。

（2） ZnO-Cr_2O_3 陶瓷湿敏元件

ZnO-Cr_2O_3 湿敏元件的结构是将多孔材料的金电极烧结在多孔陶瓷圆片的两表面上,并焊上铂引线,然后将敏感元件装入有网眼过滤的方形塑料盒中用树脂固定,其结构如图 7-15 所示。ZnO-Cr_2O_3 传感器能连续稳定地测量湿度,而无需加热除污装置,因此功耗低于 0.5W,体积小,成本低,是一种常用测湿传感器。

（3）四氧化三铁（Fe_3O_4）

四氧化三铁湿敏器件由基片、电极和感湿膜组成,器件构造如图 7-16 所示。基片材料选用滑石瓷,光洁度为 10～11,该材料的吸水率低,机械强度高,化学性能稳定。基片上制作一对梭状金电极,最后将预先配制好的 Fe_3O_4 胶体液涂敷在梭状金电极的表面,进行热处理和老化。Fe_3O_4 胶体之间的接触呈凹状,粒子间的空隙使薄膜具有多孔性,当空气相对湿度增大时,Fe_3O_4 胶膜吸湿,由于水分子的附着,强化颗粒之间的接触,降低粒间的电阻和增加更多的导流通路,元件阻值减小;当处于干燥环境中时,胶膜脱湿,粒间接触面减小,元件阻值增大。当环境温度不同时,涂敷膜上所吸附的水分也随之变化,使梭状金电极之间的电阻产生变化。图 7-17 和图 7-18 分别为国产 MCS 型 Fe_3O_4 湿敏器件的电阻-湿度特性。

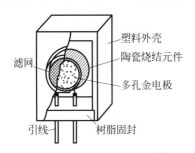

图 7-15　ZnO-Cr_2O_3 陶瓷湿敏传感器结构

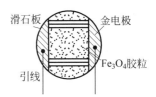

图 7-16　Fe_3O_4 湿敏器件构造

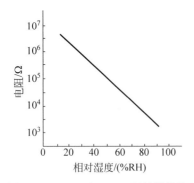

图 7-17　MCS 型 Fe_3O_4 湿敏器件的
电阻-湿度特性

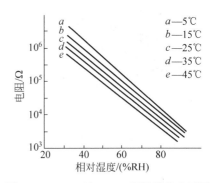

图 7-18　MCS 型 Fe_3O_4 湿敏器件在不同
温度下的电阻-湿度特性

Fe_3O_4 湿敏器件在常温、常湿下性能比较稳定,有较强的抗结露能力,测湿范围广,有较为一致的湿敏特性和较好的温度-湿度特性,但器件有较明显的湿滞现象,响应时间长,吸湿过程（60%RH→98%RH）需要 2min,脱湿过程（98%RH→12%RH）需 5～7min。

7.2.2 任务描述

基于湿敏传感器的空气湿度特性测试

湿敏传感器实验

本任务通过 ZGL-998 传感器试验台的操作,了解湿敏传感器原理及特性,掌握应用湿敏传感器检测空气湿度的测试方法。

7.2.3 任务分析

湿度是指空气中水蒸气的含量。空气的潮湿程度,一般多用相对湿度概念,即在一定温度下,空气中实际水蒸气压与饱和水蒸气压的比值(用百分比表示),称为相对湿度(用 RH 表示),其单位为％RH。湿敏传感器种类较多,根据水分子易于吸附在固体表面渗透到固体内部的这种特性(称水分子亲和力),湿敏传感器可以分为水分子亲和力型和非水分子亲和力型,本实验所采用的属水分子亲和力型中的高分子材料湿敏元件(湿敏电阻)。它的原理是采用具有感湿功能的高分子聚合物(高分子膜)涂敷在带有导电电极的陶瓷衬底上,导电机理为水分子的存在影响高分子膜内部导电离子的迁移率,形成阻抗随相对湿度变化呈对数变化的敏感部件。湿敏膜是高分子电解质,其电阻值的对数与相对湿度是近似线性关系。在电路中用字母 R_H 表示,测量范围:10％～95％,阻值:几千欧～几兆欧。湿敏传感器实物、实验原理框图如图 7-19 所示。

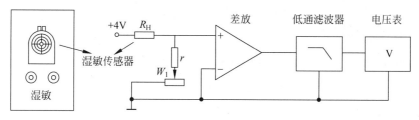

图 7-19 湿敏传感器实物、实验原理框图

本实验需要用到:机头中的湿敏传感器;显示面板中的 F/V 表(或电压表)、+4V 直流稳压电源;调理电路单元中的差动放大器、低通滤波器;潮湿小棉球(自备)。

7.2.4 任务实施

(1) 按图 7-20 示意接线。

(2) 将 F/V 表(或电压表)量程切换到 20V 挡,传感器接入 +4V 直流电源,将差动放大器增益电位器顺时针缓慢转到底后再逆向回转一点点位置。检查接线无误后合上主、副电源开关。传感器通电先预热 5min 以上,待 F/V 表(或电压表)显示稳定后调节差动放大器零位电位器电压表显示 0。

(3) 将潮湿小棉球靠近(可以多准备几个潮湿度不同的小棉球,分别实验)传感器的端口,观察电压表数字变化,此时电压表的指示_____(变大/变小),也就是 R_H 阻值_____(变大/变小),说明 R_H 检测到了湿度的变化,而且随着湿度的不同阻值变化也不一样。实验完

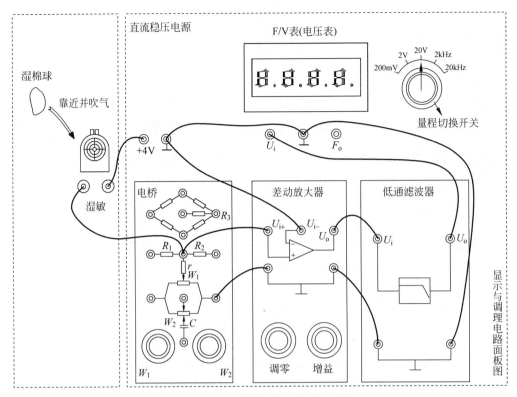

图 7-20　湿敏传感器实验接线示意图

毕,关闭所有电源。

7.2.5　结果分析

分析空气湿度与电压表读数的关系曲线。

7.2.6　考核标准

根据考核标准对本任务实施进行综合评价,并进行任务总结,教师给出评价意见。

考核标准

序号	工作过程	主要内容	评 分 标 准	配分	学生(自评)		教师评价	
					扣分	得分	扣分	得分
1	资讯 准备 (10分)	任务相关 知识查找	查找相关知识学习,该任务知识能力掌握程度,达到60%,扣5分;达到80%,扣2分;达到90%,扣1分;达到100%,不扣分	10				
2	决策 计划 (10分)	确定方案 编写计划	制定整体方案,格式基本规范,方案基本合理,扣2分;格式比较规范,方案比较合理,扣1分;格式规范、方案合理,不扣分	10				

续表

序号	工作过程	主要内容	评分标准	配分	学生（自评）		教师评价	
					扣分	得分	扣分	得分
3	实施执行（10分）	记录实施过程步骤	实施过程,步骤记录完整,不扣分;记录不完整度达到10%,扣2分;记录不完整度达到20%,扣3分;记录不完整度达到40%,扣5分	10				
4	检测评价（60分）	元件测试	元件测试规范,不扣分;不会用仪表检测元件质量好坏,扣2分	6				
			仪表使用不正确,扣3分	6				
		电路设计	电路布线杂乱,扣2分	6				
			元件布局不合理,扣2分	6				
			元件损坏,扣3分	6				
		调试检测	不能进行通电调试,扣3分	6				
			校验的方法不正确,扣3分	6				
			校验结果不正确,扣3分	6				
		调试效果	电路调试效果不理想,扣3分	6				
			灵活度较低,扣3分	6				
5	团队合作（10分）	安全操作	违反安全文明操作规程,扣2分	3				
		团队合作	团队合作较差,小组不能配合完成任务,扣2分	3				
		交流表达	不能用专业语言正确流利简述任务成果,扣2分	4				
		合计		100				

学生自评总结	
教师评语	

学生签字	年 月 日	教师签字	年 月 日

 **知识拓展**

半导体传感器的其他应用

1. 禁止吸烟警示器电路

图 7-21 为禁止吸烟警示器电路,该电路由烟雾检测器、单稳态触发器、语言发生器和功率放大电路组成。烟雾检测器由电位器 R_{P1}、电阻器 R_1 和气敏传感器组成,单稳态触发器由时基集成电路 IC_1、电阻器 R_2、电容器 C_1 和电位器 R_{P2} 组成,语音发生器电路由语音集成电路 IC_2、电阻器 $R_3 \sim R_5$、电容器 C_2 和稳压二极管 VS 组成,音频功率放大电路由晶体管 T、升压功放模块 IC_3、电阻器 R_6 和 R_7、电容器 C_3 和 C_4、扬声器 BL 组成。

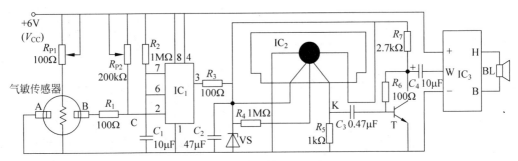

图 7-21　禁烟警示器电路

气敏传感器未检测到烟雾时,其 A、B 两端之间的阻值较大,IC$_1$ 的 2 脚为高电平(高于 $2/3V_{CC}$),3 脚输出低电平,语音发生器电路和音频功率放大电路不工作,BL 不发声。在有人吸烟、气敏传感器检测到烟雾时,其 A、B 两端之间的电阻值变小,使 IC$_1$ 的 2 脚电压下降,当该脚电压下降至 $V_{cc}/3$ 时,单稳态触发器翻转,IC$_1$ 的 3 脚由低电平变为高电平,该高电平经 R_3 限流、C_2 滤波及 VS 稳压后,产生 4.2V 直流电压,供给语音集成电路 IC$_2$ 和晶体管。IC$_2$ 通电工作后输出语音电信号,该电信号经 T 和 IC$_3$ 放大后,推动 BL 发出"请不要吸烟"的语音警告声。

$R_1 \sim R_7$ 选用 1/4W 碳膜电阻器或金属膜电阻器。R_{P1} 和 R_{P2} 可选用小型线性电位器或可变电阻器。C_1、C_2 和 C_4 均选用耐压值为 16V 的铝电解电容器,C_3 选用独石电容器。VS 选用 1/2W、4.2V 的硅稳压二极管。T 选用 S9013 或 C8050 型硅 NPN 晶体管。IC$_1$ 选用 NE555 型时基集成电路;IC$_2$ 选用内储"请不要吸烟"语音信息的语音集成电路;IC$_3$ 选用 WVH68 型升压功放厚模集成电路。BL 选用 8Ω、1~3W 的电动式扬声器。气敏传感器选用 MQK-2 型传感器。

该禁止吸烟警示器还可以作为烟雾报警器来检测火灾或用作有害气体、可燃气体的检测报警。调整 R_{P1} 的阻值,可改变气敏传感器的加热电流(一般为 130mA 左右)。调整 R_{P2} 的阻值,可改变单稳态触发器电路动作的灵敏度。

2. 实用酒精测试仪

图 7-22 为实用酒精测试仪电路。当气体传感器探测不到酒精时,加在 A 的第 5 脚电平为低电平;当气体传感器探测到酒精时,其内阻变低,从而使 A 的第 5 脚电平变高。A 为显示推动器,它共有 10 个输出端,每个输出端可以驱动一个发光二极管,显示推动器 A 根据第 5 脚电压高低来确定依次点亮发光二极管的级数,酒精含量越高则点亮二极管的级数越大。上面 5 个发光二极管为红色,表示超过安全水平;下面 5 个发光二极管为绿色,代表安全水平,酒精含量不超过 0.05%。

3. 直读式湿度计的制作

图 7-23 是直读式湿度计电路,其中 RH 为氯化锂湿度传感器。由 VT$_1$、VT$_2$、T$_1$ 等组成测湿电桥的电源,其振荡频率为 250~1000Hz。电桥输出经变压器 T$_2$、C$_3$ 耦合到 VT$_3$,经 VT$_3$ 放大后的信号,由 D$_1$~D$_4$ 桥式整流后,输入给微安表,指示出由于相对湿度的变化引起电流的改变,经标定并把湿度刻划在微安表盘上,就成为一个简单而实用的直读式湿度计了。

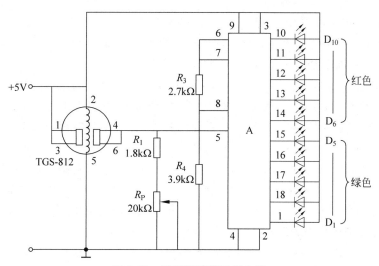

图 7-22 实用酒精测试仪电路

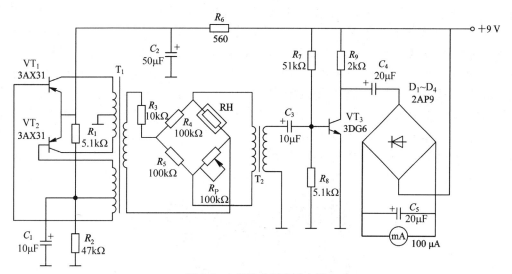

图 7-23 直读式湿度计电路

习题与思考

1. 半导体和非半导体气敏传感器各分为哪几种类型？

2. 什么叫绝对湿度和相对湿度？

3. 湿敏传感器有哪几种类型？

课程思政

走近科学——感光元件 CCD

CCD 相机的成像原理

根据诺贝尔委员会网站 2009 年 10 月 6 日的报道,2009 年诺贝尔物理学奖由高锟

(Charles Kao)、韦拉德·博伊尔(Willard Boyle)和乔治·史密斯(George Smith)三人分享。他们分别发明了光纤电缆和电荷耦合器件(CCD)图像传感器。其中美国科学家韦拉德·博伊尔和乔治·史密斯正是影像革命"CCD感光元件"的创始人。

CCD(charge-coupled device),中文名称为"电荷耦合器件",是数码相机的重要组成部分之一。因为网络上关于CCD的介绍文献比较充沛,我们就不在这里向大家一一阐述了。各位读者都知道,数码相机的感光元件主要分为两种,分别是此次获得诺贝尔奖的CCD和性价比较高的CMOS(complementary metal oxide semiconductor)互补金属氧化物半导体。虽然整体上认为CMOS不及CCD的成像能力,但随着技术的日益提升,高性价比的CMOS也逐步向CCD靠拢。今天的主角是CCD感光元件,众所周知,CCD的尺寸越大,所接收的信息越多,成像也就相对更加出色。下面就介绍几款大CCD感光元件的数码相机产品。

CCD广泛应用在数码摄影、天文学,尤其是光学遥测技术、光学与频谱望远镜和高速摄影技术如Lucky imaging。CCD在摄像机、数码相机和扫描仪中应用广泛,只不过摄像机中使用的是点阵CCD,即包括 x、y 两个方向用于摄取平面图像,而扫描仪中使用的是线性CCD,它只有 x 一个方向,y 方向扫描由扫描仪的机械装置来完成。近几十年来,CCD器件及其应用技术的研究取得了惊人的进展,特别是在图像传感和非接触测量领域的发展更为迅速。随着CCD技术和理论的不断发展,CCD技术应用的广度与深度必将越来越大。CCD是使用一种高感光度的半导体材料集成,它能够根据照射在其面上的光线产生相应的电荷信号,再通过模数转换器芯片转换成"0"或"1"的数字信号,这种数字信号经过压缩和程序排列后,可由闪速存储器或硬盘卡保存,即收光信号转换成计算机能识别的电子图像信号,可对被测物体进行准确的测量、分析。含格状排列像素的CCD应用于数码相机、光学扫描仪与摄影机的感光元件。其光效率可达70%(能捕捉到70%的入射光),优于传统菲林(底片)的2%,因此CCD迅速获得天文学家的大量采用。

第8章

辐射与波式传感器的应用

8.1～8.2课件

学习目标

知识能力：了解辐射与波式传感器的基本原理，掌握超声波传感器、红外传感器等在各种检测中的应用。

实操技能：掌握超声波传感器的识别、选用和检测方法。

综合能力：提高学生分析问题和解决问题的能力，加强对学生沟通能力及团队协作精神的培养。

思政目标

培养学生的爱国情结，传承革命情怀，牢记红色记忆，践行爱国奋斗精神。

随着科学技术的发展，红外传感技术正在向各个领域渗透，特别是在测量、家用电器、安全保卫等方面得到广泛的应用。超声技术则是一门以物理、电子、机械及材料科学为基础的各行各业都要使用的通用技术之一。它是通过超声波产生、传播及接收的物理过程完成的。近年来，以大规模集成电路为代表的微电子技术的发展，使红外线、超声波的发射、接收以及控制的可靠性得以提高，从而促进了红外传感器和超声波传感器的迅速发展。

本章通过热释电红外传感器防盗报警电路和超声波传感器测距电路两个项目的制作，介绍辐射和波式传感器的应用。

8.1 基于热释电红外传感器的防盗报警电路设计

知识能力

8.1.1 红外传感器

1. 红外辐射

红外辐射俗称红外线，它是一种不可见光，由于是位于可见光中红光以外的光线，故称红外线。它的波长范围在 $0.76 \sim 1000\mu m$，红外线在电磁波谱中的位置如图 8-1 所示。工程上又把红外线所占据的波段分为四部分，即近红外、中红外、远红外和极远红外。

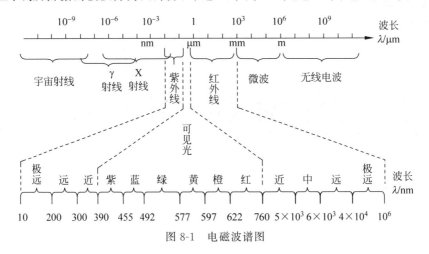

图 8-1 电磁波谱图

红外辐射的物理本质是热辐射，一个炽热物体向外辐射的能量大部分是通过红外线辐射出来的。物体的温度越高，辐射出来的红外线越多，辐射的能量就越强。红外线的本质与可见光或电磁波性质一样，具有反射、折射、散射、干涉、吸收等特性，它在真空中也以光速传播，并具有明显的波粒二相性。

红外辐射和所有电磁波一样，是以波的形式在空间直线传播的。它在大气中传播时，大气层对不同波长红外线存在不同吸收带，红外线气体分析器就是利用该特性工作的。空气中对称的双原子气体，如 N_2、O_2、H_2 等不吸收红外线。红外线在通过大气层时，有三个波段透过率高，它们是 $2 \sim 2.6\mu m$、$3 \sim 5\mu m$ 和 $8 \sim 14\mu m$，统称它们为"大气窗口"。这三个波段对红外探测技术特别重要，因此红外探测器一般都工作在这三个波段之内。

2. 红外探测器

红外传感器一般由光学系统、探测器、信号调理电路及显示单元等组成，红外探测器是红外传感器的核心。红外探测器是利用红外辐射与物质相互作用所呈现的物理效应来探测红外辐射的。红外探测器种类很多，按探测机理的不同，分为热探测器和光子探测器两大类。

1）热探测器

热探测器的工作机理是：利用红外辐射热效应，探测器敏感元件吸收辐射能后温度升高，进而使某些有关物理参数发生相应变化，通过测量物理参数的变化来确定探测器所吸收的红外辐射。

与光子探测器相比，热探测器的探测率比光子探测器的峰值探测率低，响应时间长。但热探测器主要优点是响应波段宽，响应范围可扩展到整个红外区域，可以在常温下工作，使用方便，应用相当广泛。

热探测器主要有四类：热释电型、热敏电阻型、热电阻型和气体型。其中热释电探测器在热探测器中探测率最高，频率响应最宽，所以这种探测器备受重视，发展很快。这里主要介绍热释电探测器。

热释电红外探测器是根据热释电效应制成的，即电石、水晶、酒石酸钾钠、钛酸钡等晶体受热产生温度变化时,其原子排列将发生变化,晶体自然极化,在其两表面产生电荷的现象称为热释电效应。用此效应制成的铁电体,其极化强度(单位面积上的电荷)与温度有关。当红外辐射照射到已经极化的铁电体薄片表面上时引起薄片温度升高,使其极化强度降低,表面电荷减少,这相当于释放一部分电荷,所以叫作热释电传感器。如果将负载电阻与铁电体薄片相连,则负载电阻上便产生一个电信号输出。输出信号的强弱取决于薄片温度变化的快慢,从而反映出入射的红外辐射的强弱,热释电红外传感器的电压响应率正比于入射光辐射率变化的速率。

2)光子探测器

光子探测器的工作机理是:利用入射光辐射的光子流与探测器材料中的电子互相作用,从而改变电子的能量状态,引起各种电学现象,称为光子效应。根据所产生的不同电学现象,可制成各种不同的光子探测器。光子探测器有内光电探测器和外光电探测器两种,后者又分为光电导探测器、光伏探测器和光磁电探测器三种。光子探测器的主要特点是灵敏度高,响应速度快,具有较高的响应频率;但探测波段较窄,一般需在低温下工作。

3. 红外测温仪

红外测温仪是利用热辐射体在红外波段的辐射通量来测量温度的。当物体的温度低于1000℃时,它向外辐射的不再是可见光而是红外光了,可用红外探测器检测其温度。如采用分离出所需波段的滤光片,可使红外测温仪工作在任意红外波段。

图 8-2 是目前常见的红外测温仪框图。它是一个包括光、机、电一体化的红外测温系统,图中光学系统是一个固定焦距的透射系统,滤光片一般采用只允许 $8\sim14\mu m$ 红外辐射能通过的材料。步进电机带动调制盘转动,将被测的红外辐射调制成交变的红外辐射线。红外探测器一般为(钽酸锂)热释电探测器,透镜的焦点落在其光敏面上。被测目标的红外辐射通过透镜聚焦在红外探测器上,红外探测器将红外辐射变换为电信号输出。

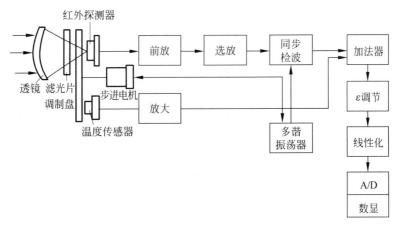

图 8-2 红外测温仪框图

红外测温仪电路比较复杂,包括前置放大、选频放大、温度补偿、线性化、发射率调节等。目前已有一种带单片机的智能红外测温器,利用单片机与软件的功能,大大简化了硬件电路,提高了仪表的稳定性、可靠性和准确性。

红外测温仪的光学系统可以是透射式,也可以是反射式。反射式光学系统多采用凹面玻璃反射镜,并在镜的表面镀金、铝、镍或铬等对红外辐射反射率很高的金属材料。

4. 红外线气体分析仪

红外线气体分析仪是根据气体对红外线具有选择性吸收的特性来对气体成分进行分析的。不同气体其吸收波段(吸收带)不同,图 8-3 给出了几种气体对红外线的透射光谱,从图中可以看出,CO 气体对波长为 $4.65\mu m$ 附近的红外线具有很强的吸收能力,CO_2 气体则在 $2.78\mu m$ 和 $4.26\mu m$ 附近以及波长大于 $13\mu m$ 的范围对红外线有较强的吸收能力。如分析 CO 气体,则可以利用 $4.65\mu m$ 附近的吸收波段进行分析。

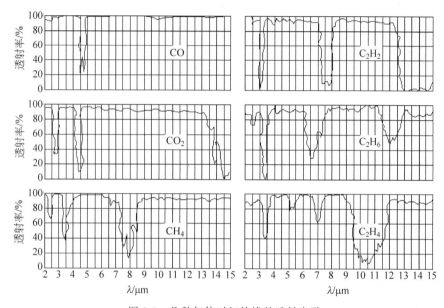

图 8-3　几种气体对红外线的透射光谱

图 8-4 是工业用红外线气体分析仪的结构原理图,该分析仪由红外线辐射光源、气室、红外检测器及电路等部分组成。

光源由镍铬丝通电加热发出 $3\sim10\mu m$ 的红外线,切光片将连续的红外线调制成脉冲状的红外线,以便于红外线检测器信号的检测。测量气室中通入被分析气体,参比气室中封入不吸收红外线的气体(如 N_2 等)。红外检测器是薄膜电容型,它有两个吸收气室,充以被测气体,当它吸收了红外辐射能量后,气体温度升高,导致室内压力增大。

测量时(如分析 CO 气体的含量),两束红外线经反射、切光后射入测量气室和参比气室,由于测量气室中含有一定量的 CO 气体,该气体对 $4.65\mu m$ 的红外线有

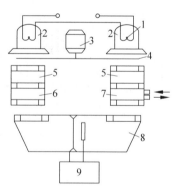

1—光源;2—抛物体反射镜;3—同步电动机;4—切光片;5—滤波气室;6—参比气室;7—测量气室;8—红外探测器;9—放大器。

图 8-4　红外线气体分析仪结构原理

较强的吸收能力,而参比气室中气体不吸收红外线,这样射入红外探测器的两个吸收气室的红外线光强造成能量差异,使两吸收气室压力不同,测量边的压力减小,于是薄膜偏向定片方向,改变了薄膜电容两电极间的距离,也就改变了电容 C。如被测气体的浓度越大,两束光强的差

值也越大,则电容的变化量也越大,因此电容变化量反映了被分析气体中被测气体的浓度。

8.1.2 热释电人体红外传感器

热释电红外(PIR)传感器,亦称为热红外传感器,是一种能检测人体发射的红外线的新型高灵敏度红外探测元件。它能以非接触形式检测出人体辐射的红外线能量的变化,并将其转换成电压信号输出,将输出的电压信号放大,便可驱动各种控制电路,如电源开关控制、防盗防火报警等。目前市场上常见的热释电人体红外传感器主要有上海赛拉公司的 SD02、PH5324,德国 Perkinelmer 公司的 LHi954、LHi958,美国 Hamastsu 公司的 P2288,日本 Nippon Ceramic 公司的 SCA03-1、RS02D 等。虽然它们的型号不一样,但其结构、外形和特性参数大致相同,大部分可以互换使用。

热释电红外传感器由探测元、滤光片和场效应管阻抗变换器三大部分组成,如图 8-5 所示。对不同的传感器来说,探测元的制造材料有所不同。如 SD02 的敏感单元由锆钛酸铅制成,P2288 由 $LiTaO_3$ 制成。将这些材料做成很薄的薄片,每一片薄片相对的两面各引出一根电极,在电极两端则形成一个等效的小电容。因为这两个小电容是做在同一硅晶片上的,因此形成的等效小电容自身能产生极化,在电容的两端产生极性相反的正、负电荷,传感器中两个电容是极性相反串联的。

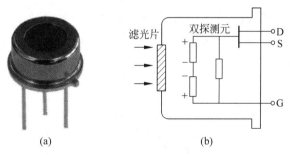

图 8-5 热释电红外传感器实物与结构

(a) 实物图;(b) 结构图

当传感器没有检测到人体辐射出的红外线信号时,在电容两端产生极性相反、电量相等的正、负电荷,正、负电荷相互抵消,回路中无电流,传感器无输出。

当人体静止在传感器的检测区域内时,照射到两个电容上的红外线光能量相等,且达到平衡,极性相反、能量相等的光电流在回路中相互抵消,传感器仍然没有信号输出。

当人体在传感器的检测区域内移动时,照射到两个电容上的红外线能量不相等,光电流在回路中不能相互抵消,传感器有信号输出。综上所述,传感器只对移动或运动的人体和体温近似人体的物体起作用。

滤光片是由一块薄玻璃片镀上多层滤光层薄膜而成的,能够有效地滤除 $7 \sim 14 \mu m$ 波长以外的红外线。人体的正常体温为 $36 \sim 37.5 ℃$,即 $309.16 \sim 310.66 K$,其辐射最强红外线的波长为 $\lambda_m = 2989/(309.16 \sim 310.66) \approx 9.67 \sim 9.62 \mu m$,中心波长为 $9.65 \mu m$,正好落在滤光片的响应波长的中心。所以,滤光片能有效地让人体辐射的红外线通过,而最大限度地阻止阳光、灯光等可见光中的红外线通过,以免引起干扰。

热释电红外传感器在结构上引入场效应管的目的在于完成阻抗变换。由于探测元输出电荷信号,不能直接使用,因而需要将其转换为电压形式。场效应管输入阻抗高达 $104\text{M}\Omega$,接成共漏极形式来完成阻抗变换。使用时 D 端接电源正极,G 端接电源负极,S 端为信号输出。

　　被动式红外报警器主要由光学系统、热释电红外传感器、信号处理和报警电路等几部分组成,其结构框图如图 8-6 所示。图中,菲涅耳透镜利用透镜的特殊光学原理,在探测器前方产生一个交替变化的“盲区”和“高灵敏区”,以提高它的探测接收灵敏度。当有人从透镜前走过时,人体发出的红外线就不断交替从“盲区”进入“高灵敏区”,这样就使接收到的红外信号以忽强忽弱的脉冲形式输入,从而加强其能量幅度。热释电红外传感器是报警器设计中的核心器件,它可以把人体的红外信号转换为电信号以供信号处理部分使用。信号处理主要是将传感器输出的微弱电信号进行放大、滤波、延迟、比较,为报警功能的实现打下基础。

图 8-6　报警器结构框图

　　人体辐射的红外线中心波长为 $9\sim10\mu\text{m}$,而探测元件的波长灵敏度在 $0.2\sim20\mu\text{m}$ 范围内几乎稳定不变。在传感器顶端开设了一个装有滤光镜片的窗口,这个滤光片可通过光的波长范围为 $7\sim14\mu\text{m}$,正好适合于人体红外辐射的探测,而对其他波长的红外线由滤光片予以吸收,这样便形成了一种专门用作探测人体辐射的红外传感器,如图 8-7 所示。

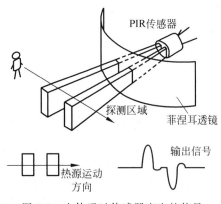

图 8-7　人体通过传感器产生的信号

8.1.3　任务描述

基于热释电红外传感器的防盗报警电路制作

　　本任务主要通过热释电红外传感器防盗报警电路的制作,将热释电红外传感器、检测电路、防盗报警自动控制电路集于一体,从而掌握红外传感器的性能、特点及相关应用。

8.1.4 任务分析

本任务采用高灵敏度红外探头,无声音、光线、振动,即使是漆黑的状态,窃贼一旦进入 10m 左右监控范围,热释电红外电子狗就会自动检测并发出高强度报警声,可有效吓阻入侵人员。

图 8-8 给出了热释电红外传感器防盗电路原理。集成电路 BISS0001 是一款高性能的传感信号处理集成电路,如图 8-9 所示。静态电流极小,配以热释电红外传感器和少量外围元器件即可构成被动式的热释电红外传感报警器,广泛用于安防、自控等领域。BISS0001 是由运算放大器、电压比较器、状态控制器、延迟时间定时器以及封锁时间定时器等构成的数模混合专用集成电路。

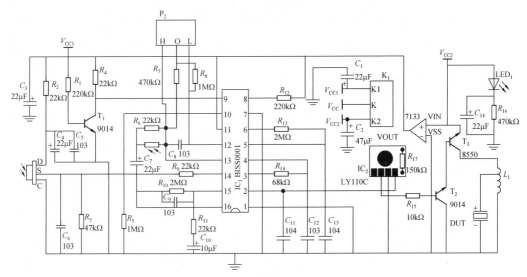

图 8-8 热释电红外传感器防盗电路原理

(a)

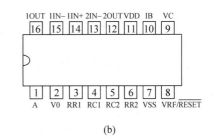

(b)

图 8-9 BISS0001 芯片介绍

(a) BISS0001 实物图;(b) BISS0001 引脚说明

IC$_1$ 内部的运算放大器 OP$_1$ 将热释电红外传感器 Y$_1$ 输出信号作第一级放大,然后由电解电容器 C$_7$ 耦合给 IC$_1$ 内部运算放大器 OP$_2$ 进行第二级放大,再经由电压比较器 COP$_1$ 和 COP$_2$ 构成的双向鉴幅器处理后,检出有效触发信号 V$_s$ 去启动延迟时间定时器,IC$_1$ 的 2 脚输出信号 V$_o$ 驱动报警音乐片 IC$_2$ 工作,T$_2$ 和 T$_3$ 构成复合三极管用来推动压电蜂鸣片发出声音。

当电源开关 K_1 在 OFF 位置时,电源经 R_1 使 T_1 饱和导通,则 IC_1 的 9 脚保持为低电平,从而封锁热释电红外传感器的触发信号 V_s,电路不工作。当电源开关 K_1 在 ON 位置时,热释电红外传感器经 R_2 得电处于工作状态,T_1 处于截止状态使 IC_1 的 9 脚保持为高电平,IC_1 处于工作状态。C_1、C_2、C_3 是电源滤波电容,LED_1 和 R_{16} 构成电源指示电路。

8.1.5　任务实施

1. 元件检测

根据电路图检查相应元器件,并对每个元器件进行检测。元件清单如表 8-1 所示。

表 8-1　热释电红外传感器防盗电路元件清单

序号	元件种类	标称值	原理图标识	数量	序号	元件种类	标称值	原理图标识	数量
1	集成模块	BISS0001	IC_1	1	19	电解电容	$10\mu F$	C_{10}	1
2	集成模块	LY110C	IC_2	1	20	电解电容	$22\mu F$	C_1、C_3、C_4、C_7、C_{14}	5
3	稳压管	7133	—	1	21	电解电容	$47\mu F$	C_2	1
4	三极管	9014	T_1、T_2	2	22	电感	—	L_1	1
5	三极管	8550	T_3	1	23	拨断开关	—	K_1	1
6	发光管	—	LED_1	1	24	热释电传感器	—	Y_1	1
7	热敏电阻	—	—	1	25	传感器座	—	—	1
8	电阻	$10k\Omega$	R_{15}	1	26	蜂鸣片	—	—	1
9	电阻	$22k\Omega$	R_2、R_4、R_6、R_9、R_{11}	5	27	正负极片	—	—	1
10	电阻	$47k\Omega$	R_3	1	28	开关元件	—	—	1
11	电阻	$68k\Omega$	R_{14}	1	29	外壳	—	—	1
12	电阻	$150k\Omega$	R_{17}	1	30	跨线	—	P_2	1
13	电阻	$220k\Omega$	R_1、R_{12}	2	31	螺钉	—	—	3
14	电阻	$470k\Omega$	R_{16}、R_7	2	32	导线	—	—	4
15	电阻	$1M\Omega$	R_5、R_6	2	33	菲涅耳透镜	—	—	1
16	电阻	$2M\Omega$	R_{10}、R_{13}	2	34	线路板、图纸	—	—	1
17	瓷片电容	103	C_5、C_6、C_8、C_9、C_{12}	5	35	底座	—	—	1
18	瓷片电容	104	C_{11}、C_{13}	2					

2. 电路安装

(1)根据原理图、PCB 图,对照电路工作过程说明,看懂电路。实物 PCB 板图如图 8-10 所示。

(2)为了更好地实现电路功能,必须选择合适的元器件参数。在装配与调试过程中,根据原理图或者元件清单选择相应的元件参数,也可以根据个人的需要,适当调整元件参数。

（3）检测热释电红外传感器的质量，这是电路工作和功能实现的关键。

（4）按照装配工艺要求进行焊接和安装，电阻 R_{15} 直接装在音乐芯片 IC_2 上，然后插装在印制板上，请注意脚位顺序。实物制作效果如图 8-11 所示。

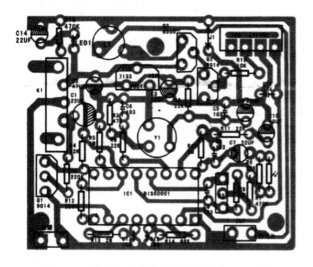
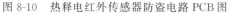

图 8-10　热释电红外传感器防盗电路 PCB 图　　　图 8-11　热释电红外传感器防盗实物图

（5）配置合适的电源电压，不能随意改动电源电压，否则电路不能正常工作。

（6）测试电路时要按规范操作仪器设备，不得在带电情况下进行器件焊接与安装。

3．整机电路调试

（1）组装完成并认真检查无误后，将电路板装入壳中并用螺钉固定，同时把前、后壳扣在一起，然后装入电池测试效果。放在桌上并拨动开关 K_1 到 ON 位置，即可产生报警声，延时一段时间后自动停止，然后可以进行热释红外人体报警实验，当人体靠近时即可产生报警声。若没有报警声，则认真检查电路，直到正确为止。

（2）完成整机效果后，将前、后盖紧扣在一起，并在后盖上插装好万向轮，万向轮座可以按需求自行安装。

8.1.6　结果分析

观察检测电路运行状态的变化，分析电路检测灵敏度的影响因素，撰写实训报告。

综合评价

8.1.7　考核标准

根据考核标准对本任务实施进行综合评价，并进行任务总结，教师给出评价意见。

考核标准

序号	工作过程	主要内容	评 分 标 准	配分	学生(自评)		教师评价	
					扣分	得分	扣分	得分
1	资讯准备(10分)	任务相关知识查找	查找相关知识学习,该任务知识能力掌握程度,达到60%,扣5分;达到80%,扣2分;达到90%,扣1分;达到100%,不扣分	10				
2	决策计划(10分)	确定方案编写计划	制定整体方案,格式基本规范,方案基本合理,扣2分;格式比较规范,方案比较合理,扣1分;格式规范、方案合理,不扣分	10				
3	实施执行(10分)	记录实施过程步骤	实施过程,步骤记录完整,不扣分;记录不完整度达到10%,扣2分;记录不完整度达到20%,扣3分;记录不完整度达到40%,扣5分	10				
4	检测评价(60分)	元件测试	元件测试规范,不扣分;不会用仪表检测元件质量好坏,扣2分	6				
			仪表使用不正确,扣3分	6				
		电路设计	电路布线杂乱,扣2分	6				
			元件布局不合理,扣2分	6				
			元件损坏,扣3分	6				
		调试检测	不能进行通电调试,扣3分	6				
			校验的方法不正确,扣3分	6				
			校验结果不正确,扣3分	6				
		调试效果	电路调试效果不理想,扣3分	6				
			灵活度较低,扣3分	6				
5	团队合作(10分)	安全操作	违反安全文明操作规程,扣2分	3				
		团队合作	团队合作较差,小组不能配合完成任务,扣2分	3				
		交流表达	不能用专业语言正确流利简述任务成果,扣2分	4				
	合 计			100				

学生自评总结	
教师评语	

学生签字		教师签字	
	年 月 日		年 月 日

8.2 基于超声波传感器的测距电路设计

8.2.1 超声波及其物理性质

振动在弹性介质内的传播称为波动,简称波。如图 8-12 所示,频率在 $16 \sim 2 \times 10^4$ Hz 之间,能为人耳所闻的机械波,称为声波;低于 16 Hz 的机械波,称为次声波;高于 2×10^4 Hz 的机械波,称为超声波。

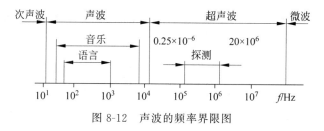

图 8-12 声波的频率界限图

当超声波由一种介质入射到另一种介质时,由于在两种介质中传播速度不同,在介质面上会产生反射、折射和波形转换等现象。

1. 超声波的波形及其转换

由于声源在介质中施力方向与波在介质中传播方向的不同,声波波型也不同。通常有:

(1) 纵波——质点振动方向与波的传播方向一致的波。

(2) 横波——质点振动方向垂直于传播方向的波。

(3) 表面波——质点的振动介于横波与纵波之间,沿着表面传播的波。

横波只能在固体中传播,纵波能在固体、液体和气体中传播,表面波随深度增加衰减很快。为了测量各种状态下的物理量,应多采用纵波。

纵波、横波及表面波的传播速度取决于介质的弹性常数及介质密度,气体中声速为 344m/s,液体中声速在 $900 \sim 1900$ m/s。

当纵波以某一角度入射到第二介质(固体)的界面上时,除有纵波的反射、折射外,还发生横波的反射和折射,在某种情况下,还能产生表面波。

2. 超声波的反射和折射

声波从一种介质传播到另一种介质,在两个介质的分界面上一部分声波被反射,另一部分透射过界面,在另一种介质内部继续传播,这两种情况称为声波的反射和折射,如图 8-13 所示。

由物理学可知,当波在界面上产生反射时,入射角 α 的正弦与反射角 α' 的正弦之比等于波速之比。当波在界面处产生折射时,入射角 α 的正弦与折射角 β 的正弦之比等于入

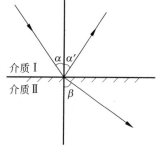

图 8-13 超声波的反射和折射

射波在第一介质中的波速 c_1 与折射波在第二介质中的波速 c_2 之比,即

$$\frac{\sin\alpha}{\sin\beta}=\frac{c_1}{c_2} \tag{8-1}$$

3. 超声波的衰减

声波在介质中传播时,随着传播距离的增加,能量逐渐衰减,其衰减的程度与声波的扩散、散射及吸收等因素有关。其声压和声强的衰减规律为

$$P_x=P_0\mathrm{e}^{-ax} \tag{8-2}$$

$$I_x=I_0\mathrm{e}^{-2ax} \tag{8-3}$$

式中:P_x、I_x——距声源 x 处的声压、声强;

x——声波与声源间的距离;

α——衰减系数,Np/m(奈培/米)。

声波在介质中传播时,能量的衰减取决于声波的扩散、散射和吸收,在理想介质中,声波的衰减仅来自于声波的扩散,即随超声波传播距离增加而引起声能的减弱。散射衰减是固体介质中的颗粒界面或流体介质中的悬浮粒子使声波散射。吸收衰减是由介质的导热性、黏滞性及弹性滞后造成的,介质吸收声能并转换为热能。

8.2.2　超声波传感器

利用超声波在超声场中的物理特性和各种效应而研制的装置可称为超声波换能器、探测器或传感器。超声波探头按其工作原理可分为压电式、磁致伸缩式、电磁式等,其中以压电式最为常用。

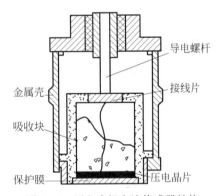

压电式超声波探头常用的材料是压电晶体和压电陶瓷,这种传感器统称为压电式超声波探头。它是利用压电材料的压电效应来工作的。逆压电效应将高频电振动转换成高频机械振动,从而产生超声波,可用作发射探头;而利用正压电效应,将超声振动波转换成电信号,可用作接收探头。超声波探头结构如图 8-14 所示,主要由压电晶片、吸收块(阻尼块)、保护膜组成。压电晶片多为圆板形,厚度为 δ。超声波频率 f 与其厚度 δ 成反比。压电晶片的两面镀有银层,作导电的极板。阻尼块的作用是降低晶片机械品质,吸收声能量。如果没有阻尼块,当激励

图 8-14　压电式超声波传感器结构

电脉冲信号停止时,晶片将会继续振荡,加大超声波的脉冲宽度,使分辨率变差。

图中标注:导电螺杆、接线片、压电晶片、保护膜、吸收块、金属壳

8.2.3　超声波传感器的应用

1. 超声波物位传感器

超声波物位传感器是利用超声波在两种介质的分界面上的反射特性而制成的。如果从发射超声脉冲开始,到接收换能器接收到反射波为止的这个时间间隔为已知,就可以求出分界面的位置,利用这种方法可以对物位进行测量。根据发射和接收换能器的功能,传感器又

可分为单换能器和双换能器。单换能器的传感器发射和接收超声波均使用一个换能器,而双换能器的传感器发射和接收各由一个换能器担任。

图 8-15 给出了几种超声波物位传感器的结构示意图。超声波发射和接收换能器可设置在水中,让超声波在液体中传播。由于超声波在液体中衰减比较小,所以即使发生的超声脉冲幅度较小也可以传播。超声波发射和接收换能器也可以安装在液面的上方,让超声波在空气中传播,这种方式便于安装和维修,但超声波在空气中的衰减比较厉害。

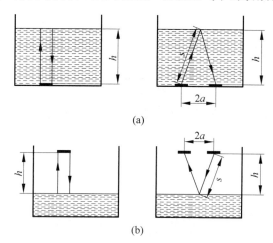

图 8-15　几种超声波物位传感器的结构原理示意图
(a) 超声波在液体中传播;(b) 超声波在空气中传播

对于单换能器来说,超声波从发射到液面,又从液面反射到换能器的时间为

$$t = \frac{2h}{v} \tag{8-4}$$

$$h = \frac{vt}{2} \tag{8-5}$$

式中:h——换能器距液面的距离;

v——超声波在介质中的传播速度。

对于双换能器来说,超声波从发射到被接收经过的路程为 $2s$,则有

$$s = \frac{ct}{2} \tag{8-6}$$

因此液位高度为

$$h = \sqrt{s^2 - a^2} \tag{8-7}$$

式中:s——超声波反射点到换能器的距离;

a——两换能器间距之半。

从以上公式可以看出,只要测得超声波脉冲从发射到接收的间隔时间,便可以求得待测的物位。

超声波物位传感器具有精度高和使用寿命长的特点,但若液体中有气泡或液面发生波动,便会有较大的误差。

2. 超声波传感器在流量检测中的应用

超声波流量传感器的测定原理是多样的,如超声波传输时间差法、传播速度变化法、波速移动法、多普勒效应法、流动听声法等,目前应用较广的主要是超声波传输时间差法。

超声波在流体中传输时,在静止流体和流动流体中的传输速度是不同的,利用这一特点可以求出流体的速度,再根据管道流体的截面积,便可知道流体的流量。

如果在流体中设置两个超声波传感器,它们可以发射超声波又可以接收超声波,一个装在上游,一个装在下游,其距离为 L,如图 8-16 所示。

如设顺流方向的传输时间为 t_1,逆流方向的传输时间为 t_2,流体静止时的超声波传输速度为 c,流体流动速度为 v,则

$$t_1 = \frac{L}{c+v} \tag{8-8}$$

$$t_2 = \frac{L}{c-v} \tag{8-9}$$

一般来说,流体的流速远小于超声波在流体中的传播速度,那么超声波传播时间差为

$$\Delta t = t_2 - t_1 \tag{8-10}$$

可得到流体的流速,即

$$v = \frac{c^2}{2L}\Delta t \tag{8-11}$$

在实际应用中,超声波传感器安装在管道的外部,从管道的外面透过管壁发射和接收超声波不会给管路内流动的流体带来影响,如图 8-17 所示。

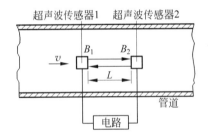

图 8-16　超声波测流量原理图

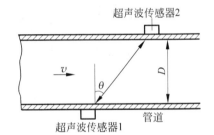

图 8-17　超声波传感器安装位置

超声波流量传感器具有不阻碍流体流动的特点,可测流体种类很多,无论是非导电的流体,还是高黏度的流体、浆状流体,只要能传输超声波的流体都可以进行测量。超声波流量计可用来对自来水、工业用水、农业用水等进行测量,还可用于下水道、农业灌溉、河流等流速的测量。

8.2.4　任务描述

简易超声波测距仪电路制作

超声波是由机械振动产生的,可在不同介质中以不同的速度传播。由于超声波指向性强,能量消耗缓慢,在介质中传播的距离较远,因而超声波经常用于距离的测量,如测距仪和

物位测量仪等都可以通过超声波来实现。超声测距是一种非接触式的检测方式。与其他方法,如电磁的或光学的方法相比,它不受光线、被测对象颜色等影响。对于被测物处于黑暗、有灰尘、烟雾、电磁干扰、有毒等恶劣的环境下有一定的适应能力。因此在液位测量、机械手控制、车辆自动导航、物体识别等方面有广泛应用。特别是应用于空气测距,由于空气中波速较慢,其回波信号中包含的沿传播方向上的结构信息很容易检测出来,具有很高的分辨力,因而其准确度也较其他方法为高;而且超声波传感器具有结构简单、体积小、信号处理可靠等特点。利用超声波检测往往比较迅速、方便、计算简单、易于做到实时控制,并且在测量精度方面能达到工业实用的要求。

本任务通过简易超声波测距仪的电路制作,了解超声波工作原理、超声波测距原理和超声探头的结构特点,并掌握超声波传感器在距离测量中的应用。

8.2.5 任务分析

图 8-18 给出了超声波测距电路图,采用工业级 STC15W202S 单片机作主控芯片,通过对超声波发射和接收往返时间的计时实现距离测量并显示。测量范围为 $2\text{cm}\sim2.00\text{m}$,测量精度 1cm,采用 0.36 英寸(1in=2.54cm)高亮红色数码管作显示,能够清晰稳定地显示测量结果。

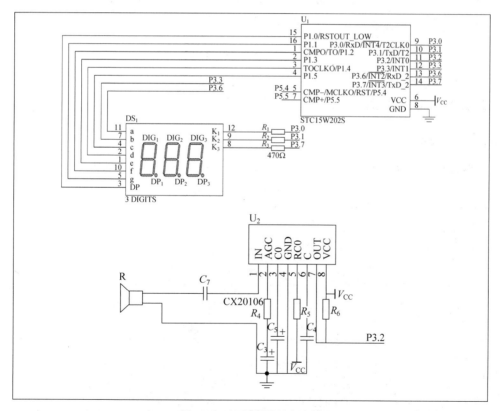

图 8-18 超声波测距电路图

超声波测距的方法有多种,如相位检测法、声波幅值检测法和渡越时间检测法等。相位检测法虽然精度高,但检测范围有限;声波幅值检测法易受反射波的影响。

本测距系统采用超声波渡越时间检测法,其原理为:检测从超声波发射器发出的超声波,经气体介质的传播到接收器的时间,即渡越时间;渡越时间与气体中的声速相乘,就是声波传输的距离。超声波发射器向某一方向发射超声波,在发射时刻的同时单片机开始计时,超声波在空气中传播,途中碰到障碍物就立即返回来,超声波接收器收到反射波就立即停止计时。再由单机计算出距离,送 LED 数码管显示测量结果。

超声波在空气中的传播速度随温度变化,其对应值如表 8-2 所示,根据计时器记录时间 t(见图 8-19),就可以计算出发射点到障碍物的距离 s,即 $s=vt/2$。

表 8-2　声速与温度的关系

温度/℃	-30	-20	-10	0	10	20	30	100
声速/(m/s)	313	319	325	323	338	344	349	386

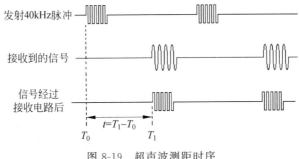

图 8-19　超声波测距时序

8.2.6　任务实施

1. 元件检测

根据电路图检查相应元器件,并对每个元器件进行检测。元件清单如表 8-3 所示。

表 8-3　超声波测距电路元件清单

元件标识	元件名称	元件规格	数量
R_4	电阻	4.7kΩ	1
R_5	电阻	220kΩ	1
R_6	电阻	22kΩ	1
R_7	电阻	2kΩ	1
S_1	轻触开关	—	1
DS_1	三位数码管	0.36 共阳	1
J_1	电源插座	—	1
T	超声波探头	发射器	1
R	超声波探头	接收器	1
PCB	印制电路板	49mm×45mm	1

2. 电路安装及测试

(1) 根据原理图、PCB 图,对照电路工作过程说明看懂电路。超声波测距电路实物图如图 8-20 所示。

（a）　　　　　　　　　　　　（b）

图 8-20　超声波测距电路实物图

（a）元件；（b）制作实物

（2）按照装配工艺要求进行焊接和安装。

（3）测试电路参数时要按规范操作仪器设备，不得在带电的情况下进行器件的焊接与安装。

（4）通电，测试运行效果。

8.2.7　结果分析

实物测试超声波最大测距长度，理想上超声波测距能达到 2m 左右，实际测量存在盲区，试分析存在盲区的原因，撰写实训报告。

8.2.8　考核标准

根据考核标准对本任务实施进行综合评价，并进行任务总结，教师给出评价意见。

考核标准

序号	工作过程	主要内容	评 分 标 准	配分	学生（自评）		教师评价	
					扣分	得分	扣分	得分
1	资讯准备（10分）	任务相关知识查找	查找相关知识学习，该任务知识能力掌握程度，达到 60%，扣 5 分；达到 80%，扣 2 分；达到 90%，扣 1 分；达到 100%，不扣分	10				
2	决策计划（10分）	确定方案编写计划	制定整体方案，格式基本规范，方案基本合理，扣 2 分；格式比较规范、方案比较合理，扣 1 分；格式规范、方案合理，不扣分	10				

续表

序号	工作过程	主要内容	评 分 标 准	配分	学生(自评)		教师评价	
					扣分	得分	扣分	得分
3	实施执行（10分）	记录实施过程步骤	实施过程,步骤记录完整,不扣分;记录不完整度达到10%,扣2分;记录不完整度达到20%,扣3分;记录不完整度达到40%,扣5分	10				
4	检测评价（60分）	元件测试	元件测试规范,不扣分;不会用仪表检测元件质量好坏,扣2分	6				
			仪表使用不正确,扣3分	6				
		电路设计	电路布线杂乱,扣2分	6				
			元件布局不合理,扣2分	6				
			元件损坏,扣3分	6				
		调试检测	不能进行通电调试,扣3分	6				
			校验的方法不正确,扣3分	6				
			校验结果不正确,扣3分	6				
		调试效果	电路调试效果不理想,扣3分	6				
			灵活度较低,扣3分	6				
5	团队合作（10分）	安全操作	违反安全文明操作规程,扣2分	3				
		团队合作	团队合作较差,小组不能配合完成任务,扣2分	3				
		交流表达	不能用专业语言正确流利简述任务成果,扣2分	4				
	合计			100				

学生自评总结	
教师评语	
学生签字	年 月 日　　教师签字　　　　　年 月 日

 **知识拓展**

超声波传感器的其他应用

1. 超声波测厚

超声波测量厚度常采用脉冲回波法。图 8-21 为脉冲回波法检测厚度的工作原理。

在用脉冲回波法测量试件厚度时,超声波探头与被测试件某一表面相接触。由主控制器产生一定频率的脉冲信号,送往发射电路,经电流放大后加在超声波探头上,从而激励超声波探头产生重复的超声波脉冲。脉冲波传到被测试件另一表面后反射回来,被同一探头接收。若已知超声波在被测试件中的传播速度 v,设试件厚度为 d,脉冲波从发射到接收的时间间隔 Δt 可以测量,因此可求出被测试件厚度为

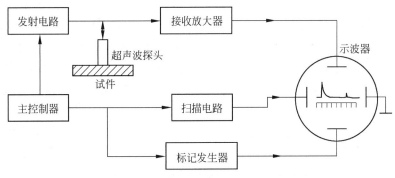

图 8-21　脉冲回波法检测厚度工作原理

$$d = \frac{v \Delta t}{2} \tag{8-12}$$

为测量时间间隔 Δt，将发射脉冲和回波反射脉冲加至示波器垂直偏转板上。标记发生器所输出的已知时间间隔的脉冲，也加在示波器垂直偏转板上。线性扫描电压加在水平偏转板上。因此可以直接从示波器屏幕上观察到发射脉冲和回波反射脉冲，从而求出两者的时间间隔 Δt。当然，也可用稳频晶振产生的时间标准信号来测量时间间隔 Δt，从而做成厚度数字显示仪表。

2. 超声波探伤

超声波探伤的方法很多，按其原理可分为以下两大类。

1）穿透法探伤

穿透法探伤是根据超声波穿透工件后能量的变化情况来判断工件内部质量。

该方法采用两个超声波换能器，分别置于被测工件相对的两个表面，其中一个发射超声波，另一个接收超声波。发射超声波可以是连续波，也可以是脉冲信号。

当被测工件内无缺陷时，接收到的超声波能量大，显示仪表指示值大；当工件内有缺陷时，因部分能量被反射，因此接收到的超声波能量小，显示仪表指示值小。根据这个变化，即可检测出工件内部有无缺陷。

该方法的优点是：指示简单，适用于自动探伤；可避免盲区，适宜探测薄板。但其缺点是：探测灵敏度较低，不能发现小缺陷；根据能量的变化可判断有无缺陷，但不能定位；对两探头的相对位置要求较高。

2）反射法探伤

反射法探伤是根据超声波在工件中反射情况的不同来探测工件内部是否有缺陷。它可分为一次脉冲反射法和多次脉冲反射法两种。

（1）一次脉冲反射法

测试时，将超声波探头放于被测工件上，并在工件上来回移动进行检测。由高频脉冲发生器发出脉冲（发射脉冲 T）加在超声波探头上，激励其产生超声波。探头发出的超声波以一定速度向工件内部传播。其中，一部分超声波遇到缺陷时反射回来，产生缺陷脉冲 F，另一部分超声波继续传至工件底面后也反射回来，产生底脉冲 B。缺陷脉冲 F 和底脉冲 B 被探头接收后变为电脉冲，并与发射脉冲 T 一起经放大后，最终在显示器荧光屏上显示出来。通过荧光屏即可探知工件内是否存在缺陷、缺陷大小及位置。若工件内没有缺陷，则荧光屏上只出现发射脉冲 T 和底脉冲 B,而没有缺陷脉冲 F;若工件中有缺陷,则荧光屏上除出现发射脉冲 T 和底脉冲 B 之外,还会出现缺陷脉冲 F。荧光屏上的水平亮线为扫描线(时间基准),其长度与时间成正比。由发射脉冲、缺陷脉冲及底脉冲在扫描线上的位置,可求出缺陷位置。由缺陷脉冲的幅度,可判断缺陷大小。当缺陷面积大于超声波声束截面时,超声波全部由缺陷处反射回来,荧光屏上只出现发射脉冲 T 和缺陷脉冲 F,而没有底脉冲 B。

（2）多次脉冲反射法

多次脉冲反射法是以多次底波为依据而进行探伤的方法。超声波探头发出的超声波由被测工件底部反射回超声波探头时,其中一部分超声波被探头接收,而剩下部分又折回工件底部,如此往复反射,直至声能全部衰减完为止。因此,若工件内无缺陷,则荧光屏上会出现呈指数函数曲线形式递减的多次反射底波;若工件内有吸收性缺陷时,声波在缺陷处的衰减很大,底波反射的次数减少;若缺陷严重时,底波甚至完全消失。据此可判断出工件内部有无缺陷及缺陷严重程度。当被测工件为板材时,为了观察方便,一般常采用多次脉冲反射法进行探伤。

习题与思考

1. 简述热释电人体红外传感器的基本结构和原理。
2. 超声波探头可分为哪几类?
3. 简述超声波传感器测距的原理。

课程思政

红色记忆——永不消逝的电波

永不消逝的电波

李白,原名李华初,湖南浏阳人,生于 1910 年,1925 年加入中国共产党后,一直投身于革命事业第一线,直至 1949 年被国民党反动派秘密杀害。

1927 年 9 月,17 岁的李白参加了由毛泽东领导的湘赣边界秋收起义,此前,他已领导过农民协会工作、担任少年先锋队队长,是当地有名的少年英雄。1930 年,李白加入中国工农红军,跟随组织转移到苏区,在红军第四军担任宣传员。1931 年,无线电通信技术成为当时我党行军打仗必须攻克的难关。这年 6 月,红四军党委选送李白去瑞金红军通信学校电讯班参加培训。天赋与苦练让李白学有所成,他成为红军早期的报务员之一。1931 年 12 月,李白被分配到红五军团,后担任红五军团无线电队政委。1934 年 10 月,长征开始,李白跟随中国工农红军主力战略转移。在两万五千里的艰辛征途上,李白向全体无线电队员发出了"电台重于生命"的号召,这是李白终生践行的准则。"红军不怕远征难",在物资匮乏、旅程动荡的情况下,李白想尽一切办法确保电台安全和发报工作,并多次完成紧急情况下的发报任务,这些都磨砺了李白的业务水平,他更加精通与通信相关的器材和技术,成为行家里手,并为以后承担更为艰巨的任务打下了基础。1936 年 10 月,长征胜利,李白抵达陕甘宁根据地,开始担任红四军无线电台台长。

1937 年秋,抗战全面爆发,当时的中共隐蔽战线领导者、"龙潭三杰"之一,后来的开国上将李克农出任八路军驻上海办事处处长,李白随他来到上海,化名李侠、李静安,在中共上海地下党的领导下,开始了长达 12 年的秘密电台工作。1939 年,党组织派优秀党员、女工裘慧英与李白乔装成夫妻,配合潜伏工作。在共同的革命理想下,在艰苦的斗争岁月中,二人从肝胆相照的工作伙伴发展为相知相爱的革命伴侣。从"假扮"到真情,狂风骤雨中的纯洁爱情,最是令人感慨神往。后来很多讲述地下工作者题材的文艺作品中,都着重刻画和讴歌了这样的革命伉俪,如电视剧《潜伏》里的余则成和王翠平、电视剧《悬崖》里的周乙和顾秋妍等,每每打动观众。

　　1941 年,震惊中外的皖南事变之后,李白用电台揭露了国民党的反动阴谋,有效牵制了国民党的敌对行径。太平洋战争爆发后,日军占领上海租界,大肆搜捕进步力量,侦测抗日电台。1942 年 9 月,因无线电信号暴露,李白遭到日寇逮捕,日军搜查了他的住宅,并对其严刑拷打,却没有获得任何招供信息和实际证据。令人惊叹的是,日军甚至派出一个无线电专家仔细检查了李白的电报机,却一无所获,因为李白早已对机器进行过改造,只需要拆掉一个线圈,电报机就变成了一个普通的收音机,不露任何破绽。可见李白精湛高超的技术造诣,在当时已经达到了国际专家的水准。

　　被日军拷打折磨长达半年多,李白始终坚不吐实,1943 年 5 月,经党组织全力营救,他终被释放。出狱后,他继续坚持斗争直至抗战胜利,又紧接着投入到解放战争。1947 年上半年,李白夫妇搬到虹口区黄渡路 107 弄 15 号三楼,这里是李白最后的岗位。三大战役势如破竹,许多十万火急的军事情报,如国民党海陆军的部署、长江布防计划等,正是从这间小小的阁楼发出。1948 年年底,正是上海黎明前最黑暗的时刻,国民党反动派垂死挣扎,通过分区停电等方式,用尽各种手段侦测我党地下电台。1948 年 12 月 30 日凌晨,李白正在发送一封紧急绝密情报时,国民党军警突然包围了李白的住所,李白镇定而迅速地完成任务后又做出了紧急信号预警,销毁了密码、处置了电台。这是他最后一次发报。

　　在狱中,李白遭受了老虎凳、辣椒水、拔指甲等 30 多种酷刑折磨,却坚强不屈。反动派又许以高官厚禄,也没能动摇李白的意念分毫。5 个月后,裘慧英去探望李白,李白说:"天快亮了,我所希望的也等于看到了。"那是他们夫妻最后一次见面。5 月 7 日,李白英勇就义。20 天后,上海解放。

　　上海解放后,李克农四处寻找李白的下落,此时他还不知道李白已被秘密处死,意在举荐李白为新中国首位邮电部部长。一个多月后,组织在浦东戚家庙找到了李白烈士遗骸,新中国痛失了这位矢志不渝的忠诚战士。

　　假如,李白烈士没有牺牲在黎明前的黑暗中,他应该在自己和战友们亲手建立的新世界中,继续钻研无线电通信技术,成为新中国邮电事业的拓荒者。现今,北京邮电大学校园里,李白烈士雕像昂然伫立,凝视着风华正茂的莘莘学子。而千里之外的上海,李白曾经奋战的地方,当人们登上李白烈士故居狭窄的楼梯,来到他当年发报的隔间,透过那扇小小的轩窗仰望天空时,也不禁想象,当年李白在发报的间隙,目光是否也正穿透同一扇窗户,遥想着一个光明的未来,一个全新的时代。

下篇

综合提高

第9章

综合实训项目

9.1~9.2课件　9.3~9.4课件　　9.5课件

学习目标

知识能力：通过大型项目的设计与制作，掌握传感器综合实训的设计方案选用、设计步骤和方法、作品制作实施过程、文档资料的撰写。

实操技能：掌握项目制作的综合能力和电路整机检测方法。

综合能力：提高学生分析问题和解决问题的能力，加强对学生沟通能力及团队协作精神的培养。

思政目标

培养学生的工匠精神，学习务实严谨、专注专一的工程师品质。

"传感器与检测技术"综合实训是专业课实践性教学环节，是学生对本门课程学习掌握程度的综合体现。它结合单片机、自动控制、电子设计自动化、机电传动等技术，实现一个项目的系统设计过程和论文撰写过程，对提高学生分析问题和解决问题的能力有极大帮助，并为毕业设计、科技创新打下基础。

9.1 基于 51 单片机的 Wi-Fi 开关控制电路

9.1.1 设计任务要求

本设计利用安卓手机 APP，通过 Wi-Fi 连接控制电路板上的四只继电器吸合与断开，实现四路远程遥控。整机采用直流 5V 供电，静态电流约 130mA，继电器全部吸合时的电流约 370mA。

9.1.2 设计任务分析

1. Wi-Fi 简介

Wi-Fi 是一种允许电子设备连接到一个无线局域网（WLAN）的技术，通常使用 2.4G UHF 或 5G SHF ISM 射频频段。连接到无线局域网通常是有密码保护的；但也可以是开放的,这样就允许任何在 WLAN 范围内的设备连接上。Wi-Fi 是一个无线网络通信技术的品牌,由 Wi-Fi 联盟所持有。目的是改善基于 IEEE 802.11 标准的无线网络产品之间的互通性。有人把使用 IEEE 802.11 系列协议的局域网就称为无线保真,甚至把 Wi-Fi 等同于无线网际网络(Wi-Fi 是 WLAN 的重要组成部分)。

Wi-Fi 的技术优点如下。

(1) Wi-Fi 技术无线电波的覆盖范围广。Wi-Fi 的半径可达 100m,适合办公室及单位楼层内部使用,而蓝牙技术只能覆盖 15m 内。

(2) Wi-Fi 技术速度快,可靠性高。802.11b 无线网络规范是 IEEE 802.11 网络规范的变种,最高带宽为 11MB/s,在信号较弱或有干扰的情况下,带宽可调整为 5.5MB/s、2MB/s 和 1MB/s,带宽的自动调整,有效地保障了网络的稳定性和可靠性。

(3) Wi-Fi 技术无需布线。Wi-Fi 最主要的优势在于不需要布线,可以不受布线条件的限制,因此非常适合移动办公用户的需要,具有广阔市场前景。目前它已经从传统医疗保健、库存控制和管理服务等特殊行业向更多行业拓展,并进入家庭以及教育机构等领域。

(4) Wi-Fi 技术健康安全。IEEE 802.11 规定 Wi-Fi 的发射功率不可超过 100mW,而实际使用时 Wi-Fi 的发射功率为 60~70mW,手机的发射功率,高达 200mW~1W,手持式对讲机甚至高达 5W,采用 Wi-Fi 无线网络是健康安全的。

2. 设计方案

项目以 Wi-Fi 模块 ESP8266 作为核心部件,采用 STC89C52 单片机为主控芯片,外加复位电路、指示电路、继电器电路等组成控制电路。总体设计框图如图 9-1 所示。

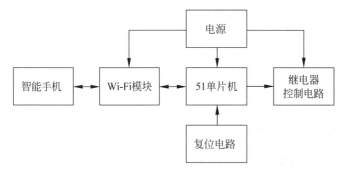

图 9-1　总体设计框图

1) Wi-Fi 模块 ESP8266

ESP8266 是由乐鑫公司开发的一套高度集成的 Wi-Fi 芯片,可以方便地进行二次开发,如图 9-2 所示。

图 9-2　Wi-Fi 模块 ESP8266

ESP8266 支持 3 种工作模式,即"STA""AP""STA+AP"模式。

(1) STA 模式:该模块通过路由器连接互联网、手机或者计算机实现该设备的远程控制。

(2) AP 模式:该模块作为热点,手机或者计算机连接 Wi-Fi 与该模块通信,实现局域网的无线控制。

（3）STA＋AP 模式：两种模式共存，既可以通过路由器连接到互联网，也可以作为 Wi-Fi 热点，使其他设备连接到这个模块，实现广域网与局域网的无缝切换。

引脚说明：

VCC：连接正极（有些是 3.3V，这里是 5V），GND 连接负极。

RXD：数据的接收端（连接单片机或者 USB 转 TTL 模块的 TXD）。

TXD：数据的发送端（连接单片机或者 USB 转 TTL 模块的 RXD）。

RST：复位，低电平有效。

IO_0：用于进入固件烧写模式，低电平为烧写模式，高电平为运行模式（默认）。

2）单片机最小系统

采用 STC89C52 单片机为主控芯片，外加复位电路、指示电路、继电器电路等组成控制电路，如图 9-3 所示。

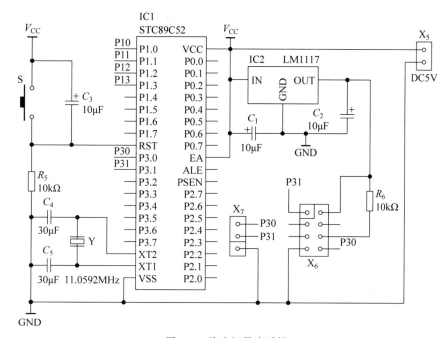

图 9-3　单片机最小系统

3）继电器控制电路

四只继电器分别由三极管 $T_1 \sim T_4$ 驱动控制，通过指示灯显示其控制状态，每只继电器控制电路如图 9-4 所示。

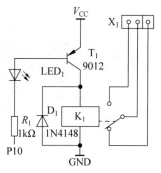

图 9-4　继电器控制电路

9.1.3 设计项目实施

1. 元件清单

元件清单如表 9-1 所示,元件实物如图 9-5 所示。

表 9-1 元件清单列表

序 号	位 号	名 称	规 格	数 量
1	IC2	稳压集成电路	AMS1117(3.3V)	1
2	$R_1 \sim R_4$	电阻	1kΩ	4
	R_5、R_6	电阻	10kΩ	2
	$D_1 \sim D_4$	二极管	1N4148	4
3	J	跨线	用剪下的元件引脚代替	
	S	轻触按键	6mm×6mm×5mm	1
4	Y	晶振	11.0592M	1
	C_4、C_5	瓷片电容	30μF	2
5	IC 座	IC 座	40P	1
6	IC	单片机	STC89C52	1
7	$LED_1 \sim LED_4$	发光二极管	3mm 红发红	4
8	C_1、C_2、C_3	电解电容	10μF/25V	3
	$T_1 \sim T_4$	三极管	9012	4
9	X_7	排针	3P	1
10	X_6	排母	双 4P	1
11	$X_1 \sim X_4$	接线座	3P	4
	X_5	接线座	2P	1
12	$K_1 \sim K_4$	继电器	5V	4
13	—	Wi-Fi 模块	ESP8266	1
14	—	螺丝	PA3×6	4
15	—	PCB 板	85mm×71mm	1
16	—	外壳	98mm×78mm×28mm	1

图 9-5 元件实物图

2. 原理图和 PCB 图

图 9-6 和图 9-7 分别是电路整体原理图、PCB 板及实物图。

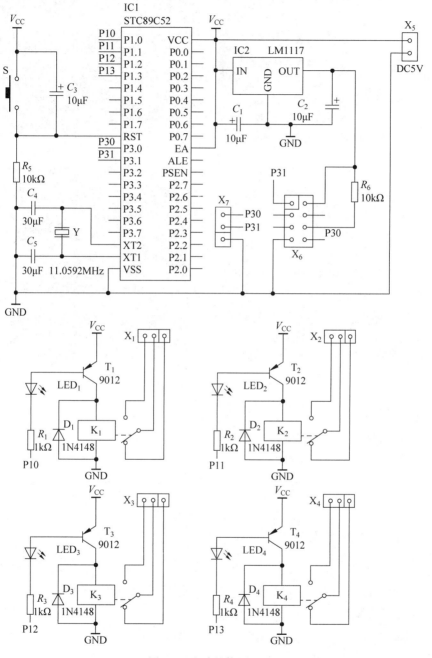

图 9-6 电路整体原理图

3. 项目测试

（1）电路板焊好后接通电源；

（2）手机下载 Wi-Fi 开关安卓客户端，下载后安装；

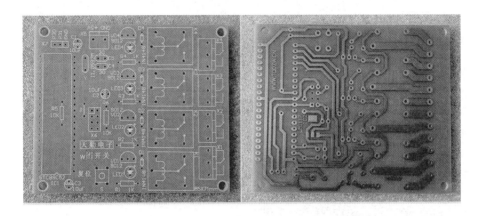

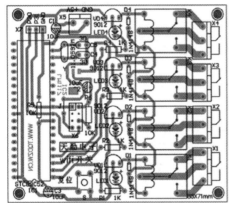

图 9-7　PCB 板及实物图

（3）手机连接热点：AI-THINKER，无密码；

（4）打开手机客户端，IP 地址和端口默认，不用设置，单击"登录"按钮；

（5）登录成功后，页面底部会显示已连接，然后单击 LED$_1$～LED$_4$ 四只按钮中的任意一只，就能控制电路板中对应的继电器吸合与断开，如果长时间未操作，需要单击"重新登录"按钮。

9.1.4　综合实训报告

实训报告应包括以下内容：项目名称、前言、目录、正文、元器件明细表、附图、参考文献。其中，前言应包含设计项目的主要内容、资料收集和工作过程简介。

正文参考格式如下：

1. 作品简介

简单介绍 Wi-Fi 开关控制电路及整体设计方案。

2. 硬件电路设计

详细介绍基于 51 单片机的 Wi-Fi 开关控制电路工作原理，并介绍有关参数的计算及元器件参数的选择等。

3. 软件设计

介绍 51 单片机程序设计思路、流程及程序代码实现过程。

4. 结束语

简单介绍结论性意见,综合设计的收获和体会。

9.2 基于 AT89S51 单片机的超声波测距系统设计

9.2.1 设计任务要求

利用单片机控制超声波的发射和接收,通过对往返时间的计时实现距离测量,测量结果通过 LED 显示,测距系统测量范围 40～699cm,测量误差小于 1cm。

9.2.2 设计任务分析

1. 超声波测距系统概述

超声波测距方法很多,在第 8 章已经详细介绍,这里不再赘述。本设计要求系统测量范围达 699cm,目前限制超声波系统的最大可测距离主要因素有:超声波的幅度、反射物的质地、反射和入射波之间的夹角以及换能器的灵敏度。接收换能器对声波脉冲的直接接收能力将决定最小可测距离。

2. 设计方案

按照系统设计的功能要求,初步确定设计系统由单片机控制模块、显示模块、键盘模块、超声波发射模块、超声波接收模块、供电单元共六个模块组成,图 9-8 给出了系统设计框图。

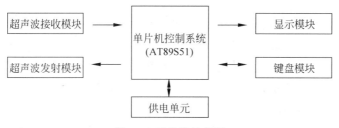

图 9-8 系统设计框图

单片机主控芯片使用 51 系列 AT89S51 单片机,该单片机工作性能稳定,同时也是在单片机课程设计中经常使用的控制芯片。

发射电路由单片机输出端直接驱动超声波发送。

接收电路使用三极管组成的放大电路,该电路简单,调试工作较少。

3. 系统硬件设计

本系统采用单片机 AT89S51 进行控制,包括单片机系统、发射电路与接收放大电路和显示电路,如图 9-9 所示。硬件电路的设计主要包括单片机系统及显示电路、超声波发射电路和超声波接收电路三部分。单片机采用 12MHz 高精度晶振以获得较稳定的时钟频率,减小测量误差。单片机 P2.7 端口输出超声波换能器所需的 40kHz 方波信号,P3.5 端口监测超声波接收电路输出返回信号。显示电路采用简单实用的 3 位共阳 LED 数码管,段码输出端口为单片机的 P2 口,位码输出端口分别为单片机的 P3.4、P3.2、P3.3,数码管位驱动采用 PNP 三极管 BG5、BG6、BG7 驱动。

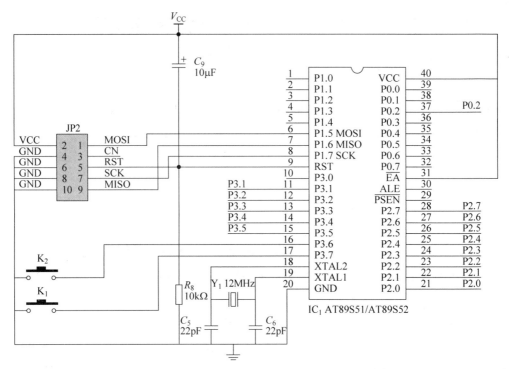

图 9-9　超声波测距单片机系统

超声波接收头接收到反射的回波后,经过接收电路处理后,向单片机 P3.5 输入一个低电平脉冲。单片机控制着超声波的发送,超声波发送完毕后,立即启动内部计时器 T0 计时,当检测到 P3.5 由高电平变为低电平后,立即停止内部计时器计时。单片机将测得的时间与声速相乘再除以 2 即可得到测量值,最后经 3 位数码管将测得的结果显示出来。

1) 超声波测距单片机系统

超声波测距单片机系统如图 9-9 所示,主要由 AT89S51 单片机、晶振、复位电路、电源滤波部分构成。由 K_1、K_2 组成测距系统的按键电路,用于设定超声波测距报警值。

2) 超声波发射、接收电路

超声波发射、接收电路如图 9-10 和图 9-11 所示。超声波发射电路由电阻 R_1、三极管 BG_1、超声波脉冲变压器 B 及超声波发送头 T40 构成,超声波脉冲变压器在这里的作用是提高加载到超声波发送头两端的电压,以提高超声波的发射功率,从而增大测量距离。接收电路由 BG_1、BG_2 组成的两组三极管放大电路构成;超声波的检波电路、比较整形电路由 C_7、D_1、D_2 及 BG_3 组成。

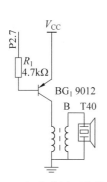

图 9-10 超声波测距发射单元

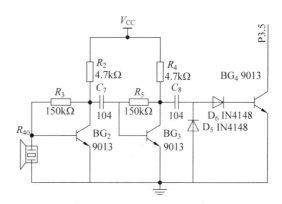

图 9-11 超声波测距接收单元

40kHz 的方波由 AT89S51 单片机的 P2.7 输出,经 BG_1 推动超声波脉冲变压器,在脉冲变压器次级形成 60VPP 的电压,加载到超声波发送头上,驱动超声波发射头发射超声波。发送出的超声波遇到障碍物后,产生回波,反射回来的回波由超声波接收头接收到。由于声波在空气中传播时衰减,所以接收到的波形幅值较低,经接收电路放大、整形,最后输出一负跳变,输入单片机的 P3 脚。

该测距电路的 40kHz 方波信号的周期为 1/40ms,即 25μs,半周期为 9.5μs。每隔半周期时间,让方波输出脚的电平取反,便可产生 40kHz 方波。由于单片机系统的晶振为12MHz 晶振,因而单片机的时间分辨率是 1μs,所以只能产生半周期为 12μs 或 13μs 的方波信号,频率分别为 41.67kHz 和 38.46kHz。本系统在编程时选用了后者,让单片机产生约38.46kHz 的方波。

由于反射回来的超声波信号非常微弱,所以接收电路需要将其进行放大。接收电路如图 9-4 所示,接收到的信号加到 BG_1、BG_2 组成的两级放大器上进行放大。每级放大器的放大倍数为 70 倍。放大信号通过检波电路得到解调后信号,即把多个脉冲波解调成多个大脉冲波。这里使用的是 1N4148 检波二极管,输出的直流信号即两二极管之间电容电压。该接收电路结构简单,性能较好,制作难度小。

3)显示电路

本系统采用三位一体 LED 数码管显示所测距离值,如图 9-12 所示。数码管采用动态扫描显示,段码输出端口为单片机的 P2 口,位码输出端口分别为单片机的 P3.4、P3.2、P3.3口,数码管位驱动采用 PNP 三极管 S9012 三极管驱动。

4)供电电路

本测距系统由于采用的是 LED 数码管为显示方式,正常工作时,系统工作电流为30～45mA,为保证系统的可靠正常工作,系统的供电方式为 5～9V AC;同时为调试系统方便,供电方式考虑了第二种方式,即由 USB 口供电,调试时直接由电脑 USB 口供电。6V交流是经过整流二极管 $D_1 \sim D_4$ 整流成脉动直流后,经滤波电容 C_1 滤波后形成直流电,由5V 三端稳压集成电路进行稳压后输出 5V 直流电。为进一步提高电源质量,5V 直流电再次经过 C_3、C_4 滤波,如图 9-13 所示。

5)报警输出电路

为提高测距系统的实用性,本测距系统的报警输出采用开关量信号及声响信号两种

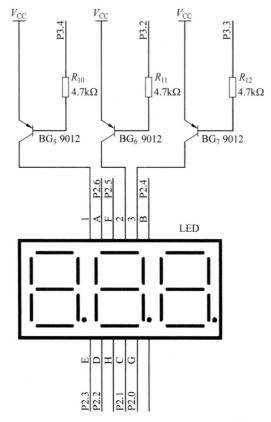

图 9-12　显示单元图

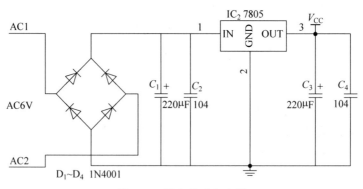

图 9-13　供电单元电路图

方式。

　　方式一：报警信号由单片机 P3.1 端口输出，继电器输出，可驱动较大的负载，电路由电阻 R_6、三极管 BG_9、继电器 JDQ 组成。当测量值低于事先设定的报警值时，继电器吸合；当测量值高于设定的报警值时，继电器断开。

　　方式二：报警信号由单片机 P0.2 端口输出，提供声响报警信号，电路由电阻 R_7、三极管 BG_8、蜂鸣器 BY 组成。当测量值低于事先设定的报警值时，蜂鸣器发出"嘀、嘀、嘀……"

报警声响信号；当测量值高于设定的报警值时，停止发出报警声响。报警输出电路如图 9-14 所示。

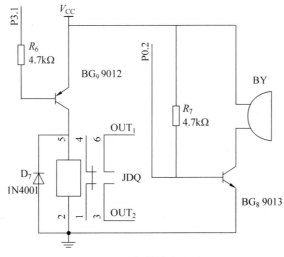

图 9-14　报警输出电路

4. 系统软件设计

超声波测距的软件设计主要由主程序、超声波发生子程序、超声波接收程序及显示子程序组成。超声波测距程序既有较复杂的计算（计算距离时），又要求精细计算程序运行时间（超声波测距时），所以控制程序可采用 C 语言编程。

主程序首先是对系统环境初始化，设置定时器 0 为计数、定时器 1 为定时。置位总中断允许位 EA。进行程序主程序后，进行定时测距判断，当测距标志位 ec=1 时，测量一次，在程序设计中，超声波测距频度是 4～5 次/s。测距间隔中，整个程序主要进行循环显示测量结果。当调用超声波测距子程序后，首先由单片机产生 4 个频率为 38.46kHz 的超声波脉冲，加载于超声波发送头。超声波发送头发送完超声波后，立即启动内部计时器 T0 进行计时，为了避免超声波从发送头直接传送到接收头引起的直射波触发，单片机需要延时 1.5～2ms 时间（即超声波测距仪会有一个最小可测距离的原因，称为盲区值），才启动对单片机 P3.5 脚的电平判断程序。当检测到 P3.5 脚的电平由高电平转为低电平时，立即停止 T0 计时。由于单片机采用的是 12MHz 的晶振，计时器每计一个数就是 1μs，当超声波测距子程序检测到接收成功的标志位后，将计数器 T0 中的数（即超声波来回所用的时间）按式（9-1）计算，即可得被测物体与测距仪之间的距离。

假设计时取 15℃时的声速为 340m/s，则有

$$d = \frac{c \times t}{2} = 172 \times T0/10\,000\,(\text{cm}) \tag{9-1}$$

式中：T0——计数器 T0 的计算值。

测出距离后的结果将以十进制 BCD 码方式送往 LED 显示约 0.5s，然后再发超声波脉冲重复测量过程。

9.2.3 设计项目实施

1. 元件清单

元件清单如表 9-2 所示。

表 9-2 元件清单列表

编号	型号、规格	描　述	数量	编号	型号、规格	描　述	数量
R_1	4.7kΩ	1/4W 电阻器	1	C_1	220μF	电解电容器	1
R_2	4.7kΩ	1/4W 电阻器	1	C_2	104	瓷片电容器	1
R_3	150kΩ	1/4W 电阻器	1	C_3	220μF	电解电容器	1
R_4	4.7kΩ	1/4W 电阻器	1	C_4	104	瓷片电容器	1
R_5	150kΩ	1/4W 电阻器	1	C_5	22pF	瓷片电容器	1
R_6	4.7kΩ	1/4W 电阻器	1	C_6	22pF	瓷片电容器	1
R_7	4.7kΩ	1/4W 电阻器	1	C_7	104	瓷片电容器	1
R_8	10kΩ	1/4W 电阻器	1	C_8	104	瓷片电容器	1
R_9	4.7kΩ	1/4W 电阻器	1	C_9	10μF	电解电容器	1
R_{10}	4.7kΩ	1/4W 电阻器	1	IC_1	AT89S52	单片机	1
R_{11}	4.7kΩ	1/4W 电阻器	1	IC_3	7805	三端稳压器	1
R_{12}	4.7kΩ	1/4W 电阻器	1	Y_1	12MHz	晶振	1
BY	BEEP	5V 有源蜂鸣器	1	USB	USB	USB 接口	1
K_1	SW-0606	轻触按钮	1	T	T40-16T	超声波传感器	1
K_2	SW-0606	轻触按钮	1	R	T40-16R	超声波传感器	1
BG_1	9012	PNP	1	D_1	1N4007	整流二极管	1
BG_2	9013	NPN	1	D_2	1N4007	整流二极管	1
BG_3	9013	NPN	1	D_3	1N4007	整流二极管	1
BG_4	9013	NPN	1	D_4	1N4007	整流二极管	1
BG_5	9012	PNP	1	D_5	1N4148	开关二极管	1
BG_6	9012	PNP	1	D_6	1N4148	开关二极管	1
BG_7	9012	PNP	1	D_7	1N4007	整流二极管	1
BG_8	9013	NPN	1	JP_1	16175-b	接插件	1
BG_9	9012	PNP	1	JP_2	DG7.63-2P	接插件	2
JDQ	HRS1H-S5VDC	继电器	1	B	7M-7.6	高频变压器	1
LED	HS310561K	三位数码管	1				

2. 原理图和 PCB 板设计

利用 PROTEL 软件,对超声波测距系统进行原理图和 PCB 设计,原理图如图 9-15 所示,PCB 图和焊接组装图如图 9-16、图 9-17 所示。

3. 电路制作与调试

先焊接各个模块,焊接完每个模块以后,再进行模块的单独测试,以确保在整个系统焊接完毕能正常工作。原件安装完毕后,将写好程序的 AT89S51 单片机装到测距板上,通电后将测距板的超声波头对着墙面往复移动,看数码管的显示结果会不会变化,在测量范围内

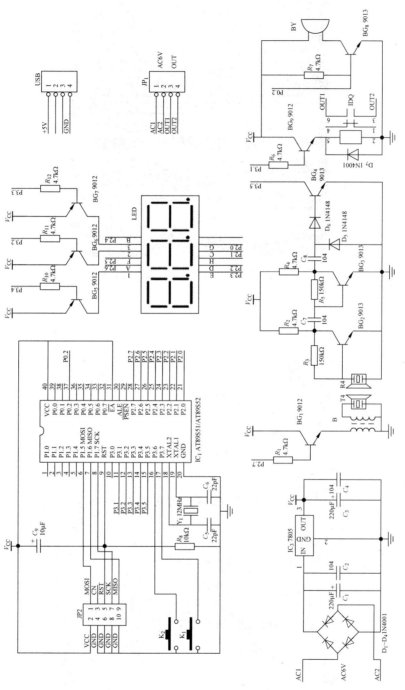

图 9-15 基于 AT89S51 单片机超声波测距系统原理图

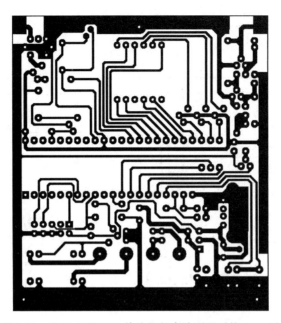

图 9-16   基于 AT89S51 单片机超声波测距系统 PCB 图

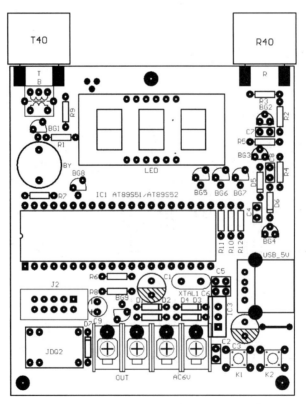

图 9-17   基于 AT89S51 单片机超声波测距系统焊接组装图

能否正常显示。如果一直显示"- - -",则需将下限值增大。本测距板 1s 测量 4～5 次,超声波发送功率较大时,测量距离远,则相应的下限值(盲区)应设置为高值。试验板中的声速没有进行温度补偿,声速值为 340m/s,该值为 15℃时的超声波值。

从实物测试的总体来说本测距板基本上达到了要求,理想上超声波测距能达到 500～700cm。

说明:

(1) 超声波发射部分由电阻 R_1、三极管 BG_1、超声波脉冲变压器 B 及超声波发送头 T40 构成,以提高超声波的发射功率,从而增大测量距离。这种方式,加大了超声波发送头的余振时间,造成超声波测距盲区值较大(本系统盲区值为 40cm)。

(2) 测距板没有设计温度补偿对测量结果进行修正,但在硬件的 PCB 上预留了位置。

9.2.4 综合实训报告

实训报告应包括以下内容:项目名称、前言、目录、正文、答谢、元器件明细表、附图、参考文献。其中,前言应包含设计项目的主要内容、资料收集和工作过程简介。正文参考格式如下。

1. 系统概述

简单介绍超声波测距系统设计思路与总体方案的可行性论证,以及各功能块的划分与组成。全面介绍总体工作过程或工作原理。

2. 系统设计与分析

详细介绍超声波测距硬件系统和软件系统单元模块的选择、设计及工作原理分析,并介绍有关参数的计算及元器件参数的选择等。

3. 整机安装与调试

介绍超声波测距电路安装调试过程中遇到的主要技术问题,分析产生的原因以及解决效果。详细介绍电路的性能指标或功能的测试方法、步骤、设备,以及记录的图表和数据。

4. 结束语

简单介绍对设计任务的结论性意见,进一步完善或改进的意向性说明,总结课程设计的收获和体会。

9.3 基于 ZigBee 的智能家居控制系统设计

9.3.1 设计任务要求

采用 ZigBee 网络协议,利用烟雾传感器、温度传感器、光强度传感器和人体红外等传感器,应用多传感器数据融合,设计一套家居控制系统,实现智能控制。

9.3.2　设计任务分析

1. ZigBee 技术介绍

ZigBee 是一种近距离、低复杂度、低功耗、低成本的双向无线通信技术,主要用于通信距离短、功耗低且传输速率不高的电子设备之间的数据传输。ZigBee 技术是为低速率传感器和控制网络设计的标准无线网络协议,符合无线传感器网络低成本、低功耗、低数据速率、自组织等要求。

ZigBee 协议的物理层和 MAC 层采用 IEEE 802.15.4 协议,所以 ZigBee 传输数据频段是 868MHz、915MHz 和 2.4GHz,对应传输速率分别为 20KB/s、40KB/s 和 250KB/s。ZigBee 联盟对 ZigBee 网络层和应用层协议进行了标准化设定,如图 9-18 所示。

应用层	ZigBee联盟
网络层	
MAC层	IEEE 802.15.4
物理层	

图 9-18　ZigBee 协议结构

ZigBee 无线传感器网络中有三种设备类型:协调器、路由器和终端节点。协调器主要负责网络的组建、维护、管理和网络地址的分配等,它是整个网络的中心,每个 ZigBee 网络有且只有一个协调器;路由器主要负责路由发现、路由选择、消息转发和允许其他节点通过它关联到网络中;终端节点负责数据的采集,不具备路由功能。有的 ZigBee 网络中某些节点既是路由器,又是终端节点。

ZigBee 拓扑结构包括星型、树型和网状三种,如图 9-19 所示。星型网络中,所有的终端节点只与协调器进行直接通信,所以任意两个终端节点间的通信都必须经过协调器。树型网络是由一个协调器和多个星型结构连接而成,只有路由器和协调器有子节点,且节点只能与本身的父节点或子节点通信。网状网络是在树型网络的基础上实现的,与树型网络不同的是,它允许网络中所有路由节点互相通信,因此形成网状通信网络,由路由器的路由表进行路由通信。由此可见,网状网络通信路径最多、最灵活,一般不会因某节点故障而影响通信,提高了 ZigBee 网络通信的可靠性和灵活性。

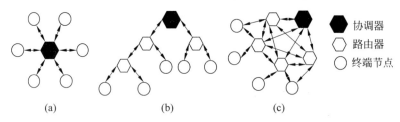

图 9-19　ZigBee 网络拓扑结构

(a)星型网络;(b)树型网络;(c)网状网络

ZigBee 网络具有如下主要特点。

1)低功耗

低功耗是 ZigBee 重要的特点之一。ZigBee 芯片一般都有多种电源管理模式,可对节点的工作和休眠进行有效配置,从而使系统在不工作时关闭射频部分,极大地降低了系统功耗。两节 5 号干电池可支持一个低耗电待机模式下节点工作 6～24 个月,甚至更长时间,而蓝牙仅能工作数周，Wi-Fi 仅能工作数小时，可见低功耗是 ZigBee 的突出优势。

2）低成本

ZigBee 网络协议简单，可在计算能力和存储能力均有限的 MCU 上运行，极大地降低了硬件要求和成本。同时，ZigBee 免协议专利费。

3）大容量

ZigBee 设备可以使用 64 位 IEEE 地址或指配的 16 位短地址。理论上，ZigBee 网络节点数最多可达 65 000 个。

4）高可靠性和安全性

ZigBee 在物理层和 MAC 层采用 IEEE802.15.4 协议，使用带时隙或不带时隙的载波检测多址访问和冲突避免（CSMA/CA）的数据传输方法，并与确认机制和数据校验等措施相结合，保证数据可靠传输。ZigBee 协议支持三种安全模式，最高级安全模式采用高级加密标准（AES）的对称密码和公开密钥，大大提高了数据传输的安全性。

5）时延短

时间延迟是无线通信的重要参数。ZigBee 对时延进行优化，使通信时延和从休眠状态激活的时延都非常短。

6）灵活的网络拓扑结构

ZigBee 拓扑结构包括星型、树型和网状三种，可以通过单跳或路由多跳方式实现数据传输。ZigBee 网络是自组织网络，可随时新增或减少节点，网络能自动调整拓扑结构。

7）低速率

传输范围一般介于 10～100m，在增加 RF 发射功率后，亦可增加到 1～3km。这指的是相邻节点间的距离。如果通过路由和节点间通信的接力，传输距离还可以更远。智能家居是物联网技术的重要应用领域。

2. 智能家居系统

智能家居系统利用现代传感技术、自动控制技术、通信技术、计算机技术，将住宅中各种设备或系统（如家用电器、照明设备、安防系统、家庭影院等）通过各种通信网络连接到一起，提供并集成家电控制、照明控制、安防报警、环境监测、暖通控制、远近程遥控等多种智能化功能。智能家居为人们提供集系统、服务、管理为一体的高效、舒适、安全、便利、环保的居住环境。

图 9-20 是智能家居系统示意图，图 9-21 是智能家居系统的架构图，该系统分为感知层、网络层、应用层。感知层位于最底层，负责数据采集与设备控制、传感网络组网与协同信息处理。该层通过传感网络连接各种传感器、家用电器、RFID 等识别设备、安防和门禁等，整合住宅中物理位置分散而功能相关的各种设备，形成各种子系统（如智能家电控制子系统、光照度测控子系统、温湿度与空气质量测控子系统、安防与门禁监控子系统等）。传感网络采用有线或无线通信方式，无线通信方式通常采用 ZigBee、Wi-Fi、433MHz 和 Z-Wave 等。

网络层为中间层，由互联网、移动通信网、内部网络和家庭网关等组成，负责传递和处理感知层获取的信息、对感知层设备的控制命令。其中，家庭网关是内部网络与外部网络信息交换的桥梁，负责两者信息模型的转换、安全隔离。

最高层即应用层实现人与物的信息交互，该层主要包括智能手机、PC、平板电脑智能家

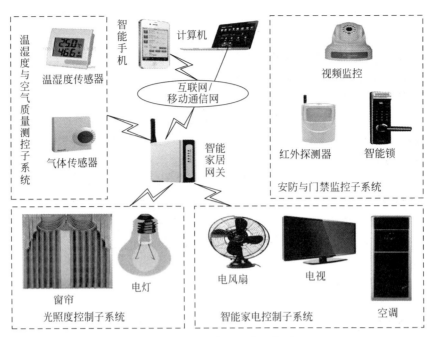

图 9-20 智能家居系统示意图

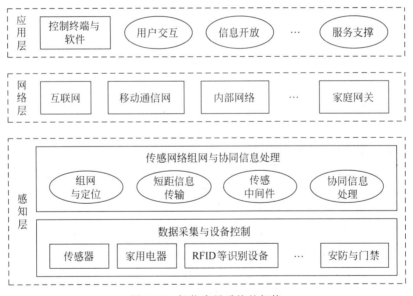

图 9-21 智能家居系统的架构

居、专用控制终端等控制终端设备及相应的控制软件。用户利用各控制终端,通过网络层控制传感层中各种传感器和设备,同时可显示传感层各个子系统的数据或状态。用户可在住宅中通过现场网络进行近程控制,也可通过互联网、2.5G/3G 移动通信网等进行远程控制。

　　智能家居系统三个层次的模型清晰,各层相对独立且功能明确,交互工作,共同构成一个协调、统一的系统。

3. 设计方案

1) ZigBee 网络类型及 ZigBee 芯片的选择

为了保证智能家居 ZigBee 网络的可靠性和灵活性,方便增加节点或维护故障节点时不影响整个系统工作,本智能家居系统 ZigBee 网络采用网状型网络。

ZigBee 芯片是智能家居系统的最基础、最核心部件,ZigBee 芯片及其开发平台的选择至关重要。主要 ZigBee 芯片的对比如表 9-3 所示,这些主流芯片工作频率和数据传输速率相同。从芯片硬件功能、可靠性和开放度方面考虑,CC2530 和 JN5148 具有优势。虽然 JN5148 功耗更低,但智能家居系统供电方便,系统功耗不是考虑的重点因素,且 CC2530 具有单芯片集成、程序保密性强、开发方便等优势,所以本系统采用 CC2530 芯片。

表 9-3　主要 ZigBee 芯片对比

厂商及主要芯片型号	TI(Chipcon)公司 CC2530	Jennic 公司 JN5148	Freescal 公司 MC13192	EMBER 公司 EM260
技术实现方式	单芯片集成 SOC	芯片内置 ZigBee 协议栈＋外挂芯片	单芯片集成 SOC	芯片内置 ZigBee 协议栈＋外挂芯片
工作频率/GHz	2.4～2.485	2.4～2.485	2.4～2.485	2.4～2.485
无线速率/(KB/s)	250	250	250	250
发射功率/dBm	＋4.5	＋2.5	＋3.6	＋3
接收灵敏度/dBm	－97	－97	－92	－97
最大发射电流/mA	35	15	35	37.5
最大接收电流/mA	24	18	42	41.5
休眠电流/μA	1	0.2	1	1
硬件自动 CSMA-CA	有	有	无	无
硬件自动地址过渡	有	有	无	无
硬件清除无线通道确认	有	有	无	无
硬件开放度	部分开放	不开放	部分开放	部分开放

TI 公司提供的 ZigBee 开发平台 IAR Embedded Workbench 是一款完整、稳定且使用方便的专业嵌入式应用开发工具。它完全兼容标准 C 语言,内建相应芯片的程序加速和内部优化器,高效支持浮点。TI 公司同时还配套 ZigBee 协议栈 Zstack-251a 和 Smartrf Programmer 软件等工具。

2) 传感器和继电器选型

采集住宅中烟雾浓度、温度、光强度及有无人靠近等环境参数,需选择利用烟雾传感器、温度传感器、光强度传感器和人体红外传感器进行数据采集,本系统分别采用 MQ-2 气体传感器、DS18B20 温度传感器、光敏电阻和 HC-SR501 人体感应模块,继电器选用 5V/10A 继电器 SRD-05VDC-SL-C。

MQ-2 气体传感器可用于可燃气体(如液化气、丁烷、丙烷、甲烷、酒精、氢气等)和烟雾的检测,具有广泛的探测范围、高灵敏度、快速响应恢复、优异的稳定性、寿命长等特点,其驱动电路很简单。DS18B20 是 DALLAS 半导体公司推出的一种改进型智能温度传感器,其使用的总线即为 1-Wire 总线。它具有体积小、硬件开销低、抗干扰能力强、精度高的特点。光敏电阻器是利用半导体的光电导效应制成的一种电阻值随入射光的强弱而改变的电阻器。一般地,入射光强(弱)时,其电阻值减小(增大)。光敏电阻器一般用于光的测量、光的控制和光电转换。HC-SR501 是基于红外线技术的自动控制模块,采用德国原装进口 LHI778 探头设计,灵敏度高、可靠性强、超低电压工作模式,广泛应用于各类自动感应电器设备。上述传感器的参数数据可查看相关资料。

3)电路原理分析

根据智能家居系统功能需要,设计以 CC2530 芯片为核心的电路板(包括 ZigBee 核心板、底板,本系统协调器、路由器和终端节点电路板均相同)和各传感器电路,注意元件布局应合理,然后制作 PCB 板。CC2530 芯片核心板、底板电路原理分别如图 9-22 和图 9-23 所示,MQ-2 气体传感器模块和继电器模块电路原理分别如图 9-24 和图 9-25 所示。DS18B20 温度传感器、光敏电阻和 HC-SR501 人体感应模块只需直接连接至 CC2530 芯片核心板即可。

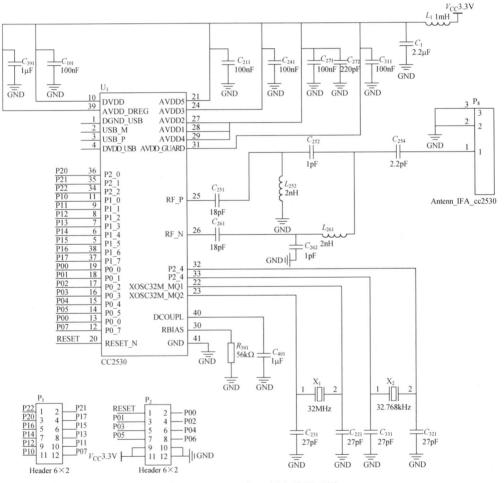

图 9-22　ZigBee 核心板电路原理图

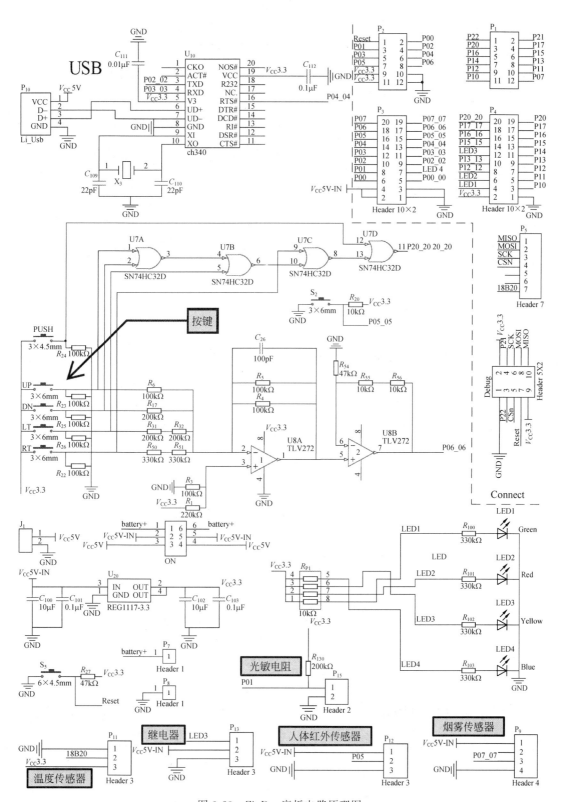

图 9-23 ZigBee 底板电路原理图

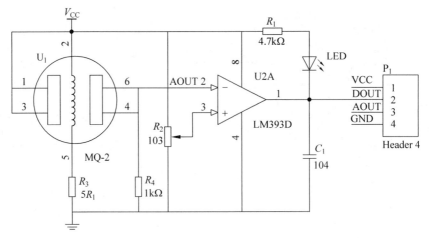

图 9-24　MQ-2 气体传感器模块电路原理图

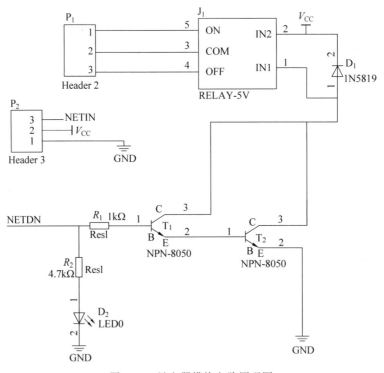

图 9-25　继电器模块电路原理图

9.3.3　设计项目实施

1. 元件检测与焊接

根据电路图检查相应元器件,并对每个元器件进行检测。ZigBee 核心板元件如表 9-4所示。

表 9-4 ZigBee 核心板元件列表

元件类型	参数	标 识 符	封 装 形 式	数量
电容	2.2μF	C_1	贴片 0402	1
电容	100nF	C_{101}、C_{211}、C_{241}、C_{271}、C_{311}	贴片 0402	5
电容	27pF	C_{221}、C_{231}、C_{321}、C_{331}	贴片 0402	4
电容	18pF	C_{251}、C_{261}	贴片 0402	2
电容	1pF	C_{252}、C_{262}	贴片 0402	2
电容	2.2pF	C_{254}	贴片 0402	1
电容	220pF	C_{272}	贴片 0402	1
电容	1μF	C_{391}、C_{401}	贴片 0402	2
电感	1mH	L_1	贴片 0603	1
电感	2nH	L_{252}、L_{261}	贴片 0603	2
接插件	Header 6×2	P_1、P_2	HDR2X6	2
电阻	56kΩ	R_{301}	AXIAL-0.3	1
CC2530	—	U_1	QFN40	1
天线	—	P_8	Antenna_IIFA_cc2420	1
晶振	32MHz	X_1	XTAL11.0592	1
晶振	32.768kHz	X_2	XTAL11.0592	1

然后在 PCB 板上进行元器件焊接,注意保持焊点光滑、连接完美。图 9-26 是焊接完成后的 ZigBee 节点实物图,包括 ZigBee 核心板、底板,终端节点还连接各种传感器、继电器,传感器接法请查看本教材相关配套资料。

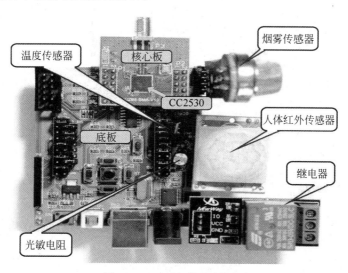

图 9-26 ZigBee 节点实物图

2. 程序烧写,硬软件调试

检查硬件电路,电路中跳帽接法参考本教材相关配套资料,如电路正确无误则通电进行测试。然后进行程序烧写,烧写程序时 ZigBee 节点连接如图 9-27 所示。协调器与终端节点的程序不同,具体程序及烧写方法参见本教材相关配套资料。

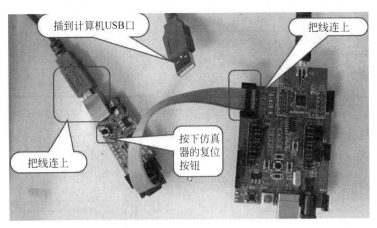

图 9-27 烧写程序时 ZigBee 节点连接示意图

程序烧写完成后,在计算机和手机上分别安装上位机软件和安卓应用程序,进行系统测试,具体的软件安装方法和测试方法详见本教材相关配套资料。

9.3.4 综合实训报告

实训报告应包括以下内容:项目名称、前言、目录、正文、答谢、元器件明细表、附图、参考文献。其中,前言应包含设计项目的主要内容、资料收集和工作过程简介。正文参考格式如下。

1. 系统概述

简单介绍智能家居系统设计思路与总体方案的可行性论证,各功能模块的划分与组成。全面介绍总体工作过程或工作原理。

2. 系统设计与分析

详细介绍智能家居系统单元模块的选择,并进行设计及工作原理分析。介绍有关参数的计算及元器件参数的选择等。

3. 整机安装与调试

介绍智能家居系统在电路安装调试过程中遇到的主要技术问题,分析产生原因以及解决效果。详细介绍电路的性能指标或功能的测试方法、步骤、设备、记录的图表和数据。

4. 结束语

简单介绍对设计任务的结论性意见,进一步完善或改进的意向性说明。总结课程设计的收获和体会。

9.4 基于 LabVIEW 的齿轮箱噪声监测系统

9.4.1 设计任务要求

本项目以虚拟仪器为基础,通过测量及分析齿轮箱噪声信号,设计一个齿轮箱状态故障诊断系统。

9.4.2 设计任务分析

1. 齿轮箱噪声概述

齿轮箱是应用最广泛的一种传动装置,它具有准确的传动比,而且传动的效率高,被广泛用于各种机械设备中,是机械设备传动系统中的核心部分。齿轮箱的状况直接影响整个设备的运作,若齿轮箱出现故障,那么发动机的动力将不能正常传递到其他部件,整个设备将不能正常工作,严重影响企业的生产计划,甚至危及人的生命。因此,在设备发生故障之前或者发生轻度故障时诊断出齿轮箱的故障位置与故障类型十分必要。

齿轮箱主要包括齿轮、轴承、轴和箱体四部分。齿轮是系统的主噪声源,齿轮啮合过程中的摩擦和冲击是齿轮产生振动和噪声的主要原因。实际工程应用中,齿轮不可避免地存在制造误差与安装误差,在载荷作用下轮齿还会发生变形。这些误差和变形破坏了齿轮传动的啮合关系,使齿轮啮合时的位置相对于其理论位置发生偏离,导致齿轮传动瞬时传动比发生变化,齿轮啮合不平稳,使齿与齿之间发生碰撞或冲击,从而产生振动和噪声。

2. 系统硬件组成

齿轮箱噪声监测系统的硬件组成主要包括传声器、数据采集卡及其机箱、计算机。传声器将齿轮箱产生的噪声信号转化为电信号,然后通过采集模块(数据采集卡和 Compact DAQ 机箱),再通过 USB 接口传输到计算机上位机,通过 LabVIEW 软件进行处理和分析。如图 9-28 所示。

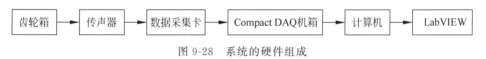

图 9-28 系统的硬件组成

1) 传声器

传声器是一种声压换能器,它是获取噪声信号的关键环节,可用来直接测量声场中的声压。传声器包括两部分:一是将声能转换成机械能的声接收器,它通常具有力学振动系统,如振膜,将传声器放置于声场中,振膜会在声的作用下产生一定的振动;二是使机械能变换为电能的机电转换器。传声器依靠这两部分,可以把声压的输入信号转换成电能输出。整个测量的精确度将不会高于传声器的精确度,故其性能的好坏将对测量起着十分重要的作用。本系统选用传声器 MPA201,如图 9-29 所示。

图 9-29 传声器 MPA201

2) 数据采集卡

数据采集卡,即实现数据采集(DAQ)功能的计算机扩展卡,可以通过 USB、PXI、PCI、

PCI Express、火线(1394)、PCMCIA、ISA、Compact Flash 等总线接入计算机。数据采集卡的选型可根据通道数、采样速率和分辨率三个参数进行考虑。通道数根据需要确定,分辨率和采样速率根据要采集的物理信号确定。根据已选择的传感器输出信号的类型以及系统设计的需要,本系统选用 NI 9234 数据采集卡,如图 9-30 所示。

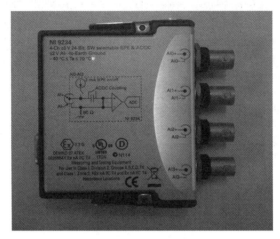

图 9-30　数据采集卡 NI 9234

3) Compact DAQ 机箱

数据采集卡需要通过 Compact DAQ 机箱才能够间接与计算机相连,将数据传输到计算机。NI cDAQ-9172 与数据采集卡 NI 9234 配套使用,能够很好地实现噪声信号的采集工作;另外,它们还为传声器 MPA201 进行供电,如图 9-31 所示。

图 9-31　NI cDAQ-9172

3. LabVIEW 软件设计

齿轮箱噪声监测软件系统的功能主要包括数据采集、数据文件保存、警报、滤波、时域分析、频谱分析、细化选带分析、数据文件读取。该系统将采集到的数据一方面进行保存,一方面进行监测及警报,一方面经滤波后传输给分析模块(时域分析、频谱分析和细化选带分析),系统还提供读取已保存数据文件的功能。

1) DAQ 数据采集

DAQ 数据采集模块是本软件系统的前端,负责建立通道以测量齿轮箱的故障信号,以及设置采样速率,如图 9-32 所示。

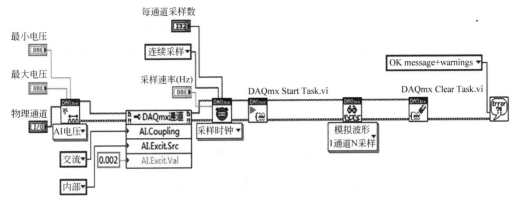

图 9-32 DAQ 数据采集模块

2）数据文件保存

文件存储功能模块主要包含四部分，分别是"设置路径""TDMS 打开""TDMS 写入""TDMS 关闭"。存储文件默认名称为"test. tdms"，路径通过弹出的文件对话框进行手动选择，测量时可根据需要修改名称，如图 9-33 所示。

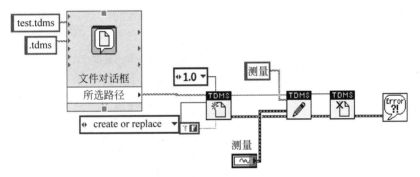

图 9-33 数据文件保存模块

3）警报

信号进入"信号掩区和边界测试" Express Ⅵ，若没有超过边界，则输出"1"，否则输出"0"，如图 9-34 所示。

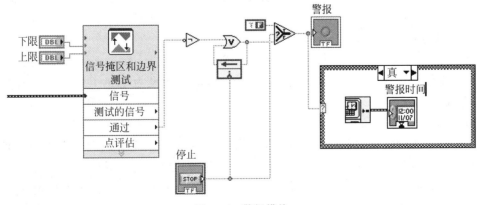

图 9-34 警报模块

4）滤波器

系统调用 Digital IIR Filter. vi，"信号输入"端连接 DAQmx，读取Ⅵ的"数据"端口。在 IIR 滤波规范中设置拓扑结构为 Butterworth，类型设置为带通，根据测试的需要，将低截止频率设为 20Hz，高截止频率设为 1000Hz，如图 9-35 所示。

数字IIR滤波器
(NI_MAPro.lvlib: Digital IIR Filter.vi)

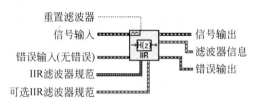

图 9-35　数字 IIR 滤波器

5）时域分析

调用"幅值与电平测量"Express Ⅵ，打开设置面板，选择正峰值、反峰值、峰峰值、均值和均方根值等选项，进行上述各参数的统计，得出结果并显示在程序的前面板，如图 9-36 所示。

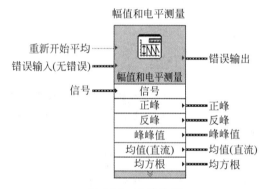

图 9-36　时域分析

6）频谱分析

系统调用 FFT Spectrum（Mag-Phase）. vi，"时间信号"端口连接数字滤波器的"信号输出"端口，接收滤波过后的信号。"幅度"端口与"波形图"显示控件连接，结果显示在前面板上，如图 9-37 所示。

7）细化选带分析

调用 SVFA ZOOM FFT Spectrum（Mag-Phase）. vi，在 zoom settings 中设置细化选带的开始频率和结束频率，二者以啮合频率为中心，谱线数设为 400，其他为默认设置，如图 9-38 所示。

8）数据文件读取

文件读取功能模块主要包含四部分，分别是"设置路径""TDMS 打开""TDMS 读取""TDMS 关闭"。读取文件格式为". tdms"，路径通过弹出的文件对话框进行手动选择。该模块读取已存储好的 TDMS 文件中名为"测量"的通道组中的波形数据，然后传输到分析功能模块进行分析，如图 9-39 所示。

FFT频谱(幅度-相位)
[NI_MAPro.lvlib: FFT Spectrum(Mag-Phase).vi]

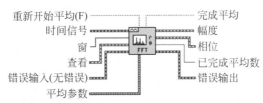

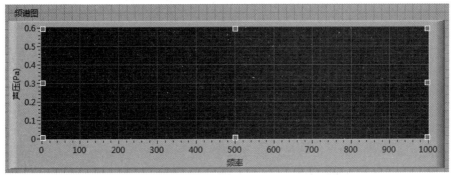

图 9-37　频谱分析及前面板

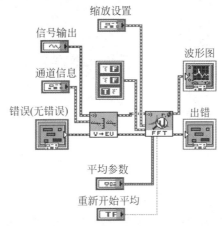

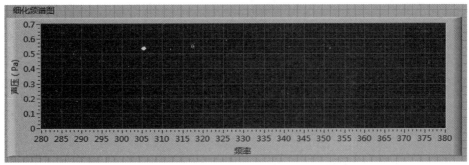

图 9-38　细化分析及前面板

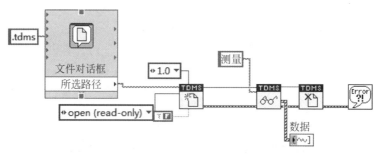

图 9-39　数据文件读取

9.4.3　噪声检测系统测试

1. 系统硬件组装

用夹具将 MPA201 传声器固定在齿轮箱上方(传声器不与齿轮箱接触),通过 BNC 线与 NI USB-9234 采集卡的 AI0 接口连接,然后 NI USB-9234 采集卡通过 USB 线连接在计算机的 USB 端口,如图 9-40 所示。

图 9-40　硬件组装图

2. 齿轮的噪声信号及数据分析

硬件组装完成后,切换齿轮,使正常小齿轮与大齿轮啮合;打开电动机电源,将转速调至 900r/min,运行程序,对噪声信号进行采集与分析,观察得出的时域图、频谱图和细化谱图,进行人工故障诊断。图 9-41 为测试结果。

9.4.4　综合实训报告

实训报告应包括以下内容:项目名称、前言、目录、正文、元器件明细表、附图、参考文献。其中,前言应包含设计项目的主要内容、资料收集和工作过程简介。

正文参考格式如下:

1. 项目简介

简单介绍齿轮箱的噪声故障诊断方法。

2. 硬件电路设计

详细介绍系统的硬件组成及原理,以及设备的参数选型。

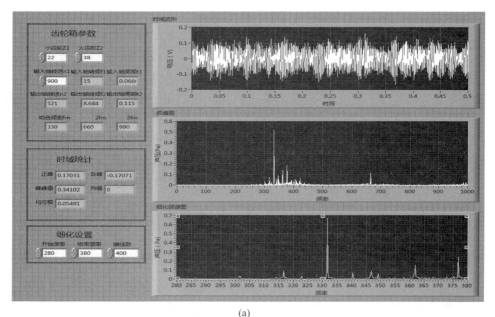

(a)

(b)

图 9-41　测试结果

（a）转速为 900r/min 时正常齿轮的噪声信号；（b）转速为 900r/min 时磨损齿轮的噪声信号

3. 软件设计

介绍基于 LabVIEW 的齿轮箱噪声监测系统软件实现过程以及测试结果。

4. 结束语

简单介绍结论性意见，综合设计的收获和体会。

9.5 中国(国际)传感器创新大赛作品介绍

中国(国际)传感器创新大赛是由中国仪器仪表学会于2012年创立的全国性赛事,得到了相关主管部门的大力支持,2012年8月在上海大学举办第一届,2014年9月在北京航空航天大学举办第二届,2016年9月在华南理工大学举办第三届,2018年11月在郑州举办第四届。大赛已经成为面向全国企事业单位科技工作者和大学生开展传感器创新设计和应用的重要交流平台。本节结合中国传感器创新大赛的优秀作品,有选择性地介绍四个具有代表性、创新性和实用性,并与传感器相结合的优秀作品,以供读者参考。

9.5.1 基于红外热释电传感器的人体追踪节能风扇

本作品来源于2016年中国(国际)传感器创新大赛决赛作品,由武汉理工大学牛通之、陈友升、张茜、魏一迪、廖仁等人共同完成。

1. 项目背景

传统风扇存在以下问题:①以固定角度摆动送风,易造成空程浪费;②当人体运动时,风扇无法始终面对人体,降低了舒适度;③操作风扇开关,调挡等必须手动操作,人性化程度低,如图9-42所示。

图 9-42 传统风扇存在空程角

2. 总体设计

为解决以上问题,项目组设计基于红外热释电传感器的人体追踪节能风扇。总体分为转向控制模块、信号处理控制模块和转速控制模块。转向控制模块包括红外热释电传感器和舵机部分,能达成追踪人体的目的;信号处理控制模块负责信号处理与优化;转速控制模块包括测距、测温传感器和电机,能够实现智能调速。图9-43为总体设计框图。

3. 功能设计

1) 传感器设计

(1) 增加凸透镜解决视场角过大的问题,如图9-44所示。

(2) 利用BISS0001芯片对传感信号进行处理,解决产生信号时间过长的问题。其信号处理电路如图9-45所示。

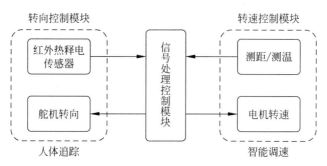

图 9-43　总体设计框图

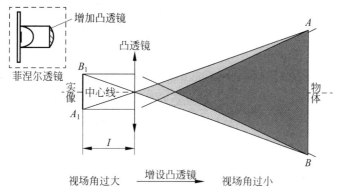

图 9-44　视场角控制

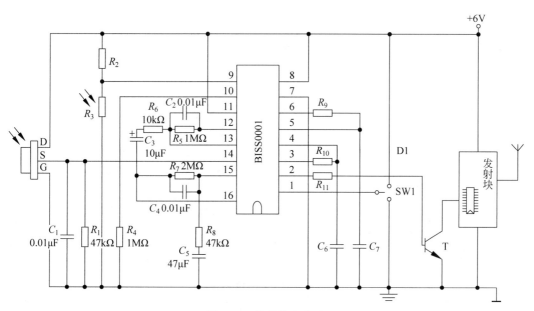

图 9-45　信号处理电路

（3）采用热释电传感器，检测人体位置变化输出电压，实现人体追踪，如图9-46所示。

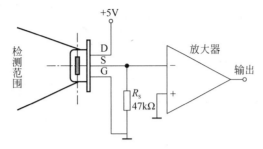

图9-46　热释电传感器检测电路

2）智能角度调节

智能角度调节通过左、右两个传感器采集风扇摆角，若接收到风扇信号，则启动风扇摆头，否则风扇停止摆头。

4. 实验测试

实验测试结果如图9-47所示，普通风扇恒功率工作，风速固定为2.5m/s，折算耗电约为0.42kW·h；节能风扇在夜间工作时，风速随环境温度适时调整，功耗得到明显降低，折算消耗电能约为0.087kW·h，节能效果显著。

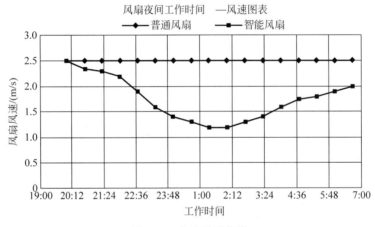

图9-47　实验测试曲线

9.5.2　智能避障导航鞋

本作品来源于2016年中国(国际)传感器创新大赛决赛作品，由武汉理工大学欧津东、王刚、张稳、王云凤、高洁等人共同完成。

1. 项目背景

据世界卫生组织给出的数据，2010年中国有盲人824.8万，按照国家数据给出的盲人增长速率来估算，2016年中国有盲人约1300万，也就是说100人中有1名盲人，而在生活中，我们却很少看见盲人，调查发现不利于盲人出行的原因主要为以下三种情况：①车辆停车占用盲道，严重影响盲人出行；②导盲杖等工具功能简单，不能满足用户需求；③导盲犬训练周期长,价格昂贵,不能普及使用。为了改善盲人出行现状,我们设计了一款智能避障导航鞋来帮助盲人出行。

2. 总体设计

智能避障导航鞋可以实现躲避不同类型障碍物,为用户提供行程导航、紧急求救以及自动计步的功能,用来帮助盲人正常出行。作品包括红外避障模块、GSM 短信通知模块、GPS 导航模块、STM32 主控板和电源电池五部分,图 9-48 为导航鞋示意图和总体设计框图。

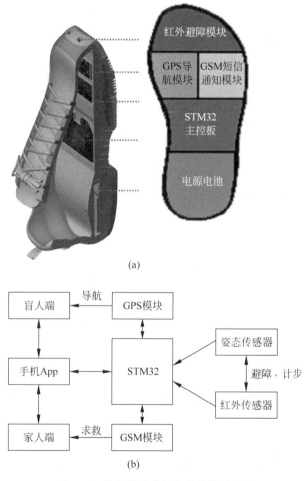

(a)

(b)

图 9-48 导航鞋示意图和总体设计框图

(a)示意图;(b)总体设计框图

主要功能特点:可躲避不同类型障碍物,可对用户行程导航,可自动发出紧急求救信息,可以实现自动计步。

3. 功能设计

1)避障功能

(1)红外传感器

利用人在行走过程中俯仰角波形具有的特点,结合红外传感器的检测速度快、测量精度高等优点,检测不同类型障碍物。

（2）LabVIEW 上位机

利用姿态传感器获取人行走过程中脚的角度姿态，并通过蓝牙发送至计算机，利用 LabVIEW 编写的上位机软件分析显示人行走过程中的姿态角度变化曲线，可知人在行走过程中脚部俯仰角的波形变化具有一定的特点。

本作品结合红外传感器检测速度快、测量精度高的特点，可检测不同类型障碍物，如护栏类障碍物、碎石类障碍物、路面不平整等状况。

2）导航功能

使用导航功能时，用户语音选择新建路线或已有路线进行导航。首先盲人用户在其家人的辅助下完成一段路线的行走，智能鞋内置的 GPS 不断采集盲人行走过程中的坐标点并记录存储到 Flash 芯片中，完成路线记忆，流程图如图 9-49 所示。

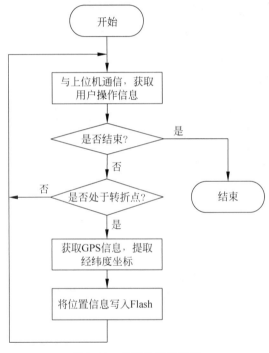

图 9-49　导航功能流程图

智能鞋开启后，用户选择进入路线记忆功能，用户在家人的引导下开始沿着需要记忆的路线行走，智能鞋不断与手机通信，获取家人操作信息，若手机发出转折点信号，智能鞋将当前位置信息记录下来，重复该操作，直到接收到手机发来的结束信号，结束路线记忆，并将获取的转折点信息存储起来。

3）紧急求救功能

可利用姿态传感器俯仰角变化特点，作为摔倒判断的依据；当俯仰角短时间内发生较大变化，且变化后较长时间内保持一定的俯仰角时，认定为用户发生严重的摔倒。

4）APP 设计

（1）盲人端

APP 盲人端界面如图 9-50 所示，盲人端以语音识别和语音合成为基础，主要有导航、一键求救、语音时钟、计步、蓝牙。

图 9-50 盲人端 APP 界面

（2）家人端

APP 家人端如图 9-51 所示，可在用户发生危险时，接收求救短信，同时实时显示智能鞋用户位置，以便家人了解盲人用户的去向，遇到紧急事件时可快速定位用户位置。

短信接收　　　　　　　　　　定位追踪

图 9-51 家人端 APP 界面

4. 实验测试

图 9-52 所示为实验准确度测试结果。实验测试结果表明：普通道路 GPS 导航模块的导航 CEP 精度为 0.9385m，红外传感器对障碍物的检测成功率可达 85% 以上，摔倒检测成功率可达 90% 左右。

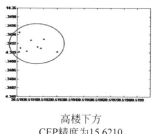
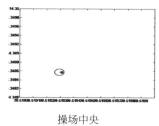

高楼下方　　　　　　　操场中央　　　　　　普通道路
CEP精度为15.6210　　　CEP精度为0.7033　　CEP精度为0.9385

图 9-52 实验测试结果

9.5.3 智能无线火灾远程报警器

本作品来源于 2016 年中国(国际)传感器创新大赛决赛作品,由哈尔滨理工大学朱慧君、何鑫、丁欣、王健等人共同完成。

1. 项目概况

作品将 Wi-Fi 技术用于智能家居火灾监测系统中,完成基于 CO 浓度、烟雾、温度检测的智能远程火灾报警器设计。报警器检测模块的单片机采集 CO 浓度、烟雾、温度信号,根据信号情况和火情判据进行火情报警等级判断,在发生火警情况时通过 Wi-Fi 模块和无线路由器传输到手机,用户可通过手机实时获知报警信息。

2. 总体设计

本系统在充分分析火灾产生的机理和过程的基础上,根据火灾在一定环境中所表现出来的物理特征,选择了烟雾、CO 浓度和温度三种信号作为火灾的判断依据。对这三种信号分别进行采集和处理,然后通过无线路由器和 Wi-Fi 模块将处理过的信号上传至服务器,再通过手机客户端从服务器中拉取报警信息,进而发出不同报警信息。图 9-53 为总体设计框图。

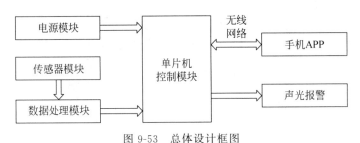

图 9-53　总体设计框图

3. 功能设计

1) 硬件电路设计

(1) CO 监测

图 9-54 为 CO 监测电路,CO 传感器的信号首先经过差动运放电路,使输出电压增大 0.67V,便于后续经过运算放大器进行处理,电容 C_{15} 可滤出杂波,使输出信号平滑,在进入单片机前还要经过 RC 低通滤波电路滤除高频噪声。

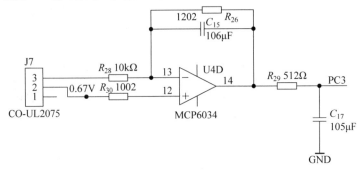

图 9-54　CO 监测电路

（2）烟雾监测

图 9-55 为烟雾监测电路，传感器的信号比较微弱，需要进行放大和滤波处理。经处理后的信号由正相输入比较器，反相接分压电路。电压低于正常电压时，比较器输出一个高电平，单片机接收高电平信号，此时表示有烟雾产生。

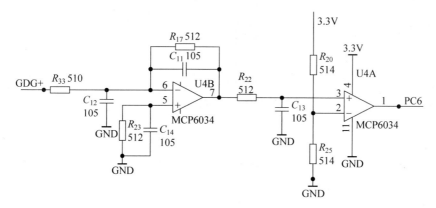

图 9-55　烟雾监测电路

（3）温度监测

图 9-56 为温度监测电路，电路中采用了双热敏电阻测温的方法，分别连接到单片机的不同端口。当火灾发生时，由于热敏电阻的阻值发生变化，故热敏电阻 R_{t1} 和 R_{t2} 两者的阻值均发生变化，当超过设置的阈值时，单片机即判定火灾情况的发生。

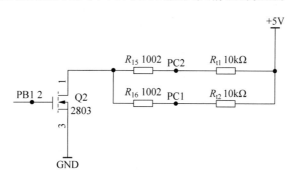

图 9-56　温度监测电路

（4）电压监测

图 9-57 所示为一个分压电路，将 3.3V 电压经分压转换成 0.67V，用于将传感器的输入电压拉高到运算放大器的适合工作电压。图中 R_{27} 与 R_{31} 为两个分压电阻，对地接电容可以起到滤除高频干扰的作用。其后接电压跟随器输出，可以提高后续电路的带负载能力。

（5）无线模块设计（图 9-58）

2）软件设计

软件设计包括单片机控制、Wi-Fi 模块、手机客户端三部分软件设计，流程图如图 9-59 所示。

（1）单片机控制软件设计

整个过程包括温度、烟雾和 CO 浓度三种信号的判断，单片机将前端处理过后的数据与预设的数据进行比较，若在预设的范围内则不发送报警信号，若超出范围则以高电平的形式

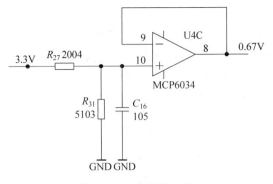

图 9-57 电压监测电路

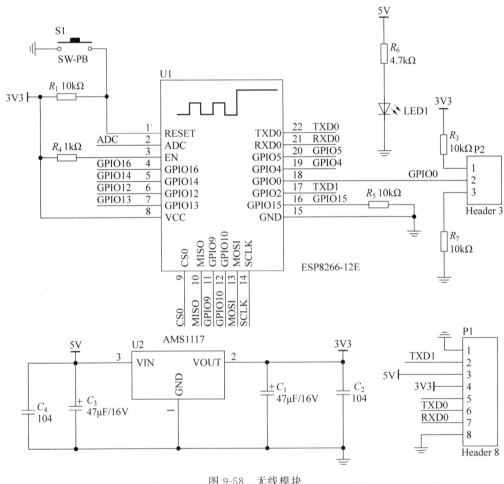

图 9-58 无线模块

将处理结果发送给 Wi-Fi 模块。

（2）Wi-Fi 模块软件设计

Wi-Fi 模块在整个系统中的作用相当于一个传输媒介，它会将单片机发出的信息借助无线路由器的帮助上传至云平台，手机用户端的 APP 在连接服务器后从云平台上拉取单片机发出的信息。

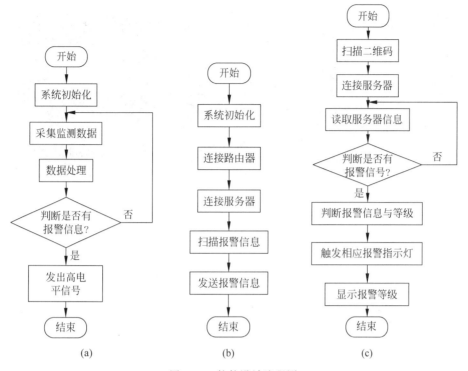

图 9-59 软件设计流程图

(a)单片机控制流程;(b)Wi-Fi 模块设计流程;(c)手机客户端设计流程

(3)手机客户端软件设计

将 Wi-Fi 模块的基本信息生成一个二维码,扫描此码就可以将固件信息写入手机 APP 中,扫描成功后,点击链接服务器就可以将手机 APP 与相应的服务器连接起来,进而就可以从服务器中拉取各种需要的信息,根据所拉取的各种信息判断是否存在需要报警的信号。

4. 实验测试

为保证测试准确性、高效性以及测试系统美观性和时效性,对设计好的电路板系统进行封装处理,如图 9-60 所示。在焊接好电路板的外围加上方形的盒子,在盒子上开出用于进行测试的温度、烟雾和 CO 浓度三种信号的测试点和外接电源的引线。图 9-61 为测试结果。

图 9-60 实物图

(a)实物图;(b)内部电路;(c)内部电路

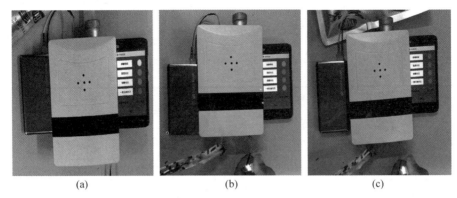

图 9-61　不同条件下测试结果

(a) 单个信号；(b) 两种信号；(c) 三种信号

9.5.4　水环境重金属快速监测的无线便携式仪器的研究

本作品来源于 2016 年中国(国际)传感器创新大赛决赛作品,由浙江大学屠佳伟、孙启永、李志文、甘颖、王平等人共同完成。

1. 项目背景

据不完全统计,全国"十一五"期间发生重金属污染事件 39 起,特别是 2009 年以来连续发生的陕西凤翔区、湖南武冈市和浏阳市等 20 多起重特大重金属污染事件对群众健康造成了严重威胁。我国环境保护部 2011 年就出台了《重金属污染综合防治"十二五"规划》,对重金属污染防治作出指导。

2. 总体设计

基于微加工的微传感器,设计一种应用于重金属现场监测的无线便携式重金属分析系统。系统包括分析仪器、控制软件及检测电极三部分,计算机通过低功耗 ZigBee 协议与分析仪器通信,实现定量计算;分析仪器采用锂电池电源,结合检测电极实现重金属分析。图 9-62 为系统总体设计示意图。

3. 功能设计

1) 仪器硬件设计

重金属分析仪器采用聚合物锂电池供电,微处理器 MSP430 通过数/模转换电路对三电极系统施加电化学反应所需要的电压,工作电极上的响应电流通过多路 I/V 变换电路转化为电压信号,然后经过下一阶段滤波、调零以及电压放大电路的进一步处理之后,最后电化学反应信号被数/模转换芯片获取并被记录到微处理器 MSP430 中。微处理器通过 ZigBee 模块实现与上位机相互通信,完成相关控制和数据传输。图 9-63 为仪器硬件设计框图和 PCB 实物图。

2) 微传感器和丝网印刷传感器

微传感器尺寸小、非线性扩散显著,能够有效提高电化学分析的信噪比,降低检出限,便于现场检测;丝网印刷传感器则具有设计灵活、成本低、可批量制作和方便更换的优点,如图 9-64 所示。

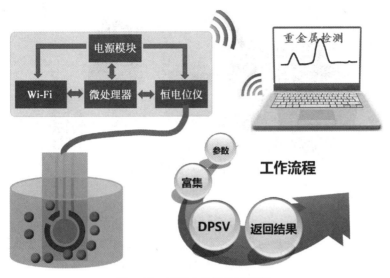

图 9-62 系统总体设计示意图

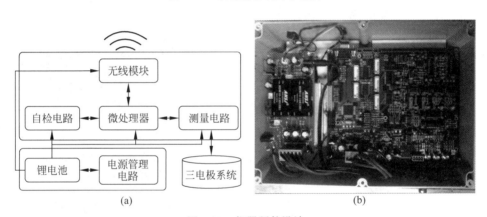

彩图 9-63(b)

图 9-63 仪器硬件设计

（a）仪器硬件设计框图；（b）PCB 实物图

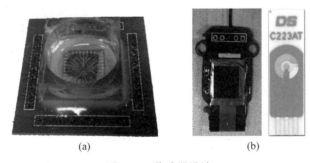

彩图 9-64

图 9-64 传感器设计

（a）微传感器；（b）丝网印刷传感器

3）集成式检测手柄设计

检测手柄集成了丝网印刷电极、参比电极、对电极、设置在三者之间的搅拌部件以及测试腔，并留有加标口，如图 9-65 所示。

图 9-65　集成式检测手柄

4) 仪器软件设计

控制软件基于 Visual Studio C++ 与 Qt 开发,通过串口无线模块与仪器通信。软件包括文件管理、串口通信、数据处理与仪器控制四部分功能。文件管理包括数据保存、打开,导出文本、图片等功能,同时记录系统的工作日志与历史数据;串口通信实现与仪器的数据接收与发送;数据处理实现数据的滤波、基线去除等曲线处理与定量计算功能;仪器控制包括不同电化学分析方法的选择与参数设置。软件设计界面如图 9-66 所示。

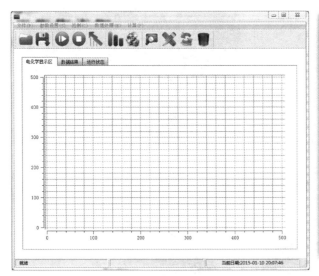
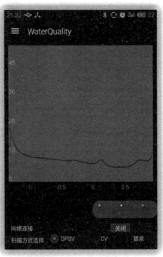

图 9-66　软件设计界面

4. 实验测试

图 9-67 为便携式仪器测试实物图;图 9-68 为纯电阻校准和 DPSV 检测实验室样本检测结果。从纯电阻校准结果可以看出:初始电压 0V,终止电压 1.0V,步进电压 4mV,扫描速率 100mV/s,计算得电阻值 99.91kΩ,实际阻值 99.95kΩ,相对误差 0.04%。从 DPSV 检测实验室样本结果可以看出:自然样品为底液,加入镉、铅、铜浓度分别为 $1\mu g \cdot L^{-1}$、$1\mu g \cdot L^{-1}$、$2\mu g \cdot L^{-1}$,干扰元素锌浓度为 $5\mu g \cdot L^{-1}$。

表 9-5 列出了 DPSV 检测实验室样本测试具体数据,可以看出:仪器检测结果与校内分析检测中心检测结果较为吻合,由于检测技术差异和系统误差等造成的误差,可通过模型进行误差修正,进一步提高检测的准确性。

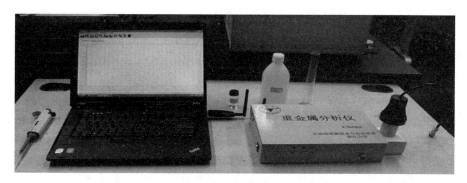

图 9-67　便携式仪器测试实物图

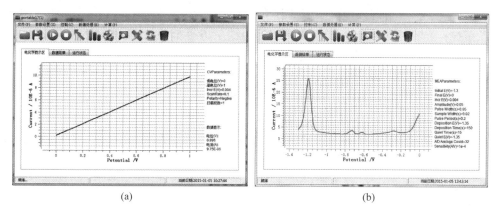

(a)　　　　　　　　　　　　　　(b)

图 9-68　检测曲线

（a）纯电阻校准曲线；（b）DPSV 检测曲线

表 9-5　DPSV 检测实验室样本测试结果

试　　样	仪器检测/$\mu g \cdot L^{-1}$	校内检测中心/$\mu g \cdot L^{-1}$	相对误差/%
水样 1：铅	0.76	0.59	28.81
水样 1：铜	2.79	2.71	2.95
水样 2：铅	0.9	0.64	40.62
水样 2：铜	3.07	2.87	6.97

课程思政

工匠精神——《大国工匠》

工匠精神

　　"工匠精神"，是指工匠对自己产品精雕细琢、精益求精的精神理念，是工匠在生产实践中凝聚形成的务实严谨、专注专一的可贵品质。2016 年 3 月 5 日，李克强总理在作政府工作报告时提到："鼓励企业开展个性化定制、柔性化生产，培育精益求精的工匠精神，增品种、提品质、创品牌。"这是"工匠精神"首次出现在政府工作报告中。

　　大国工匠精神源自天地开辟，未有人民，女娲不分昏晓，抟黄土作人，"力不暇供，乃引绳于泥中,举以为人";源自公输班老母乘木车,调机关,木制机器人赶车前行;造鸟鹊、木鸢翱翔天空,"三日不下";源自神农行三湘四水,遍尝百草,以医民恙,"察其寒、温、平、热之性,辨其君、臣、佐、使之义,尝一日而遇七十毒,神而化之",始种五谷,以为民食;制作耒耜,以利耕耘;织麻为布,以御民寒;陶冶器物,以储民用;削桐为琴,以怡民情;首辟市场,以利民生;剡木为矢,以安民居。

农业百科全书《齐民要术》有大国工匠精神的坚韧;《天工开物》,一部造物文化的大历史,有大国工匠精神的担当;自喻候鸟"玄扈"的徐光启,冠带农耕,著《农政全书》,将大国工匠精神演绎得淋漓尽致;批阅十载,增删五次,曹雪芹著《红楼梦》,书内外皆是大国工匠精神;以散点透视的构图法,将农村与市集,船只 20 余艘、房屋楼宇 30 余栋、车 13 辆、轿 14 顶、桥 17 座、树木 180 棵、动物 209 头(只)、人物 1659 个,大不足三厘米,小则如豆,各个形神俱备,纤毫俱现,疏密有致地统一于富有节奏感和韵律变化的《清明上河图》,立体展示大国工匠精神;张果老倒骑毛驴,褡裢里,装日月,柴王爷手推独轮车,车载五岳与三山,压不垮的千年石拱赵州桥,拱卫着大国工匠精神;两千余年的都江堰,大国工匠精神灌溉历史,灌溉古诗,灌溉田园,沃野千里,"水旱从人,不知饥馑,时无荒年,谓之天府";大漠敦煌莫高窟,莫者,不可能、没有也,没有比修建佛窟更高的修为,印证大国工匠精神之伟大。

"三年斧子二年锛",大国工匠精神在打扣、穿带、割角、封边、装饰、雕刻、组装、上漆、刮腻子里,在锛、凿、斧、锯、刨、锤、钻、铲、锉、尺、墨斗、班妻中;那篾,薄如纸,那丝,柔如水,大国工匠精神在篾织中开竹成片,破篾,抽丝,编织在抽象或具象的器具里,所以两只箩筐,站在街上一模一样,酷似一对双胞胎;衣复天下,大国工匠精神因"蜀桑万亩,吴蚕万机"之绸、缎、棉、纺、绉、绫、罗丝帛,织就了从古长安出发,走甘肃、新疆,经中亚、西亚而抵达欧洲的"丝绸之路";一寸缂丝一寸金,大国工匠精神通经断纬,刺绣织锦,"织中之圣"的清乾隆缂丝岁寒三友图,翠意盎然,具笼罩天地之姿,晃亮了所有肤色的眼睛;片瓦值千金,大国工匠精神用一把高岭土筑起耀州窑、磁州窑、龙泉窑、越窑、建窑、景德镇窑以及汝、官、哥、钧、定等五大名窑,通过刻、划、印、贴、剔花、透雕镂空花纹装饰技巧,让产品"薄如纸、明如镜、声如磬,雨过天青云,这般颜色作将来",瓷器(china)与中国(China)同为一词而名扬世界。

大国工匠精神,是耐得住清贫与寂寞,深耕所在领域的专注与坚守精神。"春日不是读书天,夏日炎炎正可眠,秋怕蚊虫冬怕冷,收拾书箱好过年",与大国工匠无涉;"一心以为有鸿鹄将至,思援弓缴而射之"的古往今来之浮躁,与大国工匠无缘;曹植"七步成诗",成就不了大国工匠。"焚膏油以继晷,恒兀兀以穷年",如面壁十年之达摩,石壁留下隐约可见的水墨画像,才能"乘风而破万里浪,一苇撑破大江流";才有庖丁为文惠君解牛"彼节者有间,而刀刃者无厚,以无厚入有间,恢恢乎其于游刃必有余地矣","謋然向然,奏刀騞然,莫不中音。合于《桑林》之舞,乃中《经首》之会";才如明奇巧人王叔远,"能以径寸之木,为宫室、器皿、人物,以至鸟兽、木石,罔不因势象形,各具情态。"雕橄榄核小舟,"为人五;为窗八;为箬篷,为楫,为炉,为壶,为手卷,为念珠各一;对联、题名并篆文,为字共三十有四;而计其长曾不盈寸。盖简桃核修狭者为之。嘻!技亦灵怪矣哉!"

大国工匠精神,贵在细节,尚美、求新、求精,面对每件产品、每道工序,追求职业技能的极致化,《庄子·徐无鬼》班斧运金,木匠抡斧砍掉郢人鼻尖上的白灰,而未碰伤郢人之鼻;《孟子·梁惠王上》,察秋毫之末,是说清秋天,视力足以看野兽毫毛的尖端。靠着传承和钻研,在99.99%中追求100%,大国工匠缔造了一个又一个奇迹,直可颠覆"金无足赤,人无完人"的俗谚。中国新一代大飞机C919立项,有"金属雕花"技能的胡双钱,凭借一双手、一台传统的铣钻床,仅用了一个多小时,打造36孔,精度达到0.24mm,相当于人头发丝的直径;为火箭焊接"心脏"的高凤林,在牛皮纸一样薄的钢板上焊接,不出现一丝漏点;还有大国工匠把密封精度控制到头发丝的五十分之一;又有大国工匠检测手感堪比X射线那般精准,令人叹服。

斧凿铲钻寻常用,曲尺墨斗有师传。大国工匠精神,早就注入中华民族基因,确需大力挖掘、延续与传承。子承父业,师父徒儿,薪火相传。内化于心,外化于行,产品,是民族文化触发智慧灵感之迸发,是大国工匠生命的体验与延伸。古有玉玺,乃国之重器,受命于天,既寿永昌;今有国之重器工匠精神,对工艺制造的一丝不苟,对完美无瑕的孜孜追求,对大国使命的担当与守护,其功业不仅镌刻于万里江山,同时引领民族复兴的伟大精神,筑梦中国。

参 考 文 献

[1] 胡向东,等.传感器与检测技术[M].3 版.北京:机械工业出版社,2018.
[2] 费业泰.误差理论与数据处理[M].7 版.北京:机械工业出版社,2015.
[3] 郁有文,常健,程继红.传感器原理及工程应用[M].4 版.西安:西安电子科技大学出版社,2014.
[4] 周乐挺.传感器与检测技术[M].北京:高等教育出版社,2005.
[5] 刘小波,刘泓滨,邓利军.自动检测技术[M].北京:清华大学出版社,2012.
[6] 宋文绪,杨帆.传感器与检测技术[M].2 版.北京:高等教育出版社,2009.
[7] 金发庆.传感器技术与应用[M].3 版.北京:机械工业出版社,2012.
[8] 何新洲,何琼.传感器与检测技术[M].武汉:武汉大学出版社,2009.
[9] 林玉池,曾周末.现代传感技术与系统[M].北京:机械工业出版社,2009.
[10] 王佳胜.广东省人工智能产业技术发展研究报告:2018[M].北京:科学技术文献出版社,2018.
[11] 林若波,陈耿新,陈炳文,等.传感器技术与应用[M].2 版.北京:清华大学出版社,2020.